AF250257

VOYAGE EN ESPAGNE

PAR

M. EUGÈNE POITOU

CONSEILLER A LA COUR IMPÉRIALE D'ANGERS

———

ILLUSTRATION PAR V. FOULQUIER

TOURS

ALFRED MAME ET FILS, ÉDITEURS

VOYAGE

EN ESPAGNE

VOYAGE

EN ESPAGNE

PAR

M. EUGÈNE POITOU

CONSEILLER A LA COUR IMPÉRIALE D'ANGERS

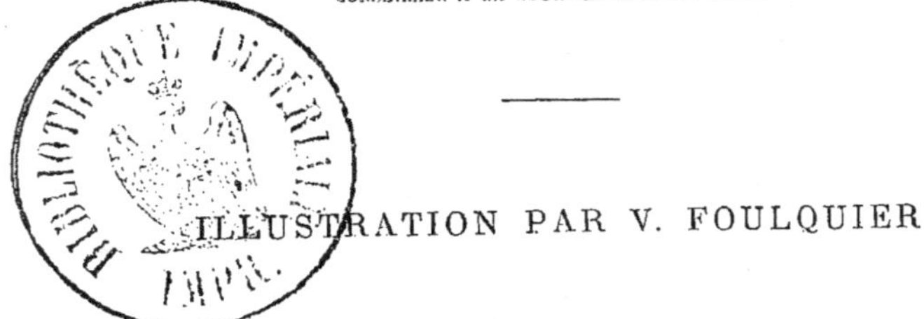

ILLUSTRATION PAR V. FOULQUIER

TOURS

ALFRED MAME ET FILS, ÉDITEURS

M DCCC LXIX

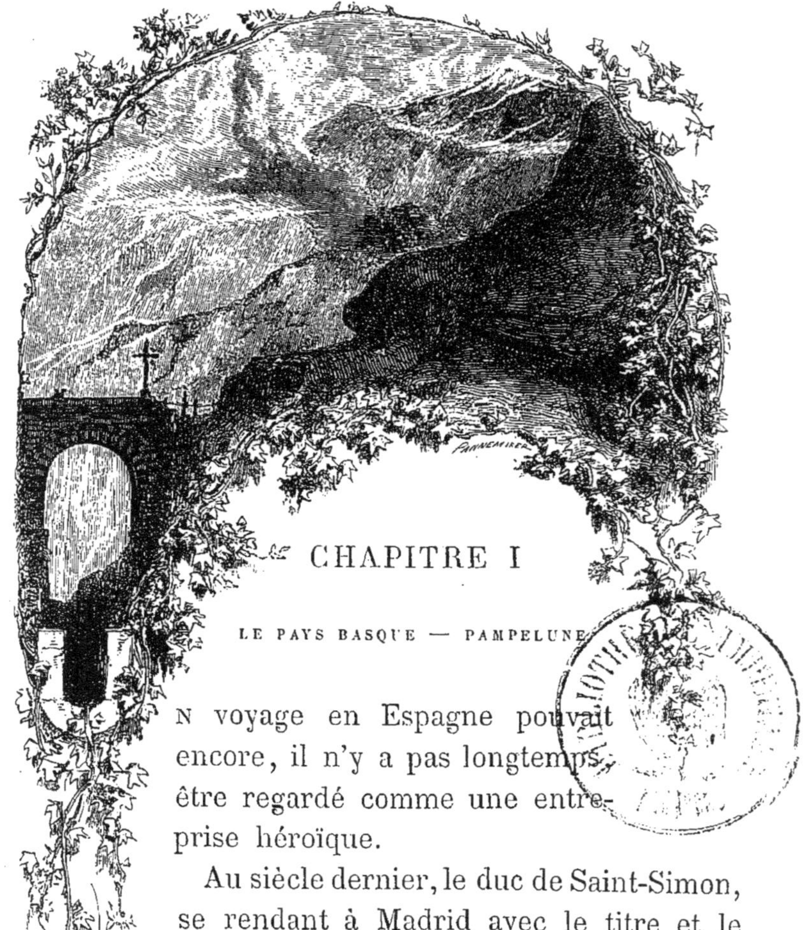

CHAPITRE I

N voyage en Espagne pouvait encore, il n'y a pas longtemps, être regardé comme une entreprise héroïque.

Au siècle dernier, le duc de Saint-Simon, se rendant à Madrid avec le titre et le train d'un ambassadeur de France, écrivait : « Il n'y a quoi que ce soit dans les « hôtelleries d'Espagne, où on vous in- « dique seulement où se vend chaque chose « dont on a besoin. La viande est ordi- « nairement vivante ; le vin épais, plat et violent ; le

« pain se colle à la muraille ; l'eau souvent ne vaut
« rien ; de lits, il n'y en a que pour les muletiers : en
« sorte qu'il faut tout porter avec soi. » Les choses,
il y a vingt-cinq ans, n'avaient pas sensiblement
changé. Aujourd'hui, il faut convenir qu'il n'en est plus
de même : l'Espagne a fait de grands progrès, et l'on
peut aller à Madrid, et même à Séville, sans être un
héros ni un ambassadeur. S'il est quelquefois prudent
de porter encore son dîner, il n'est plus nécessaire de
porter son lit. Les chemins de fer vont presque aussi
vite que les anciennes diligences ; et quand les tunnels
ne sont pas effondrés, ou la tranchée comblée par des
éboulements, ou les ponts emportés par les torrents,
en y mettant le temps, on arrive.

C'est sur cette perspective convenablement rassu-
rante, qu'aux premiers jours du printemps de 1866,
je suis parti pour l'Espagne, avec ma famille et un
compatriote, M. de L***, à qui un long séjour dans ce
pays en a rendu les mœurs et la langue familières. Je
ne conseillerai jamais à qui ne sait pas un peu l'espagnol, ou n'a pas un compagnon qui le sache, de voyager
en Espagne.

Le moment, d'ailleurs, était propice. A l'automne
précédent, le choléra m'avait empêché de partir. Au
mois de janvier, l'insurrection du général Prim m'avait
fait craindre un instant de voir tout le pays en feu.
Pour le moment tout paraissait calme ; mais il fallait
se hâter. Les *pronunciamientos* (cet autre choléra,
qui est endémique en Espagne) pouvaient encore nous
barrer la route. Et de fait, à peine étais-je rentré en

Vue de Biarritz.

France, qu'éclatait à Madrid la sanglante révolte de juin.

A Bayonne, nous faisons nos derniers préparatifs et nous prenons de l'argent espagnol. On nous a recommandé par-dessus tout de ne pas prendre de billets de banque d'Espagne, — ils sont tous dépréciés, — et, en outre, de vérifier partout l'or; car la Péninsule est inondée de fausse monnaie.

Je ne connais pas en France une plus jolie petite ville que Bayonne. Avec ses rues étroites et tortueuses, elle a déjà la physionomie méridionale, au milieu d'une végétation fraîche comme celle du Nord. Serrée dans ses murailles, comme une jeune guerrière dans son corselet de fer, elle s'enveloppe coquettement d'une ceinture de verdure et de fleurs. Déjà on peut y admirer, chez les paysans qui apportent leurs denrées au marché, cette belle population basque qui couvre les deux versants des Pyrénées. Les femmes, particulièrement, portant leurs vases ou leurs paniers sur la tête, nu-pieds, nu-jambes, la robe retroussée, ont dans leur démarche la souplesse élégante et la grâce des canéphores antiques.

L'entrée en Espagne est charmante. Des hauteurs de Biarritz, on voit se déployer devant soi, d'un côté, la chaîne des Pyrénées dressant dans le ciel ses pics neigeux; de l'autre, la ligne ondulée et gracieuse des monts Cantabres qui va se perdre dans la brume du couchant et dont les pieds plongent dans la mer : une mer bleue, limpide, transparente comme la Méditerranée.

Le chemin de fer franchit la Bidassoa tout près de son embouchure, au-dessous de cette île des Faisans qui fut le théâtre de tant de pompes royales, de tant de conférences diplomatiques, et qui vit François Ier revenir tristement de sa prison de Madrid, après y avoir laissé un peu de l'honneur qu'il avait sauvé à Pavie. En face et à droite, sur la rive espagnole, se montre à mi-côte la petite ville de Fontarabie; une bicoque qui a un nom dans l'histoire depuis que Condé l'a assiégée sans pouvoir la prendre, démantelée aujourd'hui, et n'ayant plus que l'aspect d'un pauvre village, mais d'une belle couleur, et, dans son délabrement, d'une assez fière attitude; on dirait d'un hidalgo ruiné se drapant dans sa cape en lambeaux.

A Irun, on s'arrête une grande heure. Là on quitte les wagons français pour entrer dans les wagons espagnols. Les formalités des passe-ports sont, grâce à Dieu, supprimées; mais la cérémonie de la douane ne l'est pas. Nos malles visitées, nous nous croyions quittes, quand un douanier à la mine refrognée et bourrue nous enjoint de passer dans un bureau particulier. Là on nous fouille dans toutes les poches, sous les habits, jusque sous la chemise. Nous protestons, mais en vain. Il paraît que deux ou trois jours auparavant on a fait entrer en fraude des diamants. La douane avait un redoublement féroce de sévérité; et apparemment nous avions, sans nous en douter, un faux air de contrebandiers.

Enfin nous sommes libres, et après bien des lenteurs on part. On voit tout de suite à cette lenteur, à l'inexactitude des heures de départ et d'arrivée, qu'on n'est plus en France. Il faut faire dès à présent provision de patience : *paciéncia! paciencia!* D'Irun à Cadix, me dit-on, et de Cadix à Irun, c'est le refrain qu'il nous faudra entendre.

Vous êtes en Espagne, et pendant quelque temps il

semble que vous n'avez pas changé de pays : même aspect des champs et des villages, mêmes cultures, même population et même costume. C'est qu'en effet vous êtes toujours en pays basque ; c'est le même peuple sur les deux rives de la Bidassoa : peuple intelligent et énergique, spirituel et brave, aventureux et hardi ; peuple d'agriculteurs et de chasseurs, de soldats et de marins, qui a gardé intacts depuis vingt siècles,

à travers des luttes incessantes, sa langue, ses mœurs,
ses coutumes et son amour de la liberté.

La voie ferrée serpente à travers des mamelons
verdoyants, des collines arrondies, couvertes jusqu'au
sommet de cultures et d'arbres. A chaque minute, le
paysage change, tantôt resserré dans une gorge étroite,
tantôt ouvrant une échappée de vue sur la mer. Ran-
taria, avec sa tour crénelée, passe rapidement devant
nos yeux. Voici le port du Passage, qu'on prendrait
volontiers pour un lac de Suisse encadré dans ses
montagnes. Voici Saint-Sébastien qui s'allonge, sur
une étroite rive, entre la mer et le rocher abrupt où
s'élève sa citadelle; pauvre ville toute neuve, que ses
amis les Anglais ont brûlée pour empêcher les Français de la prendre. L'Espagne a fait ainsi plus d'une
fois, à ses dépens, l'expérience de ce que coûte l'a-
mitié britannique.

Ici on quitte le littoral, et le chemin de fer, tournant
tout à coup au sud, s'enfonce dans le massif montagneux, et commence à gravir des pentes rapides. On
sait que le centre de l'Espagne est un immense pla-
teau qui s'élève à une hauteur de six à sept cents
mètres au-dessus du niveau de la mer. De quelque
côté qu'on se dirige vers Madrid, en quittant les
bords de l'Océan ou de la Méditerranée, il faut escalader ce prodigieux escarpement. Nous suivons le lit
d'un petit gave qui roule avec bruit, sur un fond de
roches, ses eaux vertes et écumeuses, et fait tourner
de distance en distance des roues de moulins ou d'u-
sines. La voie longe les précipices, franchit les vallées

sur de hardis via-
ducs, traverse en
galeries souterraines
les crêtes les plus
abruptes. Les diffi-
cultés ont été infinies
pour tracer ce che-
min, et les ingé-
nieurs français qui
l'ont construit ont
fait des prodiges. De Saint-Sébastien
à Alsasua, sur un espace de moins
de vingt lieues, on compte, je crois,
trente-deux tunnels.

On monte, on monte toujours. La
machine souffle et gémit comme un
cheval poussif. Le ciel s'est assom-
bri. Nous sommes presque à la hauteur des nuages.
Les montagnes dont ils couvrent la base comme une

mer houleuse, élèvent au-dessus leurs cimes encore blanches de neiges, et prennent des aspects grandioses. L'arc-en-ciel pose sur leurs têtes son arche radieuse. Bientôt une pluie fine et serrée commence à tomber; la bise aiguë la fouette en grésil contre les vitres.

Il fait nuit quand nous arrivons à Alsasua : c'est la station où l'on quitte la ligne de Madrid pour prendre l'embranchement de Pampelune. La neige tombe, la voie en est couverte. Nous nous réfugions dans la gare, où il n'y a point de feu. Parmi la foule grelottante se tiennent immobiles de grands montagnards, portant les souliers de cordes, les culottes de velours; les uns avec des vestes de peau de mouton, les autres enveloppés jusqu'au nez dans leurs mantes rayées. Comme eux nous nous roulons mélancoliquement dans nos couvertures de voyage, en songeant, pour nous consoler, aux orangers de Cordoue et aux lauriers-roses de Grenade.

A neuf heures du soir nous sommes à Pampelune, ou du moins au pied de Pampelune; car la ville est juchée sur le haut d'une montagne, et pour y arriver il faut gravir, en omnibus, une rampe longue et rapide. L'hôtel où nous descendons est sur une grande place carrée, entourée d'arcades, et qui s'appelle la place de la Constitution. Quelle constitution? Je ne saurais vous le dire, et les Espagnols y seraient peut-être aussi embarrassés que moi; car depuis cinquante ans ils en ont, comme nous, changé si souvent, qu'on s'y embrouille. Quoi qu'il en soit, toutes les villes d'Espagne, grandes ou petites, ont leur place de la *Constitucion;* cela plaît aux *naturels,* comme dit Topffer.

C'est une vraie auberge espagnole que la *fonda de Ciguanda.* On n'y entend pas un mot de français. Appartement, mobilier et service, tout y est d'une simplicité primitive. Mais les gens ont bonne figure et des façons avenantes. Dans la salle à manger, on se chauffe autour d'un large *brasero.* La table est éclairée par des lampes de cuivre, à trois becs, de forme antique. La cuisine a bien un certain parfum d'huile un peu accentué; mais après tout, le souper n'est pas trop mauvais, et les deux brunes filles qui nous servent ont de fort beaux yeux noirs.

Pampelune, qui a été autrefois une place forte de premier ordre et une capitale de royaume, n'est plus qu'un petit chef-lieu de province sans importance et sans vie. Assise sur un des derniers contreforts des Pyrénées, elle domine une belle vallée. La grande place où nous sommes logés, et les bâtiments officiels qui l'entourent sont sans caractère. Mais si on pénètre dans l'intérieur de la ville, on y trouve encore quelques-unes de ces hautes et massives maisons du XVe siècle, bâties en granit et en briques, aux portes de chêne constellées de clous de bronze, aux fenêtres grillées, aux toits surplombants, et portant, au-dessus du portail en plein cintre, de larges écussons sculptés dans la pierre ou le marbre. Les femmes sont toutes en mantille; les paysans ont le chapeau pointu, ou le bonnet de peau de mouton. Dans les rues, les aveugles chantent en s'accompagnant de la guitare.

La cathédrale est d'un beau style ogival. Malheureusement, au siècle dernier, on lui a plaqué une lourde et déplaisante façade gréco-romaine. Un vrai joyau d'architecture, c'est le cloître qui est attenant à la cathédrale. Ses quatre galeries voûtées, s'ouvrant sur un préau, sont soutenues par de sveltes et élégantes colonnettes qui s'épanouissent en ogives fleuries et en rosaces d'une merveilleuse légèreté.

On vous fait visiter la sacristie, qui d'ailleurs n'a de curieux que son caractère espagnol : elle est grande comme une église. Les sacristies, en Espagne, sont de vastes appartements, composés souvent d'une suite de salons richement décorés. Les murailles sont couvertes de boiseries sculptées, de tentures, de tableaux. On y voit des fontaines de marbre, des oratoires d'un luxe inouï, des armoires pleines de pierreries, d'objets précieux, d'ornements d'or et d'argent d'un prix et d'un travail inestimables. D'ordinaire, il y a au milieu du salon principal un brasero qui sert à la fois à entretenir les encensoirs et à allumer les cigarettes; car en Espagne tout le monde fume, même les ecclésiastiques et même à la sacristie.

La population de Pampelune ne diffère pas beaucoup de celle du pays basque. La Navarre, les provinces basques, la Galice, il faut y ajouter l'Aragon, sont de toute l'Espagne les provinces qui ont le mieux gardé leur caractère propre et leurs vertus natives. Ce sont aussi celles qui ont le plus longtemps défendu leurs antiques priviléges. Il leur en reste encore quelques vestiges que le pouvoir royal n'a pas osé

leur enlever. Les Navarrais, comme les Basques, ont
une simplicité de manières et de langage, une dignité
noble et franche, des mœurs bienveillantes et hospitalières qu'on ne trouve nulle part ailleurs en Espagne.
On ne voit point à Pampelune ces nuées de vagabonds
et de mendiants qui partout ailleurs assaillent et per-
sécutent le voyageur. Il m'est arrivé là une chose
inouïe, invraisemblable : deux fois dans un jour on a
refusé un pourboire que j'offrais; la première fois c'é-
tait un jeune garçon qui avait fait pour moi une com-
mission; la seconde, c'était le concierge du palais de
l'Ayuntamiento, que nous venions de visiter. Le fait,
rare en tout pays, m'a paru miraculeux en Espagne.

Quoique Pampelune tienne une grande place dans
l'histoire, elle n'a pas de monuments historiques. La
citadelle a été reconstruite par Philippe II. En 1512,
Ferdinand le Catholique, profitant des divisions qui
déchiraient la Navarre, avait chassé son roi, Jean d'Albret, et s'était emparé de Pampelune. Aidé du roi de
France, Jean d'Albret essaya, mais en vain, de reconquérir son royaume. Il vint en 1521 mettre le siége
devant Pampelune. Parmi les défenseurs de la place
se trouvait un jeune capitaine, gentilhomme basque,
qui reçut à la jambe une blessure grave. Il se nommait
Iñigo de Loyola. C'était une âme ardente, une volonté
de fer, un esprit chevaleresque. Pendant une longue
et pénible convalescence, sa piété, exaltée par la lec-
ture et la méditation, lui suggéra un projet extraordinaire et hardi. Condamné à quitter le métier des armes,
ne pouvant plus être soldat du roi, il voulut se faire

soldat du Christ, et songea, à l'imitation de ces compagnies de partisans qui se mettaient à la solde des princes, à former une compagnie au service de Jésus. Il y avait là une pensée profonde. De grands événements se préparaient : la réforme venait de naître; à un ennemi nouveau il fallait opposer une milice nouvelle. Celle-ci allait devenir l'épée de la papauté.

Iñigo se rend au monastère de Montserrat, et y fait, dans l'église, « la veillée des armes », comme on faisait avant d'être armé chevalier. C'est pendant ce voyage qu'ayant rencontré un Maure, il se prit de querelle avec lui au sujet de la Vierge Marie. Lorsqu'il eut quitté le Maure, Ignace se reprocha comme une lâcheté de n'avoir pas puni les blasphèmes de l'infidèle en se battant avec lui. Il hésitait s'il ne se mettrait pas à sa poursuite. « Si ma mule suit le Maure, se dit-il, je le tuerai; si elle va de l'autre côté, je le laisserai vivre. » Heureusement pour le Maure, la mule prit la route opposée [1].

Après de terribles mortifications, il part pour Jérusalem, ne vivant sur la route que d'aumônes. A son retour, il commence à prêcher en public; mais l'inquisition prend ombrage de cet enseignement d'un laïque. Emprisonné deux fois, il ne fut relâché que moyennant une absolue soumission et sous défense de prêcher le dogme.

En 1528, il va étudier à Paris, au collége de Montaigu. C'est là que, six ans plus tard, avec quelques écoliers ses compatriotes, il jette les bases de son institut. Ils voulaient faire le pèlerinage de Jérusalem : la guerre les retint; ils se rendirent directement à Rome. De ce jour-là était vraiment fondée cette société qui bientôt devait jouer un si grand rôle dans le monde.

Roncevaux n'est qu'à quelques lieues de Pampelune. C'est un nom qui appartient plus à la poésie qu'à l'histoire. La défaite qu'y éprouva l'arrière-garde de Charlemagne, au retour de son expédition de Saragosse, est historiquement un fait sinon douteux, du moins sans importance : les bagages de l'armée protégés par une escorte insuffisante, surpris dans les défilés et pillés par les Vascons, voilà, en effet, à quoi

---

[1] *Vie de saint Ignace*, par le P. Ribadeneira, de la Société de Jésus.

se réduit ce fait d'armes qui tient tant de place dans nos chants nationaux. Ici, en vérité, la poésie vaut mieux que l'histoire. Il faut fermer les chroniqueurs, et laisser la parole aux trouvères. Écoutez ce récit d'une simplicité et d'une grandeur héroïques.

« L'armée du grand empereur s'est engagée dans les sombres défilés. Elle commence à apercevoir les terres de la douce France. Mais Charles a le cœur oppressé : aux montagnes d'Espagne il a laissé son neveu; — son neveu Roland, que Ganelon le félon a vendu au roi païen de Saragosse pour de l'or, de l'argent, de brillantes étoffes, des chameaux, des lions.

« Les tambours battent dans Saragosse. Le roi Marsille assemble ses barons. Ils sont quatre cent mille. Ils poursuivent les Français, ils les atteignent.

« Sire compagnon, dit Olivier, avec les Sarrasins nous pourrons bien avoir bataille. — Dieu nous la donne, répond Roland. Que chacun se prépare à frapper de grands coups. »

« Mais Olivier, d'une hauteur, a vu les hordes immenses des païens. « Roland, mon compagnon, ces païens sont en nombre, et nous sommes bien peu. Croyez-moi, sonnez votre cor; l'empereur l'entendra et ramènera l'armée. — Dieu me garde de cette lâcheté! répond Roland. Nul ici-bas ne pourra dire que j'ai corné pour des païens. »

« L'archevêque Turpin harangue les Français : « Rappelez vos péchés, criez à Dieu merci; je vous absoudrai pour la guérison de vos âmes. Si vous mourez, vous serez tous martyrs, et trouverez bonne place

au plus haut du paradis. Les
Français descendent de cheval,
s'agenouillent, et l'archevêque de
par Dieu les bénit. Pour pénitence, il leur commande de bien
frapper.

« Les deux armées s'approchent,
la bataille commence. — Roland
va, frappant de l'épieu tant que le
bois lui reste à la main. Au quinzième coup
l'épieu se brise; alors il tire sa bonne épée,
sa Durandal, qui si bien taille et tranche
les Sarrasins. Il faut voir comme il en fait
carnage. Les morts s'entassent autour de
lui....

« Mais nos rangs s'éclaircissent. La bataille est terrible. Marsille amène le gros de son armée. Tous les

nôtres sont tombés, hormis soixante que Dieu épargne....

« Quand Roland voit ce désastre : « Cher compagnon, dit-il à Olivier, que de braves gisent par terre ! Charles, notre empereur, que n'est-il ici ! Quel moyen de lui donner de nos nouvelles? Je vais sonner de mon olifant. Il l'entendra au fond des défilés, il reviendra. — Compagnon, reprend Olivier, il n'est plus temps. Vous nous avez perdus. Folie n'est pas courage. Si vous m'aviez cru, la bataille serait gagnée. Charles, notre grand Charles, jamais plus nous ne le servirons. »

« Roland, cependant, met l'olifant à ses lèvres, l'embouche et sonne à pleins poumons. Dans ces longues vallées, le son pénètre et se prolonge. A trente lieues, l'écho le répète encore.

« Charles l'entend, l'armée l'entend aussi. « On livre bataille à nos gens ! s'écrie l'empereur. Jamais Roland ne sonne qu'au cœur d'une bataille. »

« Mais Roland continue à sonner. Il fait de si grands efforts, que le sang jaillit de sa bouche et des veines de son front.

« Le duc de Naymes s'écrie : « C'est un brave qui sonne. Croyez-moi, marchons à son secours. Ne l'entendez-vous pas? Roland est aux abois. »

« L'empereur donne le signal. Les Français ont tourné bride et chevauchent à grand train. Hélas ! à quoi bon? Ils sont trop loin; ils n'y peuvent être à temps.

« Cependant Roland ne voit tout alentour de lui que Français expirés ! Le noble chevalier pleure et prie pour eux : « Terre de France, ma si douce patrie, te voilà veuve de tant de braves gens. Barons, vous mourez par ma faute. Je n'ai pu vous sauver... De chagrin je mourrai, si le fer ne me tue... Olivier, mon frère, retournons au combat ! »

« Olivier est tué. Roland ne se peut détacher du corps

de son ami étendu sans vie. Il le contemple, il le pleure ; il lui rappelle tant de jours passés ensemble....

« Tous sont morts, hormis l'archevêque et Gautier, blessés, mais encore debout. Roland, pensant à l'em-pereur, saisit encore son olifant, mais il n'en tire qu'un son faible et plaintif.— Charles l'entend pourtant. « Mal-heur à nous ! dit-il. Roland, mon cher neveu, nous arriverons trop tard... Sonnez, clairons ! »

« Tous les clairons de l'armée ont retenti. A ce bruit, les païens comprennent que c'est Charles le grand empereur qui revient. Ils lancent de loin sur les guerriers blessés une grêle de traits, et s'enfuient.

« Roland, épuisé, tombe comme évanoui. Sa vue devient trouble; il sent que la mort va le saisir. Il veut briser sa vaillante épée. Quel deuil de la laisser aux païens ! Sur la roche voisine il frappe dix coups de Durandal. L'acier grince, et ne se rompt pas : « Ah ! sainte Marie, s'écrie-t-il, aidez-moi... Ma Durandal, toi qui par Charles me fus donnée, toi par qui je lui conquis tant de royaumes, tu fus longtemps aux mains d'un vaillant homme : se pourra-t-il qu'un païen te possède ? D'un chrétien seul, et d'un brave, tu as droit d'être servie [1] !... »

Chose singulière, cet épisode des guerres de Charlemagne a été bien moins populaire en Espagne qu'en France, bien qu'il rappelât une victoire aux Espagnols et une défaite aux Français. C'est là le prestige de la poésie : elle revêt d'une grandeur épique un obscur combat d'arrière-garde, et, en dépit du succès, met, quand il lui plaît, la gloire du côté des vaincus.

C'est assez d'une matinée pour voir Pampelune. Dès le lendemain de notre arrivée nous reprenons, dans la soirée, le chemin de fer pour aller coucher à Saragosse.

Dans le convoi montent avec nous des paysans ara-

---

1 *La Chanson de Roland*, traduction de M. Vitet.

gonais. Autre race, autre costume. Ils portent une large
ceinture violette, la mante grise à rayures noires ou
bleues rejetée sur l'épaule, le chapeau de velours à
bords retroussés. Deux de ces paysans sont armés de
longs fusils, et portent la cartouchière par-dessus la
ceinture. Singulier accoutrement pour voyager en chemin de fer! Mais depuis Saragosse jusqu'à Malaga, vous

verrez cela à chaque pas. Le riche campagnard qui va
à cheval à la ville, le paysan qui mène au marché son
mulet chargé de légumes, ont le fusil passé, la crosse en
l'air, dans les courroies de la selle. Ce sont de vieilles
habitudes, que le brigandage et l'insécurité des routes
ont fait naître, que de longues guerres civiles ont entretenues. On assure pourtant qu'il n'y a plus de brigands
en Espagne. Les voleurs, voulant se ranger, se sont
faits, dit-on, aubergistes.

Les vallées qui s'étendent au pied de la montagne
de Pampelune sont fertiles et bien cultivées; mais les
arbres y manquent : c'est le malheur de l'Espagne, et
ce qui attriste chez elle les plus grands paysages. Sauf
quelques rares vallées où la nature a réparé toute seule
les ravages des hommes, l'Espagne presque tout entière
est nue et dépouillée. La plaine est nue, les montagnes
sont nues. Les terres même les plus fertiles, celles qui
sont plantées de vignes ou ensemencées de blés, sont
dénuées d'arbres. Ce n'est la faute ni du sol ni du climat : c'est le fait des longues guerres qui ont dévasté le
pays; c'est le fait de la vaine pâture, mais surtout des
préjugés, de l'insouciance, de l'incurie des paysans.

La guerre civile a laissé dans ce pays d'effroyables
traces. Du côté d'Olite, dont le vieux château à demi
écroulé se dresse tristement sur une haute colline, on
n'aperçoit que de rares et misérables habitations, des
villages presque déserts, des maisons en ruine, des
fermes brûlées. La culture a presque disparu. On ne
retrouve un peu de vie et d'activité qu'en entrant, près
de Tudela, dans la vallée de l'Èbre. Là on est en Aragon, une des plus fertiles provinces de l'Espagne, et
qui devrait être un des plus riches pays du monde. Cette
contrée semble avoir eu tous les dons du ciel : un sol
fécond, des eaux abondantes, un climat tempéré, une
race forte et généreuse. Et ce beau pays est à peine
peuplé, cette terre est à peine cultivée, toutes ces richesses pour la plus grande partie sont négligées ou
détruites : le despotisme et l'anarchie, se succédant
l'un à l'autre, ont tout frappé de stérilité. Ces riches et

populeuses contrées qui, au xvᵉ siècle, étaient de puissants royaumes, qui portaient encore si fièrement, sous
Ferdinand et Isabelle, les couronnes d'Aragon et de
Castille, un siècle après, dépouillées de leurs franchises
et privées de toute vie politique, elles étaient devenues
les provinces administratives d'un grand empire qui les
épuisait en les opprimant : un siècle encore plus tard,
elles n'étaient plus que les membres languissants et
atrophiés d'une monarchie décrépite qui s'enfonçait
tous les jours davantage dans la décadence.

CHAPITRE II

SARAGOSSE — NOTRE-DAME-DEL-PILAR —
LA SEO — L'ALJAFERIA ET ANTONIO PEREZ
— ALCALA DE HENARÈS —

BIEN que détruite en partie
et en partie reconstruite au
commencement du siècle,
Saragosse est encore, sans
contredit, une des villes les plus intéressantes de l'Espagne. Barcelone, qu'on vante, a peut-être plus d'animation; mais Barcelone est une ville toute moderne,
moitié française, moitié anglaise, aussi peu espagnole
que possible. A Saragosse vous êtes, quoique bien près
encore de la frontière, au cœur de l'Espagne, et de la

vieille Espagne. Le catholicisme du moyen âge avec le cortége de ses légendes populaires, la domination arabe et ses gracieux monuments, l'antique indépendance aragonaise et ses luttes héroïques, l'inquisition et ses premiers bûchers, le despotisme royal et ses sanglantes usurpations : tous ces souvenirs de l'histoire sont vivants ici, et écrits sur le sol en durables caractères.

Ce matin, un gai soleil nous sourit au réveil. La température est douce et tiède. Nous nous félicitons grandement de n'avoir pas suivi la ligne du Nord, et d'être venus par Pampelune. Des voyageurs que nous avons rencontrés hier, venant de Madrid, nous ont appris que toute cette ligne, depuis l'Escurial jusqu'à Burgos, était couverte de neige, et la circulation des trains interrompue sur plusieurs points. Les vallées de l'Aragon, sans avoir le climat de l'Andalousie, ne sont pas à beaucoup près aussi froides que les plaines de la Castille : on y cultive l'olivier sur une grande échelle.

Nous sommes logés sur une vaste place, près de la promenade. Les maisons qui la bordent sont modernes; c'est le quartier neuf. Mais à droite, par-dessus les toits, nous apercevons de nos fenêtres, pareil à un énorme pilier de porphyre rouge, la masse quadrangulaire de la Tour penchée, ancien beffroi de la ville, tout construit en briques dans le style arabe.

Au milieu de la place est une fontaine publique. Des jeunes filles viennent y puiser de l'eau dans de grandes cruches de forme antique, qu'elles portent sur la tête ou sur la hanche. Les *aguadores* y amènent leurs ânes pour remplir les outres ou les vases à large panse dont

Une rue de Saragosse.

ils sont chargés. Des paysans drapés dans leurs mantes
sont assis ou couchés au soleil sur les bancs, occupés à
ne rien faire. Des femmes qui vont à l'église, vêtues de
noir, à demi voilées sous la mantille, passent, traînant
leurs longues robes dans la poussière, avec une dignité
singulière. Des prêtres se promènent gravement, coiffés
de ce bizarre chapeau long d'un mètre, aux grandes
ailes relevées sur les côtés, que Beaumarchais a rendu
populaire chez nous en en affublant Basile, et qu'on a
de la peine, la première fois, à regarder sans rire. Il y
a dans tout ce monde du mouvement sans agitation, et
plutôt une sorte de lenteur grave et posée ; rien de cette
hâte fébrile, de cette turbulence affairée qu'on voit dans
nos villes du Nord. Ces gens-là ne sont jamais pressés ;
ils se laissent doucement vivre, et trouvent que la vie
et le soleil sont deux choses qui valent la peine qu'on
en jouisse.

Quoique nous soyons encore bien haut dans le nord,
l'influence arabe est déjà sensible ici dans mille détails
de costume, de mœurs, d'architecture. Les hommes du
peuple, les paysans, grands, secs et nerveux, avec leurs
traits anguleux et rudes, la figure brûlée par le soleil,
les pieds nus dans leurs *alpargates,* leur couverture
rayée jetée sur l'épaule gauche et retombant à grands
plis par derrière, le mouchoir noué autour de la tête en
manière de turban, ressemblent étonnamment de loin à
des Bédouins enveloppés dans leurs burnous. Allez un
matin au marché de Saragosse : les rues étroites et
tortueuses qui y mènent, les vieilles maisons percées
de petites fenêtres carrées, les balcons ombragés de

nattes, les bandes d'ânes qui passent au grand trot par
la ville, chargés de toutes sortes de denrées dans des
sacs de sparterie, les monceaux d'herbes et les pyramides de fruits entassés sur le sol, les boucheries en
plein vent, les petites boutiques ouvertes sur la rue :
tout cela, sous un ciel radieux, a déjà une physionomie
à demi orientale.

Dans le vieux quartier on remarque de vastes édifices, dont la construction rappelle mieux encore l'influence arabe : ce sont les maisons de l'antique aristocratie aragonaise, *casas solares*, aujourd'hui en ruine
pour la plupart. Ces habitations sont construites sur le
plan de la maison arabe, c'est-à-dire avec un *patio* ou
cour intérieure, autour de laquelle circule une galerie à
deux étages soutenue par des colonnes. La plus remarquable de ces maisons est celle qu'on appelle *la maison
de l'Infante*. Les chapiteaux et la frise dénotent le ciseau
élégant des architectes italiens de la Renaissance. Un
magnifique escalier, surmonté d'une coupole dans le
genre mauresque, conduit à la galerie supérieure. Ce
charmant patio sert de remise à un loueur de voitures;
de vieux fiacres et des tartanes boiteuses s'abritent sous
ses arcades. Un marchand de vin a son magasin dans
un coin; une école est installée au premier étage, et
les écoliers ont mutilé les jolies sculptures de cet escalier digne d'un palais.

Notre première visite fut naturellement pour Notre-
Dame-del-Pilar; c'est la plus célèbre des églises de
Saragosse; il s'en faut que ce soit la plus belle. De loin,
avec ses dômes couverts de tuiles vernissées, bleues,

vertes et jaunes, elle a un certain air byzantin qui ne manque pas d'originalité. Mais quand vous pénétrez dans l'intérieur, le désenchantement est complet : vous êtes dans une église de la fin du XVIIe siècle, ornée de pilastres et de chapiteaux corinthiens, avec de lourdes corniches, des voussures dorées, des coupoles revêtues de plates peintures. Au milieu de la nef centrale s'élève une sorte de petit temple grec de forme ovale, dont la voûte, découpée à jour, s'appuie sur de belles colonnes de jaspe. C'est sous ce dôme, surchargé d'ornements de mauvais goût, qu'est le sanctuaire de la Vierge miraculeuse apportée à saint Jacques par les anges, et placée par lui en ce lieu même. Au-devant de la précieuse image, qui disparaît sous le velours, le brocart, l'or et les diamants, brûlent jour et nuit une quantité de lampes et de cierges. Derrière l'autel, une ouverture ménagée dans le mur d'enceinte laisse apercevoir une partie de la colonne ou *pilier* sur lequel est placée la statue : les fidèles viennent s'agenouiller auprès, et la baiser.

On a une surprise tout opposée quand on visite la cathédrale, qu'on appelle ici la Seo (un mot de patois qui vient, dit-on, de *sedes*, siège épiscopal). La tour est d'un style bâtard et recherché ; la façade, toute moderne, est étroite et mesquine. Mais dès qu'on a franchi le seuil, on est saisi par l'aspect imposant de l'édifice. Il n'est pas grand, et il donne l'impression de la grandeur. Les piliers qui portent les voûtes sont d'une légèreté et d'une élégance incomparables. Ce qui donne à cette église un caractère particulier, c'est

que les quatre nefs latérales ont, à peu de chose près,
la même élévation que la nef centrale : cette disposition, qu'on retrouve à Séville, et aussi, je crois, à
Milan, contribue beaucoup à la grandeur et à la majesté de l'édifice. Une circonstance y ajoute encore :
c'est que les fenêtres sont étroites, placées fort haut,
et en partie voilées par des tentures. Les basiliques
espagnoles n'ont point généralement ces beaux vitraux,
si richement coloriés, de nos cathédrales gothiques. On
y supplée par une discrète et savante distribution de
la lumière. Il y règne une demi-obscurité qui augmente singulièrement l'effet du monument. A la Seo
particulièrement, cet effet est des plus saisissants.
Quand vous pénétrez, du grand jour extérieur, sous
ces voûtes sombres où tous les objets semblent comme
flotter dans une vapeur mystérieuse, traversée çà et
là de reflets fauves et d'ombres mouvantes, vous ne
pouvez vous défendre d'une impression profondément
religieuse.

Restons sous cette impression, et passons sans nous
arrêter devant les chapelles dont le pourtour de l'é-
glise est garni. Il y en a de tous les styles; la plupart
effroyablement surchargées de statues, de sculptures,
d'ornements en rocaille, de moulures et de dorures,
sous lesquelles disparaissent littéralement les murailles
de l'édifice. Il est impossible de gâter plus déplora-
blement un beau monument. Ce qui le gâte encore
bien davantage, c'est le *coro* ou chœur, qui obstrue le
milieu de la grande nef. Ceci est une invention toute
espagnole, que je n'ai vue nulle part ailleurs, et qui

dans toutes les églises d'Espagne a fait ma colère et
mon désespoir. Imaginez une vaste enceinte, formant
un carré long et occupant toute la largeur de la nef
principale. A l'une des extrémités intérieures est le
grand autel; à l'autre sont les stalles du chapitre. Cette
enceinte est fermée sur toutes les faces par une muraille de dix à quinze pieds de hauteur, sauf deux
ouvertures latérales et fermées de grilles, par où les
assistants ont vue sur le maître-autel. C'est comme
une petite église bâtie dans la grande. On comprend
quel déplorable effet doit produire au beau milieu
d'une église gothique cette lourde bâtisse, toujours
de construction moderne et habituellement de très-
mauvais goût, rompant les grandes lignes de l'édifice
et détruisant toute la perspective. Les Espagnols auraient voulu, de parti pris, défigurer et déshonorer
leurs cathédrales, qu'ils n'auraient pu mieux faire.
J'avais déjà vu cet affreux *coro* à Pampelune. Il m'a
paru encore plus odieux à la Seo, parce qu'il gâte une
plus belle chose. Bien qu'il soit orné de sculptures de
la Renaissance qui ne sont pas sans mérite, on don-
nerait toutes les sculptures et quelque chose de plus
pour qu'il ne fût pas là.

A gauche du maître-autel est une chapelle d'un style
plus sévère que les autres. Elle rappelle une tragédie
qui s'est passée ici même, il y a quelques siècles, et
qui fut l'occasion ou le prétexte de la première atteinte
portée par les rois d'Espagne aux vieilles libertés de
l'Aragon.

L'inquisition avait, de tout temps, rencontré dans

cette province une résistance énergique. Aux termes
des *fueros,* un Aragonais ne pouvait être mis à la torture; ses biens ne pouvaient être confisqués; les formes
de la justice criminelle lui assuraient les plus libérales
garanties. La procédure occulte de l'inquisition, son

instruction mystérieuse, qui
ne confrontait jamais l'accusé avec l'accusateur, la
question employée comme
moyen ordinaire d'information, motivèrent plus d'une
fois les protestations des
cortès. Il y eut même des
troubles populaires. Mais,
en 1484, Ferdinand le
Catholique, qui entrevoyait
dans le saint-office un
moyen de domination, ré-
solut de vaincre ces résistances. Il chargea Torquemada d'organiser définitivement le nouveau tribunal
en Aragon. Celui-ci délégua
comme grands inquisiteurs
un dominicain, frère Gaspard de Benavarre, et un
chanoine de l'église métropolitaine de Saragosse nommé
Pierre Arbuès d'Epila. Un certain nombre de *nouveaux
chrétiens* (on appelait ainsi les Juifs convertis) furent
condamnés au feu comme hérétiques judaïsants. Plusieurs exécutions eurent lieu. Les esprits s'irritèrent :

un complot se forma ; on résolut de tuer l'inquisiteur
principal, Pierre Arbuès, pour effrayer les autres et
les forcer de renoncer à leur entreprise.

Averti de ce projet, Arbuès le déjoua plusieurs fois.
Il portait sous ses vêtements une cotte de mailles, et
une calotte de fer sous son bonnet. Mais ces précautions ne purent le sauver. Le mercredi 14 septembre 1485, vers minuit, il descendit dans l'église
métropolitaine pour assister à l'office du matin, selon
l'usage des chanoines réguliers. Il s'agenouilla près
de la grille du maître-autel et se mit en prière. Les
conjurés l'attendaient, cachés dans l'église. Ils s'ap-
prochèrent de lui en deux groupes, de deux côtés différents. L'un d'eux, qui était bien averti qu'il fallait
frapper entre le casque et la cotte de mailles, lui dé-
chargea un violent coup de tranchant sur le cou, par
derrière. Pierre Arbuès tomba, mortellement atteint,
en s'écriant : « Loué soit Jésus-Christ. Je meurs pour
sa sainte foi. »

Cet odieux assassinat eut précisément un effet contraire à celui qu'espéraient ses auteurs. Une émeute
épouvantable éclata, et les inquisiteurs en profitèrent
pour asseoir et affermir leur autorité. Le palais de l'Aljaferia, qui avait été jusque-là la résidence des rois
d'Aragon et qui était une véritable forteresse, leur fut
donné par Ferdinand pour y établir le tribunal du
saint-office et ses prisons. La mort de Pierre Arbuès
fut vengée par de nombreuses exécutions. On a revêtu
d'un plancher, qui existe encore, la place où l'inquisiteur fut frappé, afin que le pied des fidèles ne pro-

fanât point les dalles où son sang avait coulé. Son corps fut déposé dans la chapelle voisine, sous une sorte de baldaquin soutenu par quatre colonnes de marbre noir. On y lit cette inscription :

« Isabelle, reine des Espagnes, pour perpétuer sa piété singulière, a fait élever ce monument à son confesseur, ou plutôt au martyr Pierre Arbuès. »

Pierre Arbuès a été béatifié en 1664, sous le pontificat d'Alexandre VII.

Nous sommes allés visiter, à l'extrémité d'un des faubourgs de la ville, ce palais de l'Aljaferia, dont j'ai prononcé le nom tout à l'heure. C'est aujourd'hui une caserne. Il reste peu de chose du vieil édifice, qui a été enveloppé et comme recouvert par de lourdes constructions de toutes les époques. Encore le peu qui reste a-t-il été dégradé comme à plaisir. Un charmant pavillon mauresque tout revêtu d'arabesques délicieuses a servi de cuisine aux soldats, et ses murailles sont noircies par la fumée. De la chambre où est née Isabelle, qui fut reine de Portugal, on a fait un magasin de chaussures militaires.

C'est dans ce vieux palais des rois d'Aragon, devenu le palais et la prison de l'Inquisition, que fut un instant détenu, pour en être presque aussitôt arraché par le peuple, le célèbre Antonio Perez, secrétaire d'État de Philippe II. L'assassinat de Pierre Arbuès avait donné à Ferdinand le Catholique l'occasion de faire une première brèche aux priviléges de l'Aragon : l'insurrection qui délivra Antonio Perez donna, un siècle plus tard, à Philippe II l'occasion, non moins avidement saisie, de porter à ces priviléges le dernier coup et d'appesantir sur le pays son impitoyable despotisme.

Ce Perez n'était pas de son vivant un personnage fort recommandable; et si Philippe II l'avait tout simplement fait pendre pour ses concussions, l'histoire n'aurait guère motif de le lui reprocher. Mais, après lui avoir commandé un abominable assassinat, lui faire faire son procès, le faire mettre à la torture, le livrer à l'inquisition, et poursuivre sa perte par toutes sortes de moyens ténébreux : voilà ce qui excite involontairement pour la victime l'intérêt et la pitié. On oublie son crime, pour détester le despote qui, après avoir ordonné ce crime, essaie de briser le misérable dont il s'est servi comme d'un instrument.

Longtemps Perez avait joui de toute la faveur de son maître. Nul n'était aussi avant que lui dans tous les secrets de sa tortueuse politique. C'était un homme d'un esprit vif et prompt, habile, insinuant, audacieux et sans scrupule, exploitant sa faveur dans l'intérêt de sa fortune. L'orgueil l'enivra; il osa devenir le rival du roi auprès de la princesse d'Eboli; et craignant d'être dénoncé par le secrétaire de don Juan d'Autriche, Escobedo, qui avait surpris le secret de ses intrigues, il l'accusa de suggérer à don Juan des projets d'ambition dangereux pour l'Espagne. Philippe II, toujours prompt au soupçon, crut à un complot. Après mûre délibération, la mort d'Escobedo fut résolue. Un procès eût fait du bruit, et les preuves manquaient. Il fut donc décidé qu'on se déferait de lui secrètement.

L'assassinat était chose commune dans ce siècle-là. Avait-on un ennemi? on l'attendait au coin d'une rue,

on l'assaillait à coups de dague, et on le laissait sanglant sur la place; ou mieux encore, on payait des spadassins pour faire, à prix convenu, cette besogne. Ce qui caractérise toutefois le XVIe siècle, ce ne sont pas ces pratiques violentes, ces meurtres, ces guet-apens; le moyen âge en avait vu autant : c'est la prétention qu'ont les princes, petits ou grands, d'avoir sur leurs sujets droit de meurtre aussi bien que droit de justice. Les théories de la politique italienne avaient à cet égard singulièrement altéré le sens moral; et certains casuistes ne manquaient pas de beaux raisonnements pour justifier ces commodes théories.

Perez s'était chargé de faire exécuter avec la discrétion convenable les ordres du roi. On essaya d'abord de faire verser du poison à Escobedo dans son vin. Il en fut malade, mais n'en mourut pas. Il fallut alors avoir recours à un moyen plus sûr : deux estafiers furent apostés sur la place Saint - Jacques, à Madrid, et le tuèrent à coups d'épée dans la nuit du 31 mars 1578. Pendant qu'ils expédiaient la victime, Antonio Perez (c'est lui-même qui le raconte) faisait le guet dans une rue voisine, avec un de ses amis, pour prêter main-forte aux assassins, s'ils en avaient besoin [1].

Le châtiment ne tarda pas. Philippe II, qui avait d'abord fermé l'oreille aux plaintes de la famille d'Escobedo, informé bientôt des véritables motifs qui avaient fait agir Perez, médite froidement sa vengeance. La princesse d'Eboli et Perez sont arrêtés le même jour. Une enquête judiciaire est commencée contre ce dernier, et il est condamné pour fait de concussions à deux années de prison et au bannissement. Mais on ne le lâche pas. C'était un homme trop redoutable par les secrets dont il était maître. On continue donc son procès sur le chef du meurtre d'Escobedo; procès lent, mystérieux, compliqué d'incidents où le malheureux

---

[1] *Relaciones de Antonio Perez.* — *Antonio Perez et Philippe II,* par M. Mignet.

accusé déploie de prodigieuses ressources d'esprit et une indomptable fermeté d'âme.

Le procès durait depuis onze ans, et aucune preuve décisive ne permettait de condamner Perez. On le mit à la torture. La douleur arracha à l'infortuné l'aveu dont on avait besoin, et dont le roi tenait à se couvrir. Dès lors son sort était inévitable et sa mort prochaine, s'il n'était parvenu à s'évader. Il se réfugia en Aragon, et alla se mettre sous la protection du *justicia mayor*, magistrature indépendante que la province devait à sa constitution particulière, et devant laquelle le roi et le sujet allaient se trouver égaux. Ce grand juge d'Aragon, choisi dans la seconde classe de la noblesse, était chargé de la surveillance de tous les autres magistrats, civils ou ecclésiastiques, et de la garde des fueros. L'appel à sa juridiction suspendait toute procédure. Devant lui l'information était publique; la torture en était exclue. Il ne relevait que des cortès. Le roi ne pouvait le révoquer, et il avait le droit d'appeler le peuple aux armes si la constitution du pays était violée. Une magistrature d'une puissance si extraordinaire ne pouvait exister que chez ces Aragonais, si jaloux de leur indépendance, et qui, selon la tradition, prêtaient à leurs rois ce fier serment : « Nous qui valons autant que vous, et qui pouvons plus que vous, nous vous élisons notre roi, à la condition que vous garderez nos lois et nos fueros; — sinon, non. »

Philippe II, voyant sa proie lui échapper, s'adressa, pour la ressaisir, à l'inquisition. Son intervention avait ici cet avantage, que les priviléges du justicia mayor ne s'étendant point aux matières de foi, il ne pouvait plus retenir Perez dès qu'il était réclamé par les magistrats du saint-office.

Devant la réclamation de ce redoutable tribunal, le grand juge d'Aragon hésite et finit par céder. Perez est remis aux alguazils du saint-office, et renfermé à l'Aljaferia. Mais, à cette nouvelle, le peuple de Saragosse s'émeut ; une violente insurrection éclate, la prison de l'inquisition est forcée, et Perez replacé triomphalement sous la garde du justicia mayor (24 mai 1591). Quelques mois plus tard, une seconde tentative des inquisiteurs pour remettre la main sur leur victime excitait une seconde révolte, à ce cri de : *Fueros! fueros!* qui, disait-on, *soulevait jusqu'aux pierres en Aragon.* Cette fois Perez, remis en liberté, s'enfuyait en Béarn.

Philippe II dissimula d'abord sa colère et son ressentiment. Mais une armée castillane entrait, le 12 novembre suivant, dans Saragosse. Tout à coup, un an après, le justicia mayor don Juan de la Nuza était arrêté avec les principaux seigneurs aragonais, et dès le lendemain, sans procès ni jugement, on lui tranchait la tête sur la place publique. De nombreuses exécutions suivirent celle-là, et jetèrent la terreur dans la province. Trois cent soixante-quatorze personnes furent citées devant le tribunal de l'inquisition ; on ne put en saisir que cent vingt-trois, dont soixante-dix-neuf furent condamnées à mort. L'auto-da-fé eut lieu le 20 octobre. L'effigie d'Antonio Perez fut brûlée avec les soixante-dix-neuf condamnés présents. Réfugié en

France, mais poursuivi par la haine implacable de Philippe II, Perez eut à défendre plus d'une fois sa vie contre le poison et l'assassinat. Sa femme et ses enfants avaient été arrêtés : ils ne recouvrèrent leur liberté qu'à la mort du roi, après neuf années de captivité.

On ne peut se promener dans les quartiers qui avoisinent l'Aljaferia sans être assailli par les souvenirs du

siége trop fameux de 1809. Les ruines du couvent et de l'église de Santa-Engracia, au bout de la promenade publique, en sont comme un monument éternel. Lugubres souvenirs, sombre et douloureux épisode, où l'héroïsme fut égal peut-être des deux côtés, mais avec cette différence que celui de nos soldats était au service d'une ambition inique, tandis que celui des Espagnols était au service de la plus juste et de la plus noble des causes, celle de l'indépendance de la patrie envahie par l'étranger. Le siége dura cinquante-

deux jours. Il en avait fallu vingt-neuf pour forcer les
défenses extérieures : il n'en fallut pas moins de vingt-
trois pour cheminer, avec le canon et la sape, de rue
en rue et de maison en maison jusqu'au cœur de la
place. Quand la ville se rendit, sur cent mille individus
enfermés dans ses murs, cinquante-quatre mille avaient
péri. L'épidémie avait fait plus de ravages que le feu :
quarante mille hommes étaient entassés dans les hô-
pitaux.

En 1812, il y avait, dans une petite chambre située
tout au haut du donjon de Vincennes, un prisonnier
d'État dont le nom était un mystère pour tout le monde.
C'était un Espagnol. On le traitait d'ailleurs avec assez
d'égards. Il avait quelques livres, une boîte de couleurs, une famille de pigeons, qu'il élevait dans son
réduit. Ce prisonnier était le célèbre Palafox, qui avait
été l'âme et le héros de cette immortelle défense de
Saragosse. L'empereur l'avait fait disparaître. On avait
enterré avec une grande pompe une bûche à sa place :
le monde entier le croyait mort, même sa famille et sa
femme [1]. Palafox, rentré en Espagne en 1814, contribua beaucoup au rétablissement de Ferdinand VII,
qui le créa duc de Saragosse. Mais lors des événements
de 1820, ayant montré quelques tendances vers les
idées libérales, il fut disgracié. La reconnaissance des
rois est courte.

On va en une journée, par le chemin de fer, de Sa-

[1] J'emprunte ce fait curieux à l'un des écrits posthumes d'Alexis de
Tocqueville, tome VIII de ses Œuvres complètes, *Mélanges et Fragments*,
p. 224.

ragosse à Madrid ; mais la journée est longue. Nous partons à dix heures du matin, nous n'arriverons qu'à dix heures du soir. Si l'on va lentement, en revanche on ne s'arrête nulle part, ni pour déjeuner ni pour dîner ; et ceux qui sont assez imprudents pour ne pas se munir au départ d'amples provisions de bouche, courent risque d'arriver à Madrid à jeun. Je dois dire cependant, pour être parfaitement véridique, que dans les gares on nous offre toujours de grands verres d'eau fraîche. *Agua, agua fresca!* c'est un cri que vous entendez partout et perpétuellement en Espagne, hiver comme été. C'est bien le peuple le plus altéré de la terre. L'autre jour, à Alsasua, pendant que la neige tombait et que nous grelottions sous une bise piquante, on nous offrait de l'eau fraîche.

De Saragosse à Madrid, la route est sans intérêt ; mais le pays n'est pas sans caractère. Les paysages d'Espagne, généralement austères, souvent tristes, ont de la grandeur : cela tient à ce que presque toujours ils ont un horizon de montagnes. Rien qui rappelle ces plantureuses campagnes de France, ces collines doucement inclinées, mais un peu uniformes, arrosées de nombreux cours d'eau, et couvertes d'un épais manteau de verdure. Ici, presque partout c'est un sol montagneux, une succession de vallées profondes et de chaînes plus ou moins abruptes. Dans ces vallées, et particulièrement en Aragon, le sol est riche : le blé y donne d'abondantes moissons. Sur les pentes, la vigne et l'olivier prospèrent ; ce sont les productions les plus considérables du pays. Mais au delà d'une certaine

hauteur, les montagnes sont
nues et brûlées. Celles où
nous entrons en quittant Saragosse rappellent un peu
nos côtes de Provence. Leurs
flancs sont ravinés et comme
sillonnés par les pluies; tantôt
leurs crêtes aiguës sont dé-
coupées en dents de scie ; tantôt leurs roches , dorées

par le soleil ou teintées d'ocre rouge, s'arrondissent comme des tours, ou simulent à l'œil des fortifications et des murs en ruine. A mesure que nous nous éloignons de l'Èbre, la contrée devient plus accidentée, les habitations plus rares. De loin en loin, de petites villes, bâties d'une pierre rougeâtre, couvertes de tuiles, se montrent assises sur les pentes, perchées quelquefois sur un rocher avec quelque château ruiné. Les tours des églises, avec les renflements de leurs toitures bulbeuses, ont un peu la tournure des minarets ou des clochers byzantins. On passe devant Calatayud, dont la silhouette à demi orientale se découpe finement sur le fond bleuâtre de sa double montagne. On traverse Alhama, qui élève sur un roc escarpé son vieux château arabe, et dont le nom arabe (*al-hama*, les bains) rappelle l'abondance de ses eaux minérales.

Ici le pays change. Nous sommes sur les plateaux de la Nouvelle-Castille, contrée très-élevée et très-froide. De grandes plaines rocheuses, de vastes pâturages d'un aspect mélancolique s'étendent autour de nous. Pas une maison, si ce n'est, d'espace en espace, la cabane d'un cantonnier. Pas un être vivant, si ce n'est quelquefois une cigogne, debout sur une patte, au bord d'un marécage. Auprès de Medina-Celi on entre dans la sierra de Mistra. Nous sommes enveloppés de nuages, et une neige à demi fondue commence à tomber. Tout à coup le train s'arrête. Qu'y a-t-il? On ouvre les portières, et on nous invite à descendre. La voie, profondément encaissée à cet endroit, a été détruite par un formidable éboulement: une montagne de décombres remplit la tranchée et intercepte le passage. Nous mettons pied à terre, et, pataugeant péniblement dans une argile détrempée, nous escaladons l'énorme entassement de terre et de roches écroulées. De l'autre côté, un autre train nous attend ; on s'y recase comme on peut, mouillé et transi, et on repart pour Madrid.

Le chemin de fer passe auprès de Guadalajara, ancienne ville forte, où l'on voit encore le palais des ducs de l'Infantado. Un peu plus loin est Alcala de Henarès. Alcala, aujourd'hui sans vie, a été autrefois florissante. Son université, fondée et richement dotée par le cardinal Ximenès, rivalisa de réputation et de savoir avec celle de Salamanque. C'est là que le grand cardinal, qui était lui-même très-versé dans les langues orientales, fit imprimer sa célèbre Bible polyglotte. Alcala a une autre gloire encore : elle est la patrie de Cervantes. L'auteur de *Don Quichotte,* après avoir lutté toute sa vie contre la misère, est mort obscur et presque sans pain ; on ignore même aujourd'hui où reposent ses os. Mais quand sa gloire eut triomphé de l'indifférence de ses contemporains, huit villes, au nombre desquelles Madrid, Séville et Tolède, se sont disputé l'honneur de lui avoir donné le jour. Il paraît certain qu'il naquit à Alcala, le 9 octobre 1547.

De toute la littérature espagnole, le nom de Cervantes est sans contredit, en Espagne et hors d'Espagne, le plus populaire. Génie charmant et profond entre tous, merveilleux d'originalité, plus merveilleux encore de naturel, de vérité, et par là universellement et éternellement admirable. Ce vieux livre de *Don Quichotte,* qu'enfants nous avons lu comme un conte bleu ; que, devenus hommes, nous lisons et relisons comme une des peintures les plus instructives et les plus aimables de la vie humaine ; ce livre, qui est de son pays et de son temps par la forme et par le costume, est de tous les temps et de tous les pays par le fond, image vivante de l'humanité, de ses éternelles passions et de ses faiblesses éternelles, de ses travers et de ses ridicules, de ses vertus et de ses vices, lesquels changent d'habit sans changer de nature, et, dans des idiomes différents, parlent toujours le même langage.

La passion des romans de chevalerie était, en Espagne, du temps de Cervantes, une sorte de maladie endémique. (N'en rions pas trop : nous avons vu de notre temps quelque chose de pareil, et pour des romans qui ne valaient pas, au moins moralement, les romans de chevalerie.) Il y a de ce fait, jusque dans les monuments législatifs de l'époque, des traces curieuses. Ainsi, des 1555, les cortès de Valladolid, alarmées de l'influence pernicieuse de ces livres, avaient déjà présenté au roi la pétition suivante : « Ces ouvrages por-« tent un grave préjudice aux lecteurs de toutes les « classes, mais surtout aux jeunes gens et aux jeunes « filles, que séduisent les mensonges et les vanités dont « ils sont remplis : enclins naturellement à l'oisiveté, « ils dévorent ces compositions folles, s'éprennent des « aventures de guerre et d'amour que l'on y raconte, « et, si des occasions se présentent, commettent à leur « tour des extravagances déplorables. Tout cela aboutit « non-seulement au déshonneur des familles, mais à

« la ruine des consciences, en
« détournant les affections des
« saintes et véritables doctrines
« de l'Église, pour les attacher
« à des puérilités funestes qui
« égarent les esprits. Afin de
« détruire ces maux, nous sup-
« plions Votre Majesté de dé-
« fendre qu'on lise toute espèce
« d'ouvrages traitant de ces ma-
« tières, d'ordonner qu'on ré-
« unisse et qu'on brûle tous ceux
« qui existent, et que personne n'en imprime de
« nouveaux sans une licence particulière. Votre Majesté

« rendra ainsi un grand service à Dieu aussi bien qu'à
« son royaume. »

Je ne sais si on brûla *Amadis de Gaule* et *Don Bé-
lianis de Grèce;* mais brûler les livres (et même les
auteurs) n'a jamais été un bon moyen de combattre la
mauvaise littérature. Ce que n'avaient pu faire ni les
cortès ni le roi, un homme de génie le fit avec un petit
livre : le ridicule tua les faux héros, la satire souffla sur
les fantômes. Mais si Cervantes n'avait fait qu'une satire des romans du temps, son livre n'eût point survécu
aux livres dont il se moquait. L'œuvre déborda le ca-
dre; et le peintre, emporté par son génie, se trouva
avoir fait, au lieu d'un tableau de fantaisie, cette fresque si animée et si vivante où se déroulent les scènes
variées de la grande comédie humaine.

Cervantes, qui a toutes les qualités de sa nation et
de son époque, par bien des côtés leur est supérieur.
Le génie espagnol est puissant; mais il est en général
étroit, dur. Il y a en lui quelque chose de l'âpreté africaine. Aux passions ardentes, impétueuses de ce peuple (*vehementia cordis,* disait déjà Pline), à son énergie persévérante et tenace, il semble que mille ans de
guerre et de haines de races ont ajouté des habitudes
violentes, des instincts cruels, l'amour du sang, le goût
de l'horrible. Ce caractère se trouve chez ses poëtes,
ses conteurs, ses artistes. Ils aiment les choses terribles, les scènes sombres; les sujets même bas et repoussants ne leur déplaisent point. La misère triste ou
risible, le spectacle de la douleur, les plaies et les convulsions de la nature humaine, tout cela les attire vo-

lontiers, et ils savent le peindre avec une vigueur qu'on admire, mais avec une crudité de couleurs qui souvent nous répugne. Seul peut-être Cervantes échappe à ce reproche. Il a ce qui manque à ses compatriotes, le sentiment humain, la fibre du cœur. Les misères humaines l'attristent : loin de s'y complaire, il y compatit. Sans fausse sensibilité, sans déclamation ampoulée, il sait s'attendrir et s'émouvoir. Il rit des travers humains ; mais son rire est sans amertume, son ironie est sans fiel. Son don Quichotte est un fou souvent très-raisonnable, qui fait des extravagances, mais qui dit des choses fort sensées : et on voit assez que sous ce masque de folie l'auteur se cache pour dire bien des choses hardies, et faire de la société une satire ingénieuse et piquante. Ce héros bizarre, mélange de déraison et de sagesse, d'extravagance et de générosité, on ne peut s'empêcher de l'aimer. Si l'auteur nous montre comme un travers l'exagération des plus nobles sentiments, il ne les rend pas ridicules, il ne les abaisse pas. A côté du bon chevalier, type plaisant de la vertu outrée qui veut réformer le monde, il a mis le narquois Sancho, type du bon sens terre à terre, de l'égoïsme vulgaire et plat, lâche et gourmand, comme pour nous enseigner qu'entre ces deux extrêmes est la véritable mesure, qu'entre l'enthousiasme chimérique et la prosaïque réalité il y a la vraie sagesse et le vrai courage.

On sait combien fut aventureuse et troublée la vie du grand Cervantes; comment, volontaire à Lépante, sous don Juan d'Autriche, il s'y battit bravement, et fut grièvement blessé; comment enfin, prisonnier chez les

Barbaresques, il passa cinq ans dans les bagnes d'Alger, et joua dix fois sa vie pour recouvrer sa liberté et celle de ses compagnons d'infortune. C'est une chose remarquable que les grands écrivains qui ont, à cette époque, illustré l'Espagne, aient presque tous commencé par être soldats. Chez cette race énergique,

indomptable, la séve est si forte à ce moment, qu'elle déborde : il faut à ces hommes à la fois l'action et la pensée, l'épée et la plume ; ils passent la moitié de leur vie à se battre, et l'autre à écrire. Ercilla, jeune encore, traverse l'Océan, prend part à la conquête du Pérou, et, la nuit, entre deux combats, écrit son poëme de *la Araucana*. Garcilasso de la Vega fut un brillant soldat de Charles-Quint avant d'imiter, dans la langue castillane, les pastorales de Virgile. Lope de Vega s'engage à quinze ans dans l'expédition de Philippe II contre Terceire, et plus tard monte à bord de cette invincible *armada* qui fit un instant trembler l'Angleterre. Calderon sert pendant dix ans comme volontaire dans les guerres de Flandre et d'Italie. Plus brave, plus énergique, et plus éprouvé qu'eux tous, Cervantes, après

avoir eu la main gauche fracassée à Lépante, ne trouva dans son pays que l'indifférenee et la misère. La dureté du sort et des hommes aurait aigri une petite àme ; elle laissa à ce grand esprit et ce grand cœur sa sérénité et sa douce philosophie. Sous la gaieté de ses fictions, à travers les broderies qu'y sème sa plume brillante, on sent bien parfois un fonds de mélancolie. Cervantes, comme notre Molière (deux génies de même famille et de même ordre), est un de ces railleurs dont la lè-

vre, même quand elle sourit, garde le pli impercep-
tible de la tristesse. Mais ni les souffrances ni les déceptions ne l'ont rendu injuste ou haineux; et l'amer
souvenir qu'elles lui ont laissé disparaît sous les enchantements d'une imagination inépuisable et la verve
de cette humeur vaillante qui l'a soutenu jusqu'à son
dernier soupir.

CHAPITRE III

ADRID est une assez triste ville et une assez mesquine capitale. Il manque à la fois de charme et de grandeur. Il n'a ni la beauté du site, ses environs sont un désert; ni l'avantage ou l'agrément d'un fleuve, le Manzanarès est sans eau les trois quarts de l'année; ni les souvenirs, c'est une ville qui n'existe que d'hier; ni les

monuments, vous y chercheriez en vain une église ou
un édifice public qui soit digne de quelque intérêt. Il
y a trois siècles, Madrid n'était qu'une bourgade sans
nom. Burgos, Tolède, Séville, Valladolid avaient été tour
à tour les capitales des anciens rois de l'Espagne; et
elles avaient eu de bonnes raisons pour l'être. Ce fut le
cardinal Ximenès qui, pendant sa régence sous la mino-
rité de Charles-Quint, transporta à Madrid le siége du
gouvernement. Séville, par son importance, sa richesse,
sa proximité de la mer, semblait bien plus naturellement
désignée : la découverte de l'Amérique et les grands
intérêts que l'Espagne allait avoir dans le nouveau
monde, commandaient presque ce choix. Le seul avantage qu'offrait Madrid, c'était d'être le centre géogra-
phique du royaume. Peut-être une autre raison déter-
mina-t-elle le cardinal : dans cette ville, jusque-là sans
importance, il était sûr d'être le maître et de ne rencontrer ni les résistances des communes, ni l'ambition
des grands, fort gênantes partout ailleurs. Philippe II
acheva ce qu'avait commencé Ximenès, en transportant
la cour à Madrid. Mais il est advenu de Madrid ce qui
advient de toutes les villes que le caprice d'un souverain
a la prétention de fonder sans tenir compte de la nature
des choses : comme Berlin et Washington, c'est une
création artificielle, vivant d'une vie toute factice. Madrid, sans commerce et sans industrie, sans tradition
et sans histoire, sans mouvement intellectuel ou politique qui lui soit propre, Madrid n'est qu'une capitale
nominale, qui reçoit du dehors la vie ou l'impulsion
au lieu de la donner. Il est *la corte,* comme on dit en

Espagne, c'est-à-dire la résidence royale ; il n'est ni la tête ni le cœur du pays. Depuis cinquante ans, les faits l'ont assez prouvé.

L'aspect général est petit et vulgaire. Les rues sont mal pavées, les trottoirs rares et étroits. Le petit nombre de magasins brille d'un luxe d'emprunt, qui vient de Paris. Bruxelles est plus vivant, et Bordeaux a l'air plus grande ville. La *Puerta del Sol,* qu'admirent les Espagnols, est une place irrégulière et assez laide, moins grande que la place de la Bourse, à Paris. Leur *Prado* tant vanté n'a aucun charme. Le monument du 2 mai, qui le décore, est une maigre pyramide en moellons, de quinze à vingt pieds de haut, avec quelques statues médiocres. Quant aux fontaines, elles sont d'un goût affreux : l'une représente une grosse Cybèle que le sculpteur a faite lourde pensant la faire majestueuse ; l'autre, un Neptune, qui a l'air d'un dieu de théâtre, assis sur deux roues de bateau à vapeur. On me dit qu'il faut voir le Prado par les beaux soirs d'été, quand la foule des promeneurs l'anime, quand toutes les jolies femmes de Madrid viennent y déployer leurs grâces piquantes et y faire assaut de coquetterie. Je n'ai pu en juger : le temps était froid et pluvieux quand j'ai traversé Madrid cette première fois, et presque aussi mauvais à mon retour. Je n'en suis pas moins disposé à croire tout ce qu'on me dit des charmes des Madrilènes. Qu'on me vante leurs beaux yeux, je n'y contredis point ; mais qu'on ne me vante plus le Prado.

Le climat de Madrid est extrême, et par là même détestable : l'hiver y est plus froid qu'à Paris ; l'été y est

plus chaud qu'à Alicante. Le voisinage du Guadarrama
y détermine des variations de température brusques et
dangereuses. Il y a un proverbe qui dit : « A Madrid,
« le vent n'éteint pas une chandelle, mais il tue un
« homme. »

A l'époque où j'y arrivai, c'était vers le 20 mars,
la saison était encore rigoureuse. Nous avions hâte de
gagner un climat plus doux, de voir enfin le pays du
soleil, le pays *où fleurit l'oranger*. Nous nous décidons,
après un repos de deux jours, à continuer notre course
vers le sud et à entrer en Andalousie par Cordoue. Au
retour nous visiterons l'Escurial et Tolède, et surtout
nous verrons à loisir le musée de Madrid. Madrid n'a
que son musée ; mais à lui seul ce musée vaudrait le
voyage. Je n'ai fait que l'entrevoir pendant deux courtes
visites. Que de merveilles ! J'en sors ébloui, les yeux
pleins de lumineuses images, la mémoire comme encombrée de chefs-d'œuvre, l'esprit fatigué d'admiration ; il y a là des trésors à faire l'orgueil de dix
musées.

Nous quittons Madrid à dix heures du soir. Le chemin de fer doit nous conduire jusqu'au pied de la
Sierra-Morena ; là on prend des diligences pour passer
la montagne et gagner Andujar, où l'on retrouve la voie
ferrée.

Vers une heure du matin, nous sommes à Alcazar de
San-Juan. C'est le point où la ligne d'Andalousie s'embranche avec celle d'Alicante. On attend là, pendant
près de deux heures, l'arrivée du train qui vient de

cette ville. Nous pensions, à une station aussi importante, trouver une gare convenablement installée. C'est une baraque en bois : dans une vaste salle, ouverte à tous les vents, la foule des voyageurs attend pêle-mêle. Quelques misérables chaises, quelques bancs de bois, sont les seuls meubles qui la garnissent. La nuit est froide. Il y a bien, dans un bout de la salle, un maigre feu de charbon de terre dans une cheminée borgne :

mais il est tellement entouré qu'on ne peut en approcher. A l'autre bout, est une espèce de buffet qui ressemble au comptoir de quelque méchant cabaret, et où nous parvenons à grand'peine à nous faire servir, sous le nom de bouillon, un fade et insipide breuvage. Cela fait, nous n'avons plus qu'à mettre de notre mieux en pratique le précepte de la sagesse espagnole : *Paciencia!*

A la gare de Madrid, des bruits inquiétants étaient déjà venus à nos oreilles : on disait vaguement que le chemin de fer avait été, sur plusieurs points, coupé par les débordements du Guadalquivir. A Alcazar, un employé français nous confirme cette nouvelle; la voie est, en effet, coupée en deux endroits : entre Andujar et Cordoue la circulation est complétement interrompue. Que faire? Retourner à Madrid? Il n'y faut pas songer. Changer d'itinéraire, et gagner l'Andalousie par Alicante? Mais nous tenons à être à Séville pour la semaine sainte. Et puis nos places sont payées jusqu'à Cordoue. Si le chemin de fer est rompu, la route de terre reste ouverte. D'une façon ou d'une autre, on arrive toujours. A la grâce de Dieu! En voyage, il faut compter un peu sur la Providence... Par toutes ces puissantes raisons, il est décidé que nous continuons notre route.

A six heures du matin nous étions à Venta de Cardeñas : c'est le point extrême où s'arrêtait alors le chemin de fer, qui aujourd'hui franchit sans interruption la Sierra-Morena. Nous avons traversé pendant la nuit les plaines immenses et nues de la Manche. Au dire des savants commentateurs, c'est dans ce lieu que l'illustre don Quichotte fit sa veillée d'armes, et fut armé chevalier par les mains de cet honnête hôtelier qui, après avoir fait plus d'un métier suspect, s'était retiré là pour vivre tranquillement « de son bien, et surtout de celui d'autrui. »

Le chemin de fer nous dépose dans un lieu sauvage, à l'entrée des gorges de la Sierra, au-devant d'une espèce de hangar. Trois ou quatre diligences attendent là les voyageurs. Nous descendons parmi les déblais et les décombres; nos pieds enfoncent dans un sol boueux. L'air est vif et piquant. Le soleil levant perce à peine le rideau de brume qui flotte sur les plaines et sur les premiers escarpements de la montagne. Une nuit d'insomnie et l'air matinal ont singulièrement aiguisé les appétits. Tout le monde se précipite vers une porte du hangar au-dessus de laquelle se lit le mot *Café*. Mais c'est encore pire qu'à Alcazar. Autour de tables d'une propreté douteuse, cinquante voyageurs affamés apostrophent dans toutes les langues deux garçons qui ont l'air de n'en entendre aucune, et se disputent quelques tasses de détestable café et de mauvais chocolat à la cannelle. Bien nous en a pris de renouveler nos provisions à Madrid.

Cependant les diligences sont attelées, et on appelle les voyageurs. Ces diligences sont de lourdes voitures, à peu près pareilles à celles de nos grandes messageries d'il y a vingt-cinq ans : seulement elles sont étroites, sales et incommodes; les coussins semblent rembourrés avec des copeaux. Mais la diligence espagnole a quelque chose d'original et de pittoresque : c'est son attelage. Dix mules sont attelées deux à deux à cette pesante machine : elles ont la tête ornée de pompons de laine rouge, jaune et bleue, et portent des colliers tout retentissants de grelots. Il n'y a pas moins de trois hommes pour mener ce long attelage : le *mayoral* ou conducteur, qui est sur le siége; le *delantero* ou postillon, qui est monté sur un cheval, en tête, à gauche du premier couple de mules; enfin le *zagal,* qui est à pied, montant de temps en temps sur le marchepied, courant le plus souvent à côté des mules, les excitant de la voix et du geste, et leur distribuant largement, non des coups de

fouet, mais de véritables volées de coups de bâton. Le
zagal change à chaque relai; mais le delantero fait généralement le trajet entier de la diligence, c'est-à-dire
quelquefois quarante à cinquante lieues. C'est d'ordinaire un tout jeune homme, presque un enfant. Aussi
les malheureux qui font cet affreux métier sont-ils voués

à une mort presque certaine; ils meurent phthisiques
au bout de peu d'années.

Enfin tout est prêt : voyageurs et bagages sont entassés. Le mayoral donne le signal à grands cris; le zagal
crie, en courant et frappant à droite et à gauche de
grands coups de bâton; le delantero crie et fait claquer
son fouet. Les mules agitent bruyamment leurs grelots;
la lourde diligence s'ébranle, et nous partons à fond de

La Sierra-Morena.

train par un chemin cahoteux, défoncé, dont les ornières
sont comblées avec de grosses pierres. La route, étroite
et sinueuse, longe un petit torrent. Elle s'élève rapidement, presque toujours suspendue en corniche, au-
dessus du précipice. Le moindre accident vous ferait
faire une culbute de quelques centaines de pieds. Au
premier moment, cette réflexion ne laisse pas que
d'être désagréable. J'étais monté sur l'impériale, et mon
regard plongeait jusqu'au fond du ravin où grondait le
torrent. Mais on s'habitue à cette impression. Les postillons sont d'une adresse merveilleuse. Même dans les
passages les plus difficiles, ils ne ralentissent jamais
leur train : la voiture, emportée au galop de son vigoureux attelage, vole, bondit, penche et se relève. On
finit par prendre plaisir à se sentir entraîné par ce tour-
billon de bruit et de poussière, et la beauté du paysage
vous distrait bientôt de toute autre pensée.

La gorge que nous remontions devenait de plus en
plus sauvage. A droite et à gauche, la montagne se res-
serre de manière à ne plus laisser qu'un étroit défilé.
Çà et là des blocs énormes ont roulé sur les pentes et
sont restés suspendus comme des ruines cyclopéennes.
Ailleurs les crêtes de la montagne, déchirées et dentelées, se hérissent de pics et d'aiguilles. Ce défilé a un
nom qu'on retrouve souvent dans l'histoire : on l'appelle
le *puerto* de Despeña-Perros; c'est le passage le plus
important de la Manche en Andalousie, et, depuis les
guerres des Maures jusqu'à la guerre de l'indépendance,
ç'a été un des points stratégiques qu'on s'est le plus
ardemment disputés. Il n'y a pas longtemps encore, la

route était peu sûre pour les voyageurs. La Sierra-Morena a été le refuge où les bandes de brigands se sont le plus longtemps maintenues. De distance en distance on voit encore le long de la route de petites croix de bois avec cette inscription : *Aqui mataron un hombre.* — Ici a été tué un homme. »

Aussitôt qu'on a atteint le sommet de la chaine et franchi le col, les pentes et les vallées se couvrent d'une végétation serrée d'arbustes à feuilles persistantes, de lentisques, de romarins, de cistes, d'arbousiers. C'est à cette verdure éternelle, mais d'une nuance sombre, qui les recouvre, que ces montagnes doivent leur nom : la Sierra-Morena veut dire la montagne brune.

Nous commençons à descendre le versant méridional : les pentes s'adoucissent ; quelques habitations isolées, puis quelques villages s'aperçoivent de loin en loin. Les vallées sont couvertes d'oliviers. Des cultures plus variées se montrent aux environs de la Carolina, petite ville régulièrement bâtie, avec des portes monumentales et des rues tirées au cordeau. C'est une de ces colonies qui furent fondées au siècle dernier, sous Charles III, pour repeupler la Sierra-Morena et y relever l'agriculture anéantie depuis l'expulsion des Maures. Le principal promoteur de cette entreprise était don Pablo Olavidès, comte de Pilos, gouverneur de Séville. C'était un esprit élevé et généreux, un philanthrope comme on disait alors, peut-être un peu chimérique. Il déploya dans cette entreprise beaucoup d'activité et de dévouement. Il fit venir des colons allemands, et

établit six mille Bavarois à la Carolina. Il défricha des
landes, ouvrit des routes, bâtit des villages, et en peu
d'années changea un pays inculte en des campagnes
fertiles et riantes. Mais Olavidès devint suspect d'opi-
nions philosophiques, et fut dénoncé au Saint-Office.
Malgré la faveur dont il jouissait auprès du roi, il fut
arrêté et emprisonné; après une longue information,
il fut condamné à sept années de reclusion dans un
couvent de la Manche. Peu après, il tomba dangereu-
sement malade : la cour, qui lui était restée favorable, obtint pour lui la permission d'aller prendre
les eaux en Catalogne. Il s'échappa, et se réfugia en
France. — Depuis lors les colonies de la Sierra-Morena
ont langui.

Vers le milieu du jour on est à Baylen, petite ville
triste et sale, au fond d'une gorge profonde : c'est là
qu'on déjeune. Nous sommes assaillis, en descendant
de la diligence, par une nuée de mendiants, d'aveugles,
de boiteux ; je n'ai jamais vu truands plus dépenaillés
et plus repoussants. La *posada* n'est guère plus appé-
tissante. On entre par l'écurie, comme dans toutes les
posadas. Dès la porte, l'odeur d'huile vous suffoque.
Tout le monde a entendu parler de l'huile espagnole ;
mais ce que c'est que l'huile espagnole, on ne saurait
s'en faire une idée si on n'y a pas goûté. Les olives
pourtant sont délicieuses dans ce pays; mais, comme
s'ils avaient juré de gâter tout ce que le Ciel a fait de
bien chez eux, les Espagnols ont trouvé moyen d'en
extraire, en les laissant fermenter, une huile d'un goût
et d'une odeur abominables, qui prend à la fois au nez

et à la gorge, et que je ne saurais comparer qu'à un mélange d'huile de ricin et d'huile à quinquet. Ils trouvent cela délicieux, et, à leur goût, notre huile de Provence est fade et sans saveur.

Le nom de Baylen sonne tristement à des oreilles françaises. C'est un peu au delà de la ville, dans de

larges et profondes vallées, que, le 20 juillet 1808, la petite armée du général Dupont, coupée de son avant-garde, cernée par un ennemi trois ou quatre fois supé-rieur, se vit réduite à capituler. Il y a sur la place publique de Baylen une mauvaise statue de marbre qui rappelle cette victoire : victoire qui exalta prodigieuse-ment, et cela se comprend, le patriotisme espagnol, mais où il n'y avait pas, ce semble, de quoi enorgueillir si fort la valeur espagnole. Trois mille hommes mourant de faim et de soif, écrasés par un soleil de plomb, haletant sous une chaleur de quarante-cinq degrés, et obligés, par dix-huit mille hommes, à mettre bas les armes, ce n'est pas là une victoire à mettre à côté de Lépante. Les suites ont été encore moins glorieuses pour l'Espagne. En dépit de la capitulation, nos soldats furent retenus prisonniers. Conduits à Cadix, ils se virent, tout le long du chemin, insultés, menacés, poursuivis par la populace. Les bagages des officiers furent pillés. Plusieurs furent massacrés. A Cadix, la rage populaire fut telle, qu'on fut obligé, pour empêcher que les prisonniers ne fussent mis en pièces, de placer le saint Sacrement au milieu d'eux.

Ce seraient là des faits à souiller l'honneur d'un peuple, s'il ne fallait faire la part des colères nationales en face d'une invasion étrangère. Ce qui est sans excuse, c'est l'indigne traitement que le gouvernement insurrectionnel fit subir à ces mêmes prisonniers, à grand'peine échappés aux couteaux de la populace. On les avait entassés d'abord sur les pontons de Cadix, où le scorbut et la dyssenterie les décimaient. On trouva bientôt cette situation trop douce pour eux, et on les transporta sur le rocher de Cabrera, la plus petite des Baléares, un écueil aride, inhabité. Ils étaient là sans abri d'aucune sorte, sans vêtements que les lambeaux qui leur restaient. Tous les quatre jours, des barques leur apportaient de Majorque quelques morceaux de pain et des fèves sèches. Ils suppléaient à cette misérable et insuffisante nourriture en mangeant des rats, des lézards verts, quelques poissons qu'ils parvenaient à pêcher. Un jour la barque ne vint pas; on l'attendit pendant six jours : quand elle parut, cent cinquante prisonniers étaient morts de faim. La soif était leur plus cruel supplice : une petite source qui ne donnait pas la moitié de l'eau qui leur était nécessaire, était leur seule ressource. Huit mille Français furent, à plusieurs fois, transportés sur l'îlot de Cabrera : quatre mille y moururent; le reste fut échangé à la fin de 1811 (1).

Chassons ces tristes images. Oublions, s'il se peut, les fureurs des hommes, et leurs sanglantes mêlées, et leurs vengeances plus atroces encore. Il semble que les plus beaux pays du monde soient ceux qu'ils se sont disputés avec le plus d'acharnement, et qu'ils ont le plus engraissés de leur sang.

A quelques lieues de Baylen, la route descend rapidement les dernières rampes de la Sierra-Morena. On franchit, sur un pont de bois tremblant, le Rumblar, un gros torrent qui roule encaissé à quarante pieds de profondeur. Puis tout à coup, en quelques instants, le paysage change; l'horizon s'élargit, les plaines s'ouvrent. Une brise tiède vous frappe au visage; le ciel prend des teintes plus chaudes. Aux plantations d'oliviers, d'un aspect doux, mais triste, succèdent des champs parés d'une verdure nouvelle. Mille fleurettes printanières émaillent les bords de la route. Les haies verdissent, et, çà et là, parmi les buissons, brille la

---

1 Voyez *Aventures d'un marin de la garde impériale*, par H. Ducor, 1833.

fleur charmante des cistes roses. C'est le printemps qui nous souhaite la bienvenue, et nous ouvre en souriant les portes de l'Andalousie. Voici ses gracieux messagers : j'ai vu tout à l'heure deux hirondelles posées sur le fil du télégraphe, et un papillon jaune a traversé la route. Nous sommes dans la vallée du Guadalquivir : une végétation nouvelle s'épanouit de tous côtés ; déjà les aloès dressent au bord du chemin leurs grandes feuilles charnues et armées de dards, et des nopals aux formes bizarres se montrent dans les champs parmi les figuiers.

Le soleil descendait à l'horizon dans un ciel d'un azur pâle, où semblaient dormir immobiles de petits nuages blancs et floconneux. Des vapeurs transparentes baignaient les collines lointaines, et les enveloppaient comme d'une gaze irisée. Les hautes montagnes qu'on apercevait au delà prenaient à leur base des teintes violettes qui, se dégradant insensiblement jusqu'au rose tendre, allaient se perdre au sommet dans la blancheur éclatante des neiges. Je n'oublierai jamais l'impression de surprise et d'enchantement que me fit ce brusque passage des plaines froides et nues de la Manche aux riches et tièdes vallées de l'Andalousie. Ce fut comme un lever de rideau splendide ; comme si la baguette d'un magicien nous eût transportés en un clin d'œil des brumes du Nord sous le ciel éternellement radieux du Midi.

Il était quatre heures du soir quand nous arrivâmes à Andujar. C'est là que nous devions reprendre le chemin de fer pour aller coucher à Cordoue, si les communications n'étaient pas interrompues. Mais, hélas ! les renseignements de notre Français d'Alcazar n'étaient que trop exacts : le chemin de fer est coupé. Nous trouvons l'auberge pleine de voyageurs, qui sont là, bloqués depuis quarante-huit heures, attendant que le passage soit rétabli. On annonce bien que la voie sera réparée dans un ou deux jours ; mais, en espagnol, cela veut dire une semaine. Or Andujar est une petite ville sans ressources, sans intérêt : y passer un jour entier serait une longue épreuve. Ajoutez que la posada regorge de monde, et qu'il n'y a pas un lit de libre. A tout prix il faut sortir de ce trou.

Nous sommes d'ailleurs dans notre droit. L'entreprise des diligences à laquelle nous nous sommes adressés à Madrid nous a délivré des billets pour Cordoue ; nous avons payé nos places jusqu'à Cordoue ; et, soit par chemin de fer, soit autrement, la compagnie doit nous rendre à Cordoue. Mais notre requête, poliment présentée au commis de la diligence, est repoussée avec hauteur. Par grâce, et prenant en considération notre embarras, cet honnête hidalgo veut bien nous faire conduire le lendemain à Cordoue, moyennant un petit supplément de 300 réaux (quelque chose comme 80 fr.) par personne. Notez qu'il y a tout au plus seize à dix-huit lieues d'Andujar à Cordoue. Nous insistons ; le commis crie, déclame, gesticule ; le mayoral s'en mêle ; tout le monde parle à la fois ; c'est un bruit à ne pas s'entendre. Après les Arabes, je ne connais pas de peuple qui crie plus haut que les Espagnols.

Trouvant que la discussion s'irrite sans aboutir, nous

prenons le parti d'aller chez l'alcade : c'est le maire de
l'endroit. Notre compagnon de voyage, M. de L***, qui
parle parfaitement l'espagnol, expose l'affaire, et produit nos bulletins de place délivrés pour Cordoue. L'alcade parait un peu embarrassé, et, tournant et retournant le bulletin, dit au commis entre ses dents : « Tu
es un imbécile. Pourquoi as-tu donné des billets pour
Cordoue ? Je suis obligé de te condamner. » Il ordonne,
en effet, que l'administration de la diligence nous fera
conduire jusqu'à Cordoue. Mais le commis criant toujours comme un beau diable, et réclamant un supplément de prix, l'alcade, pour se débarrasser à la fois des
deux parties, décide que la question d'indemnité sera
réglée, s'il y a lieu, par le gouverneur de Cordoue.
Cette sentence évasive nous exposait à de nouvelles difficultés; mais il n'y avait pas moyen d'espérer davantage : l'important était de partir.

Nous revenons triomphants à la posada, où nous
sommes accueillis par les hourras de joie de tous les
voyageurs. Il est convenu qu'on partira à trois heures
du matin. C'est un long retard : n'importe; nous par-
tirons. En attendant il s'agit de dîner.

Nous sommes là au moins une trentaine de voyageurs; c'est comme un caravansérail. Il y en a de toutes
les sortes et de tous les pays : il y a des touristes comme
nous, des négociants, des commis voyageurs, des entre-
preneurs de chemin de fer, jusqu'à des chanteurs qui
font partie de la troupe d'opéra de Séville; il y a des
Américains, des Français, des Allemands, des Italiens,
des Belges. Chose singulière, tous ces étrangers parlent

entre eux le français ; ils parlent plus ou moins correctement et avec un accent plus ou moins marqué ; mais enfin la langue française est le lien commun de ces voyageurs venus de tous les pays.

En se serrant un peu, tout le monde finit par trouver place à table. Pour la première fois nous faisons connaissance avec le *puchero* espagnol : c'est une espèce de pot-au-feu où entrent du bœuf, du mouton, des saucisses, avec force légumes, et surtout une sorte de pois chiches appelés *garbanzos*. Je dois dire que, de toute la cuisine espagnole, c'est à peu près le seul mets supportable. Quoi qu'il en soit, et grâce peut-être à la bonne humeur causée par l'annonce du départ, nous trouvons le puchero succulent. Des perdrix frites et des oranges complétèrent le dîner, qui ne parut pas trop mauvais. Il faut ajouter que nous étions servis par deux jeunes hôtesses qui étaient charmantes : l'une d'elles surtout, une jeune mère, qui portait sur le bras un bel enfant, et qui l'allaitait sans façon devant nous, était un type de vierge que n'eût pas dédaigné Murillo.

Après dîner, les hommes restent à prendre le café et à fumer dans la salle à manger : on cause et on fait connaissance ; ce sont là les dédommagements de ces petits épisodes de voyage. On étend dans une grande chambre des matelas et des nattes sur le plancher ; et les dames s'y jettent tout habillées, pour tâcher de trouver un peu de repos avant l'heure du départ.

Vers deux heures on commence à charger les voitures. Mais le mayoral et les postillons, qui sont de mauvaise humeur, ne font leur besogne qu'en grommelant. Ils font mille difficultés pour les bagages, qu'ils trouvent trop lourds; et nous sommes obligés d'aller chercher la garde civile pour surveiller le chargement. Enfin nous prenons nos places; et comme le mayoral grogne toujours, et prétend que sa voiture trop chargée va certainement verser, M. de L*** lui dit en bon castillan : « Écoute : si nous arrivons de bonne heure à Cordoue, il y aura pour toi une *propina;* si tu nous verses, je te casse la tête avec mon revolver. » — De ce moment le mayoral devient plus poli, et il y a tout à parier que nous arriverons à Cordouc sans encombre.

La route est assez insignifiante. Elle suit la vallée du Guadalquivir; et je dois dire que le Guadalquivir, rivière torrentueuse, aux eaux troubles et jaunâtres, m'a paru infiniment moins poétique que je ne l'avais rêvé. Il y a des noms qui ont un charme secret, qui sont formés de syllabes si sonores et si musicales, qu'ils ne frappent jamais notre oreille sans éveiller en nous mille souvenirs charmants, mille riantes images : celui-ci est du nombre. Il paraît qu'il veut dire tout simplement, en arabe, la grande rivière, *Oued-el-Kebir;* mais pour ceux qui ne savent pas l'arabe, il veut dire le fleuve aux rives fortunées; il veut dire tous les charmes d'une belle nature, toutes les délices d'un beau ciel, tous les enchantements de la poésie. La réalité, — du moins la réalité actuelle, — n'est rien moins que poétique. A notre gauche, de petites collines plantées çà et là d'oliviers; on ne voit guère d'autres arbres; à droite, de grands pâturages, encore en partie couverts par les dernières inondations du fleuve; quelquefois, au bord des eaux, une bande de cigognes ; dans les champs, de nombreux troupeaux de porcs noirs : voilà le paysage qu'on a presque tout le long du chemin. Les porcs sont une des grandes productions du pays. Dans l'été, quand les eaux sont basses et laissent à découvert de nombreuses iles dans le lit du fleuve, on y conduit ces troupeaux : ils y restent tout le jour, dormant sur le sable ou cherchant leur pâture dans les vases. Le soir, les porchers, qui les dirigent à coups de fronde, les ramènent dans les parcs. O Nymphes du Guadalquivir, où sont vos bergers enrubanés ? où sont vos blancs moutons, ô Galathée ?

En approchant de Cordoue, le pays prend plus de caractère. De petites montagnes forment un horizon gracieux. Les habitations deviennent plus nombreuses. Des haies d'aloès gigantesques bordent la route ; les jardins qui entourent la ville sont remplis d'orangers, et au-dessus des toitures quelques palmiers dressent leur tête légère.

Nous sommes à Cordoue de bonne heure. Mais nos tribulations ne sont pas encore finies. Au bureau, on nous réclame de nouveau un modeste supplément de trois cents réaux ; et, sur notre refus très-net, on retient nos bagages. Il faut aller chez le gouverneur. Nous trouvons là un homme grave, distingué, et qui nous écoute avec bienveillance. Au premier mot, il nous donne raison, et expédie l'ordre de nous faire remettre nos effets. Nous n'avons pas eu à nous louer, dans la suite de notre voyage, de la justice espagnole ; mais, ce jour-là, l'autorité espagnole s'est montrée pour nous

d’une impartialité et d’une bienveillance auxquelles je me plais à rendre hommage.

Cordoue est bâtie sur une petite éminence, au milieu d’une plaine fertile. Peu de villes d’Espagne éveillent d’aussi grands souvenirs. Dans l’antiquité, elle a vu naître les deux Sénèques ; elle a été la patrie de Lucain : un poëte de décadence, il est vrai, mais qui eut cet honneur, au moins, d’être une des dernières voix qui parlèrent de vertu et de liberté au monde romain asservi. Sous la domination arabe, elle fut la capitale des Ommiades, la rivale de Bagdad, et pendant trois siècles le centre d'une civilisation ingénieuse et brillante, le foyer des sciences, des

arts et des lettres, dans l'Europe encore couverte de ténèbres.

De cette gloire, de ces splendeurs, de cette vie politique et savante d'autrefois, il reste à peine quelques vestiges. Cordoue est aujourd'hui une ville morte. Elle comptait jadis 200,000 habitants : il ne lui en reste pas

40,000. L'herbe pousse dans les rues silencieuses, la moitié des maisons semblent désertes. Mais Cordoue a conservé une physionomie à part; elle a gardé l'empreinte profonde de la civilisation qui a fleuri autrefois chez elle. Ses maisons blanches portent encore le caractère mauresque : elles n'ont sur la rue que de rares et petites ouvertures; tous les appartements prennent jour intérieurement sur une cour décorée avec plus ou moins d'élégance.

Un seul monument atteste aujourd'hui ce qu'a été autrefois Cordoue : c'est sa mosquée; mais ce monument est quelque chose d'unique au monde. A peine installés à l'hôtel, nous voulons, avant la nuit, y faire une première visite. Nous traversons un dédale de petites rues tortueuses. Arrivés dans la partie basse de la ville, nous nous trouvons tout à coup devant une vaste enceinte dont les murailles, hautes de quarante pieds, d'un beau ton doré, sont couronnées de créneaux droits et dentelés. On pénètre, par une porte surmontée d'un arc arabe, dans une cour carrée : la mosquée forme un des côtés; les trois autres côtés sont entourés d'une sorte de cloître ou de portique.

Cette cour est plantée d'orangers magnifiques, de cyprès et de palmiers : une fontaine de marbre en occupe le milieu. C'était là que les musulmans faisaient leurs ablutions avant d'entrer dans la maison de la prière. Rien de plus charmant, à mon avis, que cette disposition qui, au-devant du lieu saint, a placé ces beaux et tranquilles ombrages, comme un vestibule qui invite au repos et prépare au recueillement.

On entre dans la mosquée, et le premier coup d'œil
est si saisissant qu'on s'arrête involontairement sur le
seuil. Imaginez une véritable forêt de colonnes de marbre, de jaspe, de porphyre : leurs lignes se croisent en
tous sens et se prolongent en avenues dont l'œil n'a-
perçoit pas la fin. Sur ces colonnes, qui sont de hauteur médiocre, mais sveltes et légères, s'élèvent deux
étages d'arceaux superposés, les uns découpés en lobes
et affectant quelquefois la courbe ogivale, la plupart
arrondis en fer à cheval à douelles peintes blanches et
rouges. La lumière, inégalement répartie, pénètre faiblement par d'étroites fenêtres placées à l'extrémité
des nefs, ou tombe de rares ouvertures pratiquées dans
les voûtes : çà et là, quand un rayon de soleil s'y glisse
furtivement, il y a comme des îles de clarté qui émer-
gent du milieu de l'ombre. Vous avancez, et à chaque
pas la perspective change. Les troncs aux mille couleurs
de cette forêt de marbre semblent se mouvoir et glisser
dans le demi-jour : et les jeux de la lumière à travers
les arceaux et les allées entre-croisées ajoutent à la profondeur et à l'aspect magique de l'édifice.

Ni le Caire ni Damas n'ont rien de comparable à ce
merveilleux monument. La mosquée d'Amrou, qu'on
voit au Vieux Caire, semble avoir servi de modèle à
celle de Cordoue. Mais l'œuvre d'Abdérame surpasse de
beaucoup celle du conquérant de l'Égypte. La mosquée
du Caire n'a guère, dans sa partie couverte, que trois
cents colonnes ; la mosquée de Cordoue en a mille à
onze cents.

Une chose qui me frappe, c'est que, malgré le peu de

hauteur des voûtes, l'architecte soit parvenu à produire ici par d'autres moyens l'idée du recueillement et le sentiment de la grandeur. Assurément nos cathédrales gothiques ont exprimé la pensée religieuse avec une

puissance qui n'a jamais été égalée, et dont l'art arabe notamment n'a jamais approché. Mais il faut se rappeler que la mosquée de Cordoue date de l'an 770, et que l'art gothique n'a fleuri que quatre siècles plus tard; et s'il n'y a ici aucune comparaison à établir, il faut reconnaître néanmoins un art très-ingénieux dans cette disposition architecturale qui, ne pouvant atteindre la grandeur par l'élévation des voûtes, a su la réaliser jusqu'à un certain point par l'étendue des surfaces et le jeu de la perspective.

Notez surtout que la mosquée de Cordoue n'est plus ce qu'elle était au temps des kalifes. A la place des voûtes actuelles, lourdes et écrasées, il y avait des plafonds en bois de cèdre et de mélèze, ornés de caissons dorés et sculptés avec cette élégance dont les Arabes nous ont laissé de si beaux modèles. Au-dessus du toit s'élevaient de nombreuses coupoles surmontées de boules d'or. A l'intérieur, brûlaient quatre mille lampes. Enfin les dix-neuf nefs qui partagent la largeur de l'édifice s'ouvraient alors, par de larges portes en arc arabe, sur la cour des orangers; si bien que les files de ces beaux arbres semblaient encore prolonger à l'œil les longues colonnades. Ces portes ont été murées, les plafonds détruits, les coupoles renversées. Un changement bien plus déplorable encore a eu lieu. Après la conquête de Cordoue par saint Ferdinand, en 1236, la mosquée avait été, sans de grandes modifications, appropriée au culte chrétien; en la transformant en cathédrale, on avait eu le bon esprit et le bon goût de lui laisser son caractère original. Mais en 1523, sous Charles-Quint, le chapitre de Cordoue imagina de construire, au milieu de l'édifice arabe, un *coro*. L'administration municipale eut beau protester contre cette idée barbare; elle eut beau menacer de la peine de mort quiconque entreprendrait de démolir la mosquée; le conseil royal donna raison au chapitre. Soixante colonnes furent abattues, pour faire place à une énorme construction de près de deux cents pieds de long, dont les lourds piliers, les hautes voûtes, les ornements gothiques et gréco-romains contrastent de la façon la plus déplaisante avec le style de l'édifice, et dont la masse colossale, semblable à un monstrueux aérolithe tombé au milieu de cette futaie de minces colonnes, arrête de tous côtés la vue et coupe désagréablement la perspective. On raconte que, lorsque Charles-Quint, trois ans après, vint à Cordoue, il se montra très-mécontent des travaux entrepris pour opérer ce changement dans la mosquée, et qu'il dit aux chanoines : « Vous avez détruit là une chose qu'on ne voyait nulle part ailleurs, pour faire une chose qu'on voit partout. » La demi-civilisation de la Renaissance a été en Espagne bien plus destructive que n'avait été la barbarie du moyen âge.

Les chanoines du xvie siècle ont du moins conservé dans la mosquée deux petits chefs-d'œuvre de l'art arabe. L'un est une espèce d'oratoire, qui était la partie du temple réservée aux ulémas, et dont les murs sont intérieurement revêtus d'arabesques du meilleur goût. L'autre est le sanctuaire ou *mihrab*, qui était placé, comme toujours, dans la direction de l'orient, et vers lequel les musulmans se tournaient en faisant leurs prières. Le Koran y était déposé, et les pèlerins venaient y faire leurs dévotions. C'est une sorte de petite chapelle, au-devant de laquelle est une étroite galerie à trèfles. Les colonnettes qui soutiennent cette galerie, les fenêtres grillagées qui l'éclairent, l'arc en ogive qui forme l'entrée du sanctuaire, les ornements noir et or qui en font la bordure, les mosaïques en verre de couleur qui en revêtent les parois, tout cela est d'une grâce, d'une élégance et d'une richesse extrêmes.

Les Arabes ont toujours été en Espagne des étrangers, campés, en quelque sorte, plutôt que naturalisés sur le sol. Aussi, bien qu'on trouve partout les traces profondes de leur passage, leur civilisation ne leur a pas survécu; elle a disparu avec eux. L'antipathie des races, la diversité des mœurs, l'hostilité des religions; ajoutez-y cet esprit national héroïquement opiniâtre, cet orgueil patriotique qui a tenu pendant près de huit siècles le peuple espagnol en quelque sorte debout et armé pour reconquérir son indépendance et rejeter au delà de la mer les envahisseurs : toutes ces causes ont fait que les Espagnols n'ont pas toujours rendu justice à ce qu'il y a eu d'admirable dans cette civilisation arabe. L'histoire doit être plus impartiale.

M. de Humboldt a fait cette juste remarque que l'invasion des Arabes en Espagne, à la différence des invasions germaniques, qui n'avaient fait que des ruines, apporta avec elle, dans le pays conquis, des germes de civilisation qui devaient rapidement se développer et grandir. « Les Arabes, dit-il, étaient admi-
« rablement disposés pour jouer le rôle de médiateurs
« et pour agir sur les peuples conquis depuis l'Eu-
« phrate jusqu'au Guadalquivir. Ils possédaient une ac-
« tivité sans exemple, qui marque une époque distincte

« dans l'histoire du monde ; une tendance opposée à
« l'esprit intolérant des Israélites, qui les portait à se
« fondre avec les peuples vaincus, sans abjurer toute-
« fois leur caractère national. Tandis que les races de
« la Germanie ne commencèrent à se polir que long-
« temps après leurs migrations, les Arabes apportaient
« avec eux une langue perfectionnée et les fleurs déli-
« cates d'une poésie qui ne devait pas être perdue pour
« les troubadours et les minnesingers [1]. »

La domination des Goths était en pleine décadence ;
elle se mourait dans l'anarchie et la corruption, quand
les Arabes passèrent le détroit. Ce qui le prouve bien,
c'est qu'une seule bataille livra aux envahisseurs tout
le pays depuis le mont Calpé jusqu'aux Pyrénées. Il
n'y a qu'un empire vermoulu qu'un seul coup fasse
ainsi crouler tout entier.

Moins de cinquante ans après (756), Cordoue devient, sous les Ommiades, un kalifat indépendant de
celui de Bagdad, et de ce moment la civilisation arabe
se développe avec un merveilleux éclat. Abdérame le
Grand y bâtit la mosquée ; il ouvre des routes ; il fonde
des bibliothèques et établit des écoles dans les principales villes de l'Andalousie. L'agriculture fleurit, et
le commerce maritime s'étend. Les sciences naturelles
et la médecine étaient déjà en honneur parmi les
Arabes : il les favorise et fonde un jardin botanique
près de Cordoue [2]. On rapporte même qu'en souvenir

[1] *Cosmos*, t. II, ch. v.
[2] Ibid.

de Damas, sa patrie, d'où il avait été forcé de s'exiler après le massacre de toute sa famille par Aboul-Abbas, il fit apporter à Cordoue et planter dans les jardins de son palais le premier palmier qu'on ait vu en Espagne. L'histoire atteste le fait[1]; mais la poésie s'est emparée de cette anecdote, et une vieille romance espagnole exprime, non sans grâce, les plaintes du kalife s'adressant à l'arbre qui, loin de le consoler, lui rappelle la patrie et entretient ses regrets.

« Toi aussi, noble palmier, — tu es étranger sur
« cette terre. — Les doux zéphyrs des Algarves — te
« balancent amoureusement. — Tes racines plongent
« dans un sol fécond, — ta cime s'élève jusqu'au ciel.
« Et pourtant tu pleurerais comme moi, — si comme
« moi tu pouvais te souvenir... — J'ai arrosé de mes
« larmes les palmiers que baigne l'Euphrate; — mais
« et les palmiers et le fleuve — ont déjà oublié mes
« peines... — De notre patrie bien-aimée — il ne te
« reste à toi aucun souvenir. — Pour moi, hélas! in-
« fortuné, — je me la rappelle sans cesse, et je
« pleure... »

Ce qui n'honore pas moins Abdérame que son goût pour les sciences, c'est l'esprit de tolérance dont il fit preuve vis-à-vis des chrétiens d'Espagne. Moyennant des subsides annuels, il leur octroya des chartes de sûreté où furent ratifiés les priviléges qu'ils possédaient déjà aux termes des anciennes capitulations, et qui leur permettaient de s'administrer selon leurs lois

---

1 Condé, *Histoire de la domination des Arabes en Espagne*, t. I, p. 159.

civiles et religieuses. Cette sage et humaine politique ne contribua pas peu à la prospérité du pays pendant tout le temps que régna la dynastie des Ommiades, c'est-à-dire de 756 à 1145 : c'est la belle période de la civilisation arabe. Les chrétiens formaient la partie la plus nombreuse de la population ; et la douceur avec laquelle ils furent traités les retint sur ce sol, où il n'y avait de changé pour eux que leurs

maîtres. Ce sont ces chrétiens, sujets des kalifes, qu'on appela plus tard mozarabes [1]. La hiérarchie catholique subsista parmi eux : les évêques nommaient les curés et les abbés. Plusieurs conciles eurent même lieu sous la domination et en pays arabe. Ainsi un concile fut tenu, en 782, à Séville, sous le règne d'Abdérame le Grand lui-même. Deux autres eurent lieu à Cordoue, l'un en 852, l'autre en 862 [2]. Les Juifs, très-nombreux à cette époque en Espagne, y jouissaient de la même tolérance que les chrétiens.

Doués d'une aptitude singulière pour les sciences, les Arabes ont été les premiers maîtres de l'Occident. Par l'Égypte, la Syrie, l'Asie-Mineure, ils avaient été initiés aux connaissances scientifiques des Grecs : à Badgad on traduisait, on commentait les livres d'Aristote, d'Hippocrate, de Galien, d'Euclide, d'Archimède, de Ptolémée. Par la Perse et l'Inde, ils avaient recueilli les plus précieuses découvertes de l'Orient : ils avaient reçu des Indiens l'algèbre; des Chinois, le papier et la boussole. Ces connaissances si variées, ils ne se bornèrent pas à les apporter en Europe; ils surent les développer, les enrichir, les perfectionner. On ne peut invoquer en pareille matière de plus haute autorité que celle de M. de Humboldt, que j'ai déjà cité. « Les Arabes, dit-il, ont agrandi les vues sur la « nature, et doté la science d'un grand nombre de « créations nouvelles..... Ils doivent être regardés

1 De *Most'Arab*, faits ou devenus Arabes.
2 Viardot, *Histoire de la domination des Arabes*, t. II, p. 65, 76.

« comme les véritables fondateurs des sciences phy-
« siques, en prenant ce mot dans le sens étendu qu'on
« lui donne aujourd'hui [1] ». L'étude des plantes mé-
dicinales les conduisit à la botanique, qu'ils ont en
quelque sorte créée. La chimie ne leur dut pas de
moindres progrès. Ils cultivèrent la géographie et la

géométrie avec succès. L'astronomie surtout a reçu
d'eux de notables perfectionnements [2]. Ils rectifièrent
les tables de Ptolémée, et déterminèrent la durée de
la révolution annuelle de la terre avec une exactitude
qui ne s'écarte que d'une à deux minutes des calculs

[1] *Cosmos,* t. II, chap. v, p. 258.
[2] Ibid., t. II, p. 272.

les plus récents. Ce sont eux qui ont les premiers appliqué le pendule à la mesure du temps : cette importante découverte appartient au grand astronome Ebn-Jounis, qui vivait à la fin du xᵉ siècle.

Gerbert, ce savant homme qui fut précepteur du fils de Hugues Capet, puis évêque de Reims et de Ravenne, et enfin pape sous le nom de Sylvestre II, Gerbert était allé s'instruire dans les écoles arabes de l'Espagne. Il étudia, dit-on, pendant trois ans à Séville, sous les docteurs musulmans, les mathématiques, l'astronomie, la rhétrique; il y apprit aussi la chimie, qui le fit un peu accuser de magie parmi ses contemporains.

Pendant cette sombre nuit du moyen âge, au ixᵉ et au xᵉ siècle, à une époque où l'ignorance et la barbarie couvraient l'Europe chrétienne, où la culture intellectuelle, effacée par la rudesse féodale, ne vivait plus que dans quelques monastères, il y avait au sud des Pyrénées, dans ces villes puissantes et opulentes où se déployait toute la magnificence orientale, à Tolède, à Cordoue, à Séville, à côté des palais enchantés et des merveilleuses mosquées, de vastes colléges, richement dotés, où la poésie, la philosophie, les sciences naturelles s'enseignaient à des milliers d'auditeurs, venus quelquefois, comme Gerbert, de pays lointains. Il y avait des bibliothèques publiques, où s'étaient accumulés les trésors scientifiques et littéraires de la Grèce et de l'Orient, traduits et commentés par les écrivains arabes. On comptait jusqu'à soixante-dix de ces bibliothèques. Celle de Cordoue était tellement nombreuse, que le catalogue seul formait quarante-quatre volumes

de cinquante feuilles chacun. Quatre cents ans plus
tard, malgré les efforts de Charles le Sage, la biblio-
thèque royale de France ne se composait que de neuf
cents volumes, dont les trois quarts de théologie [1].

Aristote était enseigné dans les écoles de Bagdad et
de Séville, trois siècles avant qu'il régnât dans les
nôtres : Averroës ouvrait la voie à la philosophie sco-
lastique. Notre littérature provençale du moyen âge a
reçu, au dire des juges les plus autorisés, une influence
très-marquée de la littérature arabe. Ce n'est pas par
le contact direct, c'est par le mélange des peuples et
des langues que cette influence s'exerça : « C'est par
« mille détours que le souffle de la poésie arabe, le
« parfum de l'Arabie, est arrivé dans notre Occident,
« et que cette verve orientale passa jusqu'à nos méri-
« dionaux, qui sont presque des gens du Nord pour
« les Arabes [2]. » Les chevaliers arabes visitaient les
cours des rois chrétiens ; plusieurs étaient à la fois
poëtes et guerriers, comme les troubadours.

Je ne veux rien dire ici de l'architecture des Arabes :
l'occasion d'en parler se présentera plus naturellement
ailleurs. Je me bornerai à une remarque : c'est que,
avec la poésie, l'architecture est l'art où le génie arabe
a montré le plus d'originalité. La grandeur, il est vrai,
lui a manqué ; mais quelle grâce, quelle élégance,
quelle variété merveilleuse ! Il n'est pas vrai, comme
on l'a dit souvent, que notre architecture gothique ait

<hr>

[1] Viardot, *Histoire de la domination arabe*, t. II, p. 105. — Dulaure,
Histoire de Paris.

[2] Villemain, *Littérature du moyen âge*, 4ᵉ leçon.

emprunté aux Arabes l'ogive, qui est son trait caractéristique. L'architecture qu'on appelle si mal à propos
gothique est née spontanément en France, vers le milieu du XIIe siècle, et ne tire son origine que du roman
et par le roman du byzantin [1]. Mais ce qui est vrai,
c'est que l'art arabe, lui aussi, de son côté, avait trouvé
l'ogive, c'est qu'il l'appliquait plusieurs siècles avant
que l'art chrétien l'eût trouvée et appliquée ; de ce
côté-là encore, il faut reconnaître que les Arabes ont
fait preuve d'un esprit singulièrement ingénieux et
précoce.

Il y aurait bien d'autres traits à ajouter à ce qui pré-
cède, si on voulait tracer un tableau complet de la civilisation arabe. Je n'ai voulu qu'indiquer les principaux aspects. Il ne faut rien exagérer d'ailleurs ; et il
n'y a pas de plus grand paradoxe que de prétendre
mettre la civilisation arabe au même niveau que la
civilisation chrétienne. Sans parler de l'immense supériorité de l'Évangile sur le Koran, à n'examiner la
question que sous le rapport des lettres, des sciences
et des arts, le parallèle n'est pas soutenable. L'esprit
arabe, si curieux, si ingénieux, si actif, manquait de
puissance et de profondeur. Jamais il n'a pleinement
compris le génie grec. Il a pris à la Grèce ses résultats
scientifiques, sa discipline logique ; il n'a su s'assimiler
ni sa grande poésie, ni ses hautes inspirations philosophiques. Il semble que ces profondeurs soient inac-
cessibles à l'esprit sémitique, qui a en lui je ne sais

---

[1] Voyez Viollet-Leduc, *Dictionnaire d'Architecture.*

quoi de dur, d'étroit, d'inflexible. Non-seulement l'esprit arabe n'a pas eu la force et la souplesse ; il a manqué aussi d'initiative et de fécondité. Là même où il s'est montré le plus original, son essor s'est vite arrêté. Deux siècles, trois siècles au plus ont épuisé sa séve. Comparez cela à la carrière qu'a fournie et que promet de fournir encore la civilisation européenne. Comme elle a su s'assimiler le génie grec et le génie romain ! Son essor a été lent ; elle a eu, pendant les siècles du moyen âge, comme une longue et laborieuse incubation ; mais quel réveil ! Et, depuis lors, quelle fécondité ! Avec quelle souplesse elle se plie aux diversités de race, de temps, de climat ! Elle a des oscillations et des déplacements ; mais elle ne s'arrête jamais. Quand elle paraît stationnaire sur un point, elle s'avance sur un autre. Quelquefois elle semble passer d'un peuple à un autre peuple ; elle semble développer l'une après l'autre les grandes facultés de l'esprit humain. Mais à travers ces accidents et ces phases diverses, la civilisation européenne, la civilisation chrétienne est marquée d'un signe éminent : sa loi est celle du progrès, de la perfectibilité indéfinie. Plus elle marche, plus l'horizon s'élargit devant elle.

Ni les civilisations anciennes, ni la civilisation arabe n'ont eu ce caractère. Après une course plus ou moins longue, plus ou moins brillante, elles se sont affaissées et ont disparu de ce monde. Le génie arabe, en particulier, n'a pu se renouveler ; et aussitôt que la race arabe, peu nombreuse, se fut mêlée et confondue avec des populations moins bien douées, avec les tribus

sauvages du Maroc, il a paru atteint d'épuisement et
comme frappé d'une stérilité incurable. La civilisation
arabe n'en a pas moins eu, à son heure, un admirable
éclat et une salutaire influence. Elle a été le lien, la
transition entre les civilisations antiques qui venaient
de s'éteindre et la civilisation moderne qui allait naître :
elle a hâté l'éclosion de cette dernière ; et si sa carrière
a été courte, elle a laissé du moins une trace lumineuse
dans l'histoire.

CHAPITRE IV

VANT de quitter Cordoue, nous
avons voulu revoir encore une fois
la mosquée; — car, chose singulière, bien que transformée en église
depuis six cents ans, elle a gardé
son nom musulman, et les Espagnols eux-mêmes disent toujours la
Mezquita. C'est un enchantement de s'asseoir dans le
patio, sous ces beaux orangers, les plus beaux que

7

j'aie jamais vus : on les dirait contemporains des kalifes ; j'en ai mesuré un dont le tronc a plus de trois pieds de circonférence. C'est une féerie d'errer, vers le soir, sous les longues arcades sombres de la mosquée : sans faire de grands frais d'imagination, on se croit en plein monde oriental; et à chaque instant on s'attend à voir, au détour d'une colonnade, un croyant, le front sur la dalle, faisant ses adorations du côté du levant, ou quelque derviche, accroupi dans un coin, dévidant son chapelet à gros grains.

Nous sommes revenus le long du Guadalquivir. On le franchit sur un vieux pont, aux arches hautes et solides, qu'on dit de construction arabe. On a de là une belle vue sur la ville et sur les rives du fleuve, couvertes de saules et de peupliers d'une verdure tendre. Dans le lit même de la rivière, un peu plus haut, on remarque une construction bizarre qui date aussi des Arabes : c'est un moulin, formé de voûtes massives ; pour profiter des plus basses eaux il a été établi si bas, qu'à l'époque des crues il est complétement noyé et submergé. Le meunier rentre chez lui quand le fleuve veut bien lui céder la place.

Comme nous revenions vers la ville, nous avons aperçu deux hommes à cheval, au vêtement rustique, à la mine sauvage, armés de grandes lances, qui débouchaient sur le pont. Les passants se rangeaient en hâte à leur approche, et nous n'eûmes que le temps d'en faire autant. Derrière ces hommes venait une bande de taureaux : c'étaient des taureaux de combat que l'on conduisait au cirque pour la course qui devait avoir lieu

le jour de Pâques. La marche était fermée par deux autres hommes à pied, vêtus de peaux de moutons et armés de fronde. Ces hommes sont les bergers qui gardent
les taureaux dans les pâturages où on les élève : espèces
de sauvages presque aussi farouches que les animaux
avec lesquels ils vivent. Ils manient la fronde avec une

adresse extraordinaire : si un taureau s’écarte, la pierre
va l’atteindre aussi sûrement que le projectile lancé par
une arme de précision. On prétend qu’ils peuvent d’un
coup de pierre casser la corne d’un taureau, ou jeter
l’animal par terre. La soirée était chaude ; le soleil se couchait dans un ciel embrasé. Au-dessus de la ligne noire
du pont, la silhouette de ces cavaliers armés de lances,
et de ces taureaux aux grandes cornes, se détachant

sur l'horizon rouge, me rappelaient vaguement ces *gauchos* à demi sauvages qui, dit-on, conduisent à cheval leurs troupeaux dans les *pampas* de l'Amérique du Sud.

De Cordoue à Séville, la distance est courte et se franchit en quelques heures. Le pays est riche et varié. Une petite chaine de montagnes court sur la droite, le long du Guadalquivir. Sur un rocher abrupt et pittoresque s'élève le château arabe d'Almodovar. La petite ville de Palma semble nichée au milieu d'un bois d'orangers. Il y a de riches cultures, mais entremêlées de vastes pâturages, de prairies marécageuses, de terres incultes. On est frappé surtout de la rareté des habitations. Ce n'est pas la terre qui se refuse ici aux efforts de l'homme, c'est l'homme qui manque à la terre.

Le premier aspect de Séville est charmant. Autant Cordoue est déserte et morne, autant Séville est vivante et gaie. Ses places spacieuses plantées d'orangers, ses belles promenades au bord du fleuve plein de navires, ses palais, son Alcazar, sa majestueuse cathédrale, que domine la tour dorée de la Giralda, ses rues propres et pavées de larges dalles, les maisons blanches, les balcons verts, les *miradores* ornés de tentures bariolées et de fleurs : tout cela lui donne la physionomie d'une capitale, et surtout d'une ville de plaisir.

Il est vrai que nous arrivons à une époque de fête. Les cérémonies de la semaine sainte attirent à Séville un grand nombre d'étrangers : on y vient de trente lieues à la ronde. Les hôtels regorgent, et les prix sont doublés. Nous sommes logés dans la rue la plus pas-

sante de Séville, *calle de Sierpes*, près de la place de
la Constitution. L'hôtel n'est pas bon; mais la situation
est agréable, et notre appartement des plus sédui-
sants. Le patio, entouré de colonnes de marbre, est
encombré de citronniers et d'orangers, de bananiers
et d'amandiers en fleur. Nos chambres, au premier
étage, s'ouvrent sur une galerie vitrée, où le soleil
entre à flots par de larges baies; les orangers y in-
clinent, comme pour les offrir à la main, leurs branches chargées de fleurs et de fruits.

Nous sommes ici en pays de connaissance. Nous y
avons retrouvé plusieurs des Français qui étaient à
Andujar, et avec qui les épreuves partagées nous ont
mis tout de suite sur un pied de demi-familiarité. Deux
autres touristes avec qui la même aventure nous a liés
encore plus intimement, sont venus de Cordoue en
même temps que nous : l'un est un jeune Français
de Bordeaux, M. du S***; l'autre est un Sicilien, le
marquis Sch***. Leur itinéraire est le même que le
nôtre : ils vont à Gibraltar, et de là à Grenade. Nous
formons ainsi, à l'hôtel de l'Europe, toute une petite
et très-agréable colonie.

D'après les renseignements qu'on nous donne, les
cérémonies religieuses et les processions remplissent,
à Séville, les trois derniers jours de la semaine sainte.
Pendant ces trois jours, la vie ordinaire est comme
suspendue dans toute la ville : les magasins sont fermés, les musées sont fermés; les tableaux des églises
sont voilés et invisibles; on n'est plus admis à visiter
les monuments publics. Aussi prenons-nous nos me-

sures pour utiliser le temps qui nous reste avant le commencement des fêtes : aujourd'hui et les deux jours suivants nous irons visiter l'Alcazar, le musée, la Charité, la manufacture des tabacs.

L'Alcazar de Séville est, avec l'Alhambra, le monument le plus précieux et le plus complet que l'architecture arabe ait laissé en Espagne. On l'a restauré, il y a quelques années, grâce à l'initiative du duc de Montpensier, avec un soin et un goût dignes d'éloges. De honteuses dévastations y avaient été commises : à une certaine époque on en avait fait une caserne; les baïonnettes des soldats avaient, en nombre d'endroits, labouré les murs et affreusement déchiré ces délicates dentelles de stuc dont ils étaient revêtus. Ailleurs, les arabesques disparaissaient à demi noyées sous d'épaisses couches de badigeon ou de lait de chaux. On les a remises au jour ; on a réparé les parties détruites, en reproduisant exactement les dessins primitifs ; on a rétabli les riches couleurs d'or, d'azur, de vermillon, qui les ornaient. Les faïences vernies ou *azulejos* qui formaient les lambris ont été, sinon reproduites (car on en a perdu le secret), du moins imitées.

Pour qui n'a pas vu Grenade, il est difficile d'imaginer rien de plus merveilleux que cet Alcazar. On se croit dans un palais de fées. On est étonné, charmé, ébloui. Les murailles semblent tendues d'une guipure de soie et d'or. Je ne crois pas qu'on ait jamais égalé les Arabes dans l'art de la décoration intérieure. Malgré la profusion des ornements qui revêtent les salles

L'Alcazar de Séville.

jusqu'aux voûtes, et les voûtes elles-mêmes, il n'y a dans l'ensemble, tant les formes sont variées et élégantes, ni lourdeur, ni surcharge, ni étalage de richesse. Seulement, dans son état actuel, et après les récentes restaurations qu'on y a faites, l'Alcazar a peut-être un défaut : ses peintures ont trop d'éclat, les couleurs sont trop vives, les tons sont trop durs. Est-ce la faute des artistes modernes, qui n'ont pas su donner à leur œuvre cette harmonie qu'on trouve dans les décorations dues à la main des Arabes? est-ce tout simplement que le temps n'a pas encore posé sur ces couleurs toutes fraîches la teinte adoucie qu'il met sur toutes choses? Je ne sais; mais j'ai vu depuis l'Alhambra, et je dois dire que son ornementation intérieure est d'un effet bien plus harmonieux et plus doux à l'œil. J'ajoute que sous le rapport de l'architecture et des détails intérieurs, pour l'élégance, la délicatesse, la légèreté aérienne, le palais de Grenade dépasse de bien loin tout ce qu'on voit à l'Alcazar de Séville.

Il y a cependant ici une chose pour laquelle il faut faire exception : c'est le patio, qui est, à mon avis, la plus belle partie de l'édifice. Il est pavé de marbre, avec une fontaine au milieu, entourée de myrtes et de fleurs. La galerie qui en forme les quatre côtés est soutenue par de belles colonnes de marbre blanc, accouplées deux à deux, et portant des arcades à trèfles : ces arcades, découpées à jour, sont d'une grâce et d'une légèreté merveilleuses.

L'Alcazar de Séville a été, pour la plus grande partie,

construit par le roi don Pèdre Ier, celui que l'histoire a appelé don Pèdre le Cruel. On lit encore sur le portail principal cette inscription qu'il y a fait mettre :

« Très-haut, très-noble et très-puissant conquérant,
« don Pedro, roi de Castille et de Léon, fit construire
« ce palais et cette façade, l'an MCCCLXII. »

Ce qui explique le style de l'édifice, c'est que, bien qu'élevé sous un roi espagnol et chrétien, il fut bâti par des architectes arabes. A cette époque, les Arabes seuls, en Espagne, cultivaient les arts et les sciences ; seuls ils avaient des astronomes, des médecins, des architectes, des ingénieurs. A la guerre, les rois chrétiens étaient obligés d'avoir recours aux ingénieurs arabes pour la construction et l'emploi des machines dont on se servait pour battre les murailles des villes assiégées. Ainsi, en 1364, don Pèdre, voulant faire le siége d'une petite place du royaume de Valence, Castel-Favib, est obligé de faire venir de Carthagène deux Maures, fils d'un ingénieur célèbre qu'on nommait maître Ali, pour construire les engins dont il a besoin. Plus d'une fois les architectes musulmans furent appelés jusqu'à Tolède et à Burgos par les rois chrétiens, pour y diriger leurs travaux. La langue elle-même a gardé la trace de ce fait : en espagnol, le mot qui signifie maçon est un mot qui vient de l'arabe, *albanil*.

Près de la porte du patio dont j'ai parlé on montre, sur les dalles de marbre, une tache indélébile, couleur

Mort de l'infant don Fadrique.

de rouille : c'est là, selon la tradition populaire, que
fut tué, par ordre de don Pèdre, l'infant don Fadrique,
son frère naturel. Un implacable ressentiment était
resté au fond du cœur du roi contre ses deux frères,
Henri de Trastamare et don Fadrique, qui, en 1354,
s'étaient unis contre lui aux seigneurs révoltés, et
l'avaient retenu quelque temps prisonnier à Toro.
Henri, craignant quelque piége, s'était réfugié en Lan-
guedoc; don Fadrique, plus confiant, s'était réconcilié
avec don Pèdre, et le servait loyalement. En 1358, il
venait de reconquérir pour le roi la ville de Jumilla,
dans le royaume de Murcie, quand il apprit que don
Pèdre le mandait à Séville. Il s'y rend en hâte, pensant
n'avoir mérité que ses bonnes grâces. Le roi le reçoit
de l'air le plus gracieux. Mais à peine avait-il franchi
la porte que les gardes l'arrêtent. Il leur échappe, fuit
dans la cour, et essaie de se défendre; mais la poignée
de son épée s'embarrasse dans son baudrier : il est
assommé à coups de masse par les arbalétriers. Pendant ce temps, un des gentilshommes de sa suite, son
premier écuyer, Sancho Ruiz de Villegas, se réfugie
dans l'appartement de Maria de Padilla, et saisit dans
ses bras une de ses filles pour s'en faire un rempart
contre les meurtriers. Mais le roi, qui le suit la dague
au poing, lui fait arracher l'enfant, et lui porte le premier coup. Les courtisans l'achèvent. Don Pèdre descend ensuite dans la cour, où gisait son frère immo-
bile, mais respirant encore. Il s'approche, le regarde
attentivement, et, tirant son poignard, le remet à un
esclave africain pour donner le coup de grâce au mo-

ribond. Cela fait, il rentre au palais et va se mettre à table [1].

Ce don Pèdre, auquel l'histoire a infligé le surnom de Cruel, Philippe II voulait qu'on l'appelât le Justicier. On comprend que les rois absolus aient essayé de réhabiliter cette sombre figure. Pèdre a été un tyran; mais, comme Louis XI, ç'a été un roi. Dans l'anarchie féodale du XIVe siècle, il a défendu la royauté que les seigneurs commençaient à abaisser, et qu'ils devaient si fort humilier sous Henri IV; il a guerroyé contre les grands vassaux, et leur a fait couper la tête. C'étaient là des titres à la reconnaissance et à l'admiration de ses successeurs. Mais cette réhabilitation intéressée n'a pu l'emporter sur la tradition populaire; et il faut que les cruautés de don Pèdre aient bien fortement frappé l'imagination du peuple pour qu'il ne les lui ait pas pardonnées en considération du mal qu'il a fait aux grands.

Tout ce qu'on peut dire, c'est que don Pèdre vivait à une époque de mœurs violentes et sauvages. Les chroniques du temps sont pleines de faits qui nous peignent cette société sous les plus effroyables couleurs. La force y règne seule; les hommes vivent comme des animaux de proie. Le sang coule à flots; le meurtre et la vengeance sont partout. Nul respect, nulle pitié des femmes ni des enfants. La mort est un spectacle où l'on se complaît. Comme les pachas turcs qui, aujourd'hui

1 Ayala, *Chronique*, p. 237-243. — Mérimée, *Histoire de don Pèdre*, chap. VI.

encore, font exécuter devant eux les condamnés, les rois d'alors, toujours accompagnés de leurs exécuteurs, faisaient décapiter leurs ennemis en leur présence, et même quelquefois les frappaient de leur propre main. Quand les arbalétriers royaux allaient faire une exécution au loin, quand ils avaient assassiné quelque seigneur dont le roi craignait l'ambition ou

convoitait la ville, ils lui rapportaient, suspendue à l'arçon de leur selle, la tête de la victime. C'était encore là une coutume orientale, empruntée par les chrétiens aux kalifes : la tête coupée était à la fois le trophée du vainqueur et la preuve que l'envoyé avait fidèlement rempli son mandat.

Les poésies populaires nous offrent de ces mœurs une peinture qui n'est pas moins fidèle, et qui est plus

vive encore que celle de l'histoire. On voit éclater là,
dans toute sa violence et son âpreté, le caractère du
peuple et l'esprit de l'époque. Sous le récit, qui est
parfois légendaire, il y a en effet un fond vrai; ce sont
les passions, les idées, les habitudes du temps. Lisez
le *Romancero*, et vous connaîtrez, mieux que si vous
aviez parcouru les gros in-folio de Mariana, le moyen
âge espagnol, le génie batailleur et féroce de ces siècles
barbares.

Une des victimes de don Pèdre sur lesquelles la pitié
populaire s'est le plus attendrie, et dont elle a chanté
les malheurs de la manière la plus touchante, est sa
femme, l'infortunée Blanche de Bourbon. Elle était
nièce du roi de France, Charles V, jeune, belle, douée
de toutes sortes d'aimables qualités. Le mariage avait
été célébré solennellement à Valladolid, le 3 juin 1353.
Deux jours après, don Pèdre abandonnait Blanche, et
allait à Montalvan retrouver cette Maria de Padilla dont
il subit toute sa vie l'empire. Quelques écrivains ont
prétendu que le roi avait surpris une intrigue coupable
entre la reine et son frère don Fadrique : ce n'est là
qu'un roman imaginé à plaisir, et dont il n'y a pas trace
dans les historiens contemporains.

Bientôt, craignant que Blanche ne devînt un appui
pour les seigneurs révoltés contre lui, il la fait enlever
de Medina del Campo, où elle s'était retirée, et l'enferme dans un château fort. Délivrée un instant pendant la captivité de don Pèdre à Toro, elle ne tarda pas
à retomber entre les mains de son bourreau. Plusieurs
années se passent sans qu'on entende parler d'elle. Puis

tout à coup, en 1361, la nouvelle se répand que la reine
Blanche est morte subitement au château de Xérès de
la Frontera. Elle était âgée de vingt-cinq ans, et avait
passé huit années en prison.

Tous les auteurs contemporains attribuent cette mort
à don Pèdre. Ayala va jusqu'à nommer les exécuteurs

de cet odieux assassinat. Ce qui est moins prouvé, c'est
que Maria de Padilla ait trempé dans ce crime, et excité
même, comme le veut la tradition populaire, le roi à le
commettre. Quoi qu'il en soit, les vieilles romances enveloppent la favorite, « la belle tigresse », dans la ré-
probation que souleva la mort mystérieuse de la reine
Blanche. Blanche, près de mourir, chante son chant
funèbre :

« O France, ô ma douce patrie, pourquoi ne m'as-tu
« pas retenue, quand tu m'as vue partir pour venir
« souffrir dans cette Espagne? Je ne me plains pas de
« ce noble pays; car ses habitants ont compati à mes
« maux. Mais voici que le roi permet, contre le vœu de
« la Castille et pour complaire à Padilla, que sa femme
« légitime périsse!...

« Castille! Castille! que t'ai-je fait? Je ne t'ai point
« trahie; et la couronne que tu m'as donnée était pleine
« de sang et de douleurs! Mais j'en attends une au ciel
« qui vaudra mieux... »

Le roi don Pèdre se plaisait à Séville. C'est à l'Alcazar
même, dans une sorte de harem, qu'il avait royalement établi Maria de Padilla. On montre encore, dans
une partie reculée du palais, près des jardins somptueux qui l'avoisinent, les bains à la mode orientale
qu'il avait fait construire pour elle, et qui portent encore
son nom. Cela n'empêchait pas qu'en même temps,
dans la Tour-de-l'Or, qui s'élève à peu de distance de
là, au bord du Guadalquivir, fût installée non moins
publiquement une autre favorite, Aldonza Coronel.

A cette époque, Séville était déjà depuis un siècle la
capitale des rois de Castille. Quoiqu'elle commençât à
déchoir de la splendeur qu'elle avait atteinte sous les
Maures, elle offrait à ces rudes Castillans, à ces âpres
hommes du nord qui depuis quatre siècles guerroyaient
dans les montagnes, toutes les dangereuses délices d'un
climat voluptueux et d'une civilisation raffinée. Grâce
à des guerres incessantes, les princes espagnols gardaient encore leurs vertus militaires; mais pour le reste,

ils avaient subi l'influence ordinaire des civilisations
méridionales sur les hommes du Nord. Ils avaient pris
aux Arabes leurs vices, sans leur prendre leurs qualités :
ils alliaient les mœurs voluptueuses de l'Orient aux
mœurs violentes et féroces de l'Occident. Les rois de
Séville furent trop souvent des sultans qui n'avaient de
chrétien que le nom, et qui ne valaient pas toujours
leurs ennemis, les kalifes.

Ce n'est pas seulement l'Alcazar qui est plein des
souvenirs de don Pèdre : on les retrouve partout dans
Séville. La légende, sans doute, s'y mêle un peu à l'histoire; mais elle n'atteste que mieux quelle place ce
prince a occupée dans la mémoire et l'imagination du
peuple par ses bizarreries, ses amours violentes, ses
cruautés froides, et même ses actes de justice un peu
fantasques.

On raconte qu'à l'exemple des kalifes de Badgad, il
aimait à parcourir seul, la nuit, sous un déguisement,
les rues de Séville. Une nuit, il est arrêté par un in-

connu qui veut lui barrer le passage : une querelle
s'engage, les épées sont tirées, et le roi tue son adversaire. Quand la ronde de nuit arriva, il avait disparu.
Mais une vieille femme qui avait vu le duel déclara que
celui qui s'était enfui faisait entendre en marchant un
bruit singulier; or tout le monde savait que le roi, par
suite d'un défaut de conformation, avait en marchant
un craquement particulier des genoux. Don Pèdre
s'avoua coupable, et fit donner une somme d'argent à
la vieille; mais comme la loi portait que le meurtrier
devait être décapité et sa tête exposée sur le lieu du
crime, il ordonna que sa tête sculptée en marbre fût
placée dans une niche, à l'endroit où avait eu lieu le
combat. On voit encore ce buste à Séville dans la rue
de *Candilejo*.

Les actes de justice de don Pèdre ont été rares;
ses vengeances et ses cruautés furent sans nombre.
Presque tous les membres de sa famille tombèrent
sous ses coups. Ses deux plus jeunes frères naturels,
deux enfants, l'un de dix-neuf, l'autre de quatorze ans,
sont assassinés dans leur prison de Carmona. Don Juan
d'Aragon, son cousin, qui l'avait aidé à tuer don Fadrique, est tué lui-même, dans le palais du roi. La
reine Leonor, sa tante; dona Juana de Lara, sa belle-
sœur; Isabelle, veuve de don Juan, sont l'une après
l'autre emprisonnées et mises à mort. Tous ceux qui
portaient ombrage au tyran ou provoquaient sa cupi-
dité, étaient frappés. Samuel Lévi, son trésorier ou
ministre des finances, étant devenu trop riche, il le
fit appliquer à la question; le malheureux mourut dans

les tortures, et ses biens furent confisqués par le roi. Il savait si bien dissimuler et feindre, que ses familiers eux-mêmes y étaient trompés. Plus d'un fut tué à sa table même, notamment Alvarez Osorio : les deux arbalétriers qui étaient les exécuteurs habi-

tuels des vengeances royales l'assommèrent devant
don Pèdre, et lui coupèrent la tête.

Tous ces crimes soulevèrent à la longue l'indignation
de la Castille. Ils n'expliquent que trop le jugement que
porta sur don Pèdre la conscience populaire, en l'appelant « l'âme la plus cruelle qui ait jamais vécu dans la
poitrine d'un chrétien » :

Alma mas cruel
Que vivió en pecho cristiano.

On sait comment il mourut. Un crime termina cette
vie souillée de crimes. Assiégé dans le château de Mon-
tiel, par son frère Henri de Trastamare, à l'aide duquel
était venu du Guesclin avec ses grandes compagnies,
don Pèdre, une nuit, essaie de s'échapper sous un déguisement : trahi, surpris, il est tué à coups de poignard, après une lutte corps à corps avec son frère. Il
ne fallait rien moins qu'un fratricide pour clore digne-
ment cette vie pleine de forfaits, et qui rappelle l'histoire
des Atrides.

En sortant de l'Alcazar nous sommes allés au musée.
Le musée de Séville est riche en tableaux de Murillo et
de Zurbaran. Malheureusement il est en réparation ; la
plupart des tableaux sont décrochés et entassés dans un
coin : les Zurbaran sont de ce nombre ; je le regrette
d'autant plus que c'est ici que se trouvent les plus
belles œuvres de ce peintre si original. Les tableaux
de Murillo du moins sont visibles : c'est de quoi nous
consoler.

Murillo est né a Séville, et il y a passé sa vie presque tout entière. Il n'est donc pas étonnant que ses œuvres y soient nombreuses : il n'y en a pas seulement au musée, qui s'est formé de la dépouille de beaucoup de couvents; il y en a aussi, et de considérables, dans l'église de l'hôpital et à la cathédrale.

La fécondité de ce grand peintre était prodigieuse. C'était un de ces génies heureux qui produisent sans effort, comme en se jouant, et dont la main obéissante et prompte suit, sans le ralentir, l'élan de la pensée. Rien qu'à Séville, dans la salle du musée qui porte son nom, il y a une vingtaine de toiles, dont la plus petite a dix à quinze pieds de haut. De ces peintures, quelques-unes sans doute portent la trace d'une improvisation trop rapide; mais toutes sont des merveilles de coloris, et plusieurs sont des œuvres éminentes.

Deux surtout : l'une est *Saint Félix de Cantalicio recevant l'enfant Jésus des mains de la Vierge*. L'expression du saint est belle; mais la tête de la Vierge est une des plus charmantes qu'ait peintes Murillo. Elle nage dans une lumière blonde et transparente; les traits sont d'une délicatesse exquise : ce n'est pas encore la beauté idéale de Raphaël, ce n'est pas encore le divin; mais c'est une beauté angélique et déjà surhumaine.

L'autre tableau est supérieur encore; il représente saint Thomas de Villanueva donnant l'aumône. La figure de l'évêque, couronnée de la mitre blanche, se détache sur des fonds harmonieux où la lumière glisse à travers les colonnes d'un palais. Sur ce calme visage, il y a un mélange de grâce et de majesté, de simplicité noble et de douceur évangélique. Dans toute cette composition, Murillo a su allier à un degré rare la fermeté du modelé à la suavité de la couleur.

A l'hôpital de la Charité, on voit deux vastes toiles qui se font pendant : *Moïse frappant le rocher* et *la Multiplication des pains*. Elles sont parmi les plus célèbres de Murillo; je n'irai pas jusqu'à dire parmi les meilleures. Le peintre ne s'est guère préoccupé du côté religieux de son sujet : il semble n'y avoir vu qu'une occasion de composer de grands paysages et de beaux groupes de figures.

Ainsi, sous le rapport du style, son *Moïse* est fort inférieur au *Moïse* du Poussin, dont la gravure est si connue. Mais où Murillo retrouve sa supériorité, c'est dans la puissance du coloris, la vérité des détails et la belle harmonie de l'ensemble. Si vous ne songez plus ni à Moïse ni aux Israélites; si vous ne voyez là qu'une troupe de voyageurs ou d'émigrants se désaltérant à la source d'un fleuve, la scène est vivante; ces femmes qui se penchent pour remplir leurs vases d'airain, cette mère qui donne à boire à son enfant, ces groupes confus d'hommes et de chevaux : tout cela est plein de mouvement et de naturel, de grâce et de naïveté.

Dans *la Multiplication des pains*, mêmes défauts et mêmes qualités. Le sujet n'est ici que l'accessoire, c'est le paysage qui est le principal; mais ce paysage est magnifique; les lignes sont simples et grandes; la terre, le ciel sont d'une couleur admirable. Tous ces grands peintres de la figure humaine ont été, quand ils l'ont voulu, de grands paysagistes.

Le *Saint Antoine de Padoue,* que plusieurs considèrent comme le chef-d'œuvre de Murillo, et qu'il faut mettre du moins au nombre de ses plus belles compositions, est à la cathédrale. Le tableau a noirci; il est d'ailleurs mal éclairé. La chapelle où on l'a mis ne prend le jour que par une fenêtre formée d'un vitrail bleu : on dirait qu'on s'est ingénié pour empêcher de le voir. Le peintre triomphe de tout : en dépit du temps qui l'a brunie, en dépit des mauvaises conditions où elle est placée, la lumière semble ruisseler sur cette toile. Le saint est en extase; son visage rayonne de joie et d'amour : devant lui, le ciel s'ouvre; la nuée qui s'abaisse semble épancher un fleuve de clarté céleste, et l'enfant Jésus, doucement porté sur les ondes lumineuses, descend vers le saint comme attiré par la force de sa prière. La tête de saint Antoine respire l'ardente piété et l'ivresse de l'amour divin; il y a dans le mouvement du corps un élan passionné. La couleur est d'une suavité pénétrante; la composition tout entière a une harmonie veloutée qui caresse le regard. Je ne crois pas que jamais peintre ait donné à la vision extatique une pareille puissance de réalité. Murillo a traité souvent des sujets analogues; dans aucun il n'a mis un sentiment aussi profond, ni déployé avec autant d'éclat la magie de son pinceau.

On a dit que Murillo était, dans sa peinture, dénué de sentiment religieux : c'est là, à mon avis, une exagération et une injustice. Mais il y a une nuance qu'il faut noter. Ce qu'exprime Murillo, c'est plutôt la piété attendrie, l'amour du chrétien pour la Vierge et pour

Jésus, que l'adoration, mêlée de crainte, des mystères et des grandeurs sublimes de la Bible et de l'Évangile La peinture de Murillo est une peinture vraiment espagnole, faite pour un peuple plus passionné que réfléchi, plus sensuel que spiritualiste; elle parle moins à l'esprit que celle des Raphaël et des Léonard de Vinci, qui s'était nourrie à la fois de l'idéal antique et de l'idéal chrétien. Mais c'est là la faute du temps et du pays, plus que celle de l'homme. Et puis, Murillo n'avait jamais vu l'Italie.

J'ai parlé du *Saint Antoine de Padoue*, qui est à la cathédrale, avant de parler de la cathédrale : c'est Murillo qui m'a entraîné; on s'attarde aisément avec lui. Revenons, si vous voulez bien, à la cathédrale, qui en vaut la peine. C'est, sans contredit, la plus belle église de l'Espagne, et on peut dire l'une des plus belles du monde. Bâtie sur l'emplacement d'une ancienne mosquée, elle en a conservé les hautes murailles d'enceinte, le magnifique portail en arc arabe, et la cour mauresque plantée d'orangers (*patio de los Naranjeros*). L'édifice est du style gothique le plus simple et le plus sévère : il est partagé en cinq nefs. Les voûtes, qui reposent sur de minces piliers formés de faisceaux de colonnettes, sont d'une élévation extraordinaire : je ne me rappelle rien, si ce n'est peut-être le dôme de Cologne, qui approche de cette hardiesse et de ce prodigieux élan. Comme à la Seo de Saragosse, les nefs latérales ont, à peu de chose près, la même hauteur que la nef du milieu : l'effet est grandiose, imposant. Malheureusement, comme toujours, un chœur,

Cathédrale de Séville.

de ce style bâtard et surchargé d'ornements qu'on
appelle *plateresque,* occupe le centre de l'édifice et
nuit singulièrement à l'aspect général. On a peine à
comprendre comment cette malencontreuse disposition s'est introduite et généralisée en Espagne. Déplorable au point de vue de l'art, puisqu'elle rompt de
toutes parts les grandes lignes de la basilique, elle me
paraît non moins malheureuse au point de vue des
solennités du culte. L'autel principal, en effet, se trouvant enveloppé dans cette enceinte carrée, on ne peut
l'apercevoir que par les deux ouvertures latérales qui
le séparent du chapitre. Combien n'est pas plus favorable à la majesté du culte la disposition de nos cathédrales, où, tout au fond de l'immense nef, sous l'ample
courbure des voûtes, s'élève, en vue de tout le peuple
prosterné, l'autel, sur les degrés duquel se déploie la
pompe des cérémonies!

La Giralda, qui sert aujourd'hui de clocher à la cathédrale, et qui se trouve située à l'un des angles du
patio, est une tour de construction arabe. Elle fut élevée, vers l'an 1000, par l'ordre du kalife Yacoub-al-
Mansour, et destinée à servir d'observatoire. Elle est
carrée, toute en briques d'une belle couleur rose, avec
des dessins en relief d'un caractère très-élégant. Au
XVI{::}e siècle, on l'a surmontée, pour loger les cloches,
d'une sorte de beffroi, de forme ronde et de style roman, qui jure avec le reste du monument.

On nous avait recommandé de visiter la manufacture
des tabacs. Ce qu'on y va voir, je le dis bien vite, ce ne
sont ni les tabacs ni la manufacture; c'est le personnel,

et il faut ajouter le personnel féminin, qui se montre là sous un aspect particulier et assez curieux. Il nous restait une journée de liberté avant les fêtes; c'était un moyen de l'employer.

Nous traversâmes rapidement les salles basses, où l'on respire une vapeur âcre qui prend à la gorge et cause une toux convulsive, et nous montâmes tout de suite dans les ateliers du premier étage. Il y a là plusieurs centaines de femmes, occupées à rouler des cigarettes; on y trouve réunis tous les types de la race andalouse. Ces femmes revêtent, pour se livrer à leur travail, un costume grossier : les robes à volants, les jupons garnis de dentelles sont suspendus aux porte-manteaux. Beaucoup sont extrêmement jolies : celles-là même qui ne le sont pas n'ont rien de cette laideur vulgaire, de cette physionomie dégradée qu'offre si souvent aux regards la population féminine de nos manufactures. Presque toutes ont des fleurs dans les cheveux, et cette coiffure élégante fait contraste avec le négligé du costume. Les Espagnoles prennent un soin extrême de leur chevelure : elles ont toutes leur peigneuse, et les femmes même du peuple se font coiffer plusieurs fois par jour. On nous dit que ces fleurs qu'elles mettent toutes dans leurs cheveux, ont aussi un langage. Quand la fleur est placée sur le côté, cela veut dire que la jeune fille a un fiancé, un *novio;* quand elle est mise sur le milieu du front, c'est que la jeune fille est libre et que le cœur est à prendre. J'ai vu bien rarement la fleur au milieu du front.

Parmi ces ouvrières, il y a des gitanas en grand

nombre. On les reconnaît à leurs cheveux un peu crépus, à leur peau basanée : le profil est généralement
busqué, l'œil fauve et mobile. Il y a un proverbe espagnol qui dit : « œil de gitano, œil de loup. » Mais celles
qui sont belles ne le sont pas à demi; elles ont quelque
chose de noble et de fier qu'on ne trouve point chez les
autres femmes.

Les gitanos étaient autrefois très-nombreux à Séville; ils peuplaient presque à eux seuls le faubourg de
Triana. Quoique un peu dispersés aujourd'hui, on en rencontre encore beaucoup. Cette race étrange a toujours
pullulé en Espagne, et particulièrement en Andalousie.
Il semble que ce soleil, qui est presque le soleil d'O-
rient, lui rappelât sa première patrie. On sait, en effet,

que les gitanos, les mêmes que nos Égyptiens ou Bo-
hémiens, que les gypsies d'Angleterre et les zingari
d'Italie, sont un peuple des bords de l'Indus (les Tsi-
ganes), chassé de son pays par des révolutions politiques ou des persécutions religieuses. L'Europe les
vit apparaître vers la fin du xive siècle. Des bords du
Danube, où fut leur première halte, ils se répandirent
bientôt jusqu'aux dernières limites du continent, et ne
s'arrêtèrent dans leur course vagabonde que sur les
rivages de l'Atlantique.

Leur langue, qui se rattache par une filiation très-
claire au sanscrit, la langue sacrée de l'Inde; leurs
traits mêmes, qui se rapportent encore au type indou,
mettent hors de doute leur origine orientale. L'exis-
tence de ce peuple, depuis cinq siècles, est une des
singularités les plus curieuses de l'histoire. Ils ont traversé l'Europe en tout sens, et ne se sont fixés nulle
part. Ils se sont mêlés à toutes les nations occidentales,
sans jamais se fondre avec aucune. Campés en quelque
sorte au milieu d'elles, vivant sur les chemins, dans les
landes, tout au plus dans les faubourgs des villes, re-
doutés des populations sédentaires, et exerçant toutes
sortes de métiers suspects, cette nation mystérieuse et
nomade est restée obstinément, invinciblement en dehors de la civilisation moderne, qui l'enveloppe sans
pouvoir la pénétrer.

C'est une chose étrange que cette persistance de certaines races qui ne sont altérées ni par le temps ni par
les influences environnantes. Il n'y a que les Juifs qui
offrent (encore est-ce à un moindre degré) un second

exemple d'un pareil phénomène. Et peut-être dans les deux cas le même fait trouve-t-il son explication dans la même cause : la persécution, l'antipathie de mœurs et de religion, qui a fait de ces exilés, de ces proscrits, une sorte de race maudite, redoutée, haïe, traitée en ennemie par le genre humain.

A travers des vices traditionnels, des habitudes incorrigibles de vol et de vagabondage, les gitanos ont gardé cependant deux vertus, la chasteté des femmes et le sentiment de la famille. Ils ne se marient qu'entre eux. Ils ont leurs lois, leurs coutumes, on peut dire leur religion; car il est douteux qu'ils soient chrétiens autrement que de nom.

Il y a une trentaine d'années, un Anglais, George Barrow, membre de la Société biblique de Londres, essaya de répandre la Bible parmi eux. Il apprit leur langue, vécut avec eux pendant plusieurs années, traduisit en zingari l'Évangile de saint Luc, et parvint à le faire imprimer à Madrid. Que pensez-vous qu'ils firent de ce livre? Ils le regardaient comme un talisman, une amulette, et le mettaient dans leur poche quand ils allaient voler ou faire quelque mauvais coup[1].

En revenant de la manufacture des tabacs, nous avons visité le palais de San-Telmo, qui appartient au duc de Montpensier. L'édifice est un ancien collége, et n'a rien de remarquable; mais le prince, qui a hérité de sa race le goût des belles choses et le culte éclairé des arts, en a fait une sorte de musée. Outre des antiquités pré-

---

[1] *The Bible in Spain*, par G. Barrow.

cieuses, il y a une galerie qui contient des tableaux du premier ordre, parmi lesquels j'ai noté le *Caton d'U-tique* de Ribera et une Vierge charmante de Murillo. Mais la vraie merveille de San-Telmo, ce sont ses jardins. Renouvelant par un utile exemple l'art ingénieux des irrigations, que les Maures avaient poussé si loin en Espagne, le duc a amené dans son parc.les eaux du Guadalquivir; et son parc s'est couvert comme par enchantement d'une admirable végétation. On se promène sous des bois d'orangers, dont les fruits d'or jonchent la terre : des arbres d'Amérique dont on n'a pu me dire le nom, et qui sont d'une taille gigantesque, se mêlent aux mimosas, aux palmiers, à mille plantes exotiques, à mille arbustes rares. On voit là tout ce que l'intelligence et le travail pourraient obtenir d'une pareille terre et d'un pareil climat.

Nos compagnons de voyage avaient organisé pour le soir un ballet national : c'était une trop bonne occasion pour la manquer. Il est entendu d'ailleurs, comme il y a des dames, que tout se passera avec décence. La salle de bal, dans une espèce de cabaret, ne brillait pas par l'élégance; mais nous avions six ou huit danseuses, deux danseurs, et un orchestre composé d'un guitariste et d'un chanteur. Quatre danseuses, dans le costume espagnol traditionnel, jupon de couleur éclatante, orné de dentelles noires et de paillettes, nous ont dansé d'abord le bolero, la cachucha, le jalero de Xérès, la danse de la cape et du chapeau. Quelques-unes de ces danses sont originales et gracieuses ; mais depuis quelque trente ans tout le

monde les a vues en France sur nos théâtres. Ce qui
m'a plu davantage, ce sont deux gitanas qui, dans leur
costume de femmes du peuple, ont exécuté devant
nous une danse bohémienne ou mauresque, je ne sais
lequel, pleine de caractère. La guitare accompagne,
pendant que le chanteur, d'une voix gutturale et stri-
dente, fait entendre un chant étrange et sauvage, tour
à tour traînant et précipité. La danseuse, qui est seule,
tantôt imite avec les doigts le bruit des castagnettes,
tantôt frappe dans ses mains; et le chœur de temps en
temps bat aussi des mains pour marquer la mesure.
L'une de ces femmes, qui avait déjà passé la première
jeunesse, avait dû être d'une rare beauté : de grands
traits, la bouche fine et fière, des cheveux d'un noir
bleu, un œil tranquille avec des éclairs qui jaillissaient
par instants, et ce teint aux chauds reflets, qui a fait si
bien dire au poëte :

> Tu n'es ni blanche ni cuivrée,
> Mais on dirait qu'on t'a dorée
> Avec un rayon du soleil.

Sa démarche, ses gestes, avaient une noblesse naturelle, cette noblesse qui tient, ce semble, à la race.
Quand elle s'avançait, la tête droite, un bras relevé,
l'autre pendant, frappant la terre du pied comme par
des appels précipités, elle avait des attitudes et un port
de reine. Ces mouvements obliques, ces torsions de
hanches qui ressemblent à des onudlations de cou-
leuvre, et qui sont propres aux danses espagnoles et
mauresques, n'avaient rien chez elle de cette vulgarité

choquante qu'ils ont trop aisément, et même n'étaient pas sans une certaine grâce.

Il y a longtemps que les femmes de l'Andalousie sont renommées pour leurs danses. Déjà, chez les Romains de l'empire, les danseuses de Gadès étaient recherchées dans les fêtes et les festins où ces maîtres du monde épuisaient en monstrueuses débauches les trésors et les voluptés de l'univers asservi. Et, chose singulière, Juvénal, qui décrit leurs danses en quelques vers énergiques, parle des castagnettes (*testarum crepitus*), dont le cliquetis marquait déjà la cadence de leurs pas, et peint ces attitudes penchées et ces mouvements lascifs qui sont encore aujourd'hui le caractère des danses espagnoles [1].

[1] Juvénal, sat. XI. — Martial en parle à peu près dans les mêmes termes, liv. V, épigr. 78.

CHAPITRE V

SÉVILLE (suite) — LA SEMAINE SAINTE
ET LES PROCESSIONS
— LES COURSES DE TAUREAUX —

ÉVILLE a un charme singulier. Les Espagnols la vantent comme la perle de leurs cités, et les Espagnols n'ont pas tort. C'est une de ces villes heureuses et paresseuses, comme Venise et Naples, qui semblent faites pour une vie d'indolence et de plaisir. Un climat en-

chanteur pendant l'hiver, un peu énervant pendant
l'été; une nature fertile et riante; une population vive
et légère, contente de peu et amoureuse de divertissements : ce sont là les principaux traits de sa physionomie. On se laisse aisément gagner à ces séductions.
Après une longue et pénible course, au sortir des
brumes et des neiges qui nous ont si longtemps assié-
gés, c'est pour nous une sensation délicieuse, comme
un épanouissement du corps et de l'esprit, que de respirer sous un ciel si pur cet air tiède et embaumé.

Les soirées sont d'une douceur admirable. Tous les
jours, après le diner, nous allons nous asseoir sous les
orangers de la cathédrale ou sur la promenade qui borde
le Guadalquivir, quelquefois sur le pont qui mène au
faubourg de Triana. On a de là une vue magnifique :
sous vos pieds, le fleuve large et rapide, avec les navires qui découpent sur le ciel les fines nervures de
leur architecture aérienne; à gauche, les murailles vermeilles de la Tour-de-l'Or, qui ne voit plus venir ces
galions d'Amérique, dont jadis elle gardait les trésors,
et que l'Espagne crut inépuisables; plus loin, le palais
et les jardins de San-Telmo; plus en arrière encore, la
masse grandiose de la cathédrale, au-dessus de laquelle
se dresse la Giralda..

Le faubourg de Triana, qui s'étend sur la rive droite
du Guadalquivir, est aujourd'hui le quartier industriel
de Séville : on y voit fumer de loin quelques usines,
dont la plus importante est une fabrique de faïences,
exploitée par une compagnie anglaise. Sauf de rares
exceptions, toutes les grandes entreprises industrielles,

agricoles ou commerciales, que vous rencontrez dans ce pays, sont dirigées par des étrangers, la plupart Anglais ou Français.

Le château qui défendait autrefois le faubourg de Triana a été la première résidence des inquisiteurs à Séville. Sur la porte de ce château fut placée, en 1481, l'inscription suivante, destinée à constater la date de l'établissement du saint-office dans cette province :

Sanctum Inquisitionis Officium contrà hæreticorum pravitatem in Hispaniæ regnis initiatum est Hispali, anno MCCCCLXXXI... Generalis Inquisitor primus fuit Fr. Thomas de Torquemada. Faxit Deus ut in augmentum fidei usque sæculi permaneat... Exsurge, Domine : judica causam tuam. Capite nobis vulpes [1].

L'inquisition avait été d'abord une juridiction purement ecclésiastique; et comme telle, elle était jusque-là restée sous l'autorité supérieure des évêques. Ferdinand l'enleva à l'autorité épiscopale : les inquisiteurs désormais furent nommés par lui; et il eut soin de les prendre parmi les moines, quelquefois même parmi les laïques. L'inquisition fut réellement alors, comme le dit Ranke, « un tribunal royal investi d'armes spirituelles. » Tout le profit des confiscations était pour le roi, et ce n'était pas une branche de son revenu à

---

[1] « L'an 1481, le saint-office de l'Inquisition des royaumes d'Espagne contre les hérétiques fut établi à Séville... Premier inquisiteur général, frère Thomas de Torquemada. — Dieu fasse qu'il demeure dans les siècles pour le triomphe de la foi.... Lève-toi, Seigneur, et sois juge dans ta propre cause.... Allez nous prendre les renards.

dédaigner. Nulle position d'ailleurs, nul titre qui mit
à l'abri de ses sentences. Les évêques, les archevêques
eux-mêmes ne pouvaient s'y soustraire. Charles-Quint
lui déféra les prélats qui avaient pris part à l'insurrection des *Comuneros*. En 1559, Bartolomeo Carranza,
archevêque de Tolède et primat de Castille, fut arrêté
par ordre de Valdès, grand inquisiteur, et n'échappa que
grâce à l'intervention du pape Pie V, qui évoqua la cause.

Aussi voit-on le clergé et la noblesse repousser avec
une égale énergie l'introduction et l'extension du saint-
office. Les papes y voient une sorte d'empiétement du
pouvoir temporel sur le pouvoir spirituel. Ils blâment
aussi, il faut le dire à leur gloire, les poursuites in-
discrètes et les rigueurs exagérées des inquisiteurs
espagnols. En 1445, Nicolas V avait déjà défendu de
faire aucune différence entre les anciens et les nouveaux chrétiens (on appelait *nouveaux chrétiens* les
juifs convertis et leurs enfants). Sixte IV, dans un bref
de 1482, se plaint des inquisiteurs de Ferdinand, et
ordonne qu'à l'avenir ils ne procèdent que de concert
avec les évêques. Comme on ne tint nul compte de ses
prescriptions, il nomma, en 1483, Iñigo Manrique, archevêque de Séville, pour connaître en appel des sentences de l'inquisition. Enfin, toutes ces mesures étant
inutiles, il ordonne que les appels seront portés devant
lui-même. En 1519, les inquisiteurs de Tolède sont
excommuniés par Léon X, qui leur rappelle la parabole
du bon Pasteur [1].

1 Michelet, *Précis de l'histoire moderne*, p. 59 et 60. — Hefele, *Histoire du cardinal Ximenès*.

Philippe II.

Rien n'y fit. Le terrible tribunal grandit malgré les résistances et les protestations; tout fléchit, tout trembla devant lui. Soutenu par le pouvoir royal, son autorité fut sans contrôle, sa juridiction sans limites, ses jugements sans appel. Charles-Quint sentait si bien la portée de cette institution aux mains de la royauté, qu'en mourant il recommandait à son fils le saint-office comme chose de première importance, « s'il voulait bien remplir son devoir de gouvernant ».

Il ne le remplit que trop. Grâce à cette concentration entre leurs mains de tous les pouvoirs, les rois espagnols excercèrent un despotisme qui n'a pas eu d'égal chez les nations chrétiennes. Mais un tel régime ne peut qu'être fatal à un pays : l'Espagne en a été la preuve. C'est de Philippe II que date sa décadence. De ce moment elle s'immobilise et s'engourdit; son génie pâlit et s'éclipse; elle n'a plus ni un grand homme d'État, ni un grand homme de guerre; et si les arts et les lettres jettent encore pendant quelque temps un admirable éclat, cette dernière gloire même ne tarde pas à s'éteindre.

L'Espagne, il est vrai, a été préservée des déchirements religieux et des hérésies; mais est-il bien sûr que la foi ait gardé chez elle, autant qu'on le croit, son intégrité et sa force?

Voici ce qu'en pense un éminent écrivain, un des plus éloquents défenseurs du catholicisme : « Qu'on se « rappelle, dit-il, ce que le pouvoir absolu a fait de la « religion, au XVIIᵉ et au XVIIIᵉ siècle, dans la monar- « chie catholique par excellence...; qu'on aille étudier

« sur place ce qu'est devenu l'état des âmes dans la
« patrie de sainte Thérèse, de saint Ignace et de Cal-
« deron... Sondez la décadence lamentable du catho-
« licisme dans ce pays où le système de la compression
« universelle a si longtemps triomphé. Comparez-la
« avec ce que fait et ce que peut l'Église dans les pays
« où il lui a fallu vivre et lutter, à l'ombre de la liberté
« politique ou intellectuelle, en Belgique, en Angle-
« terre, en France!... [1]. »

La ville a, ces jours-ci, un air de fête. Il y règne une
animation singulière; la foule remplit les rues. Toutes
les femmes sont en noir : c'est le costume de rigueur
pendant ce saint temps. Mais, à part ces habits de deuil,
je dois dire que tout respire plutôt la gaieté que le recueillement. Tout ce monde m'a l'air de s'empresser à
un spectacle bien plus que de se disposer à la pénitence.

Le soleil aussi est de la fête; un ciel sans nuages
éclaire la ville coquette et riante. Nous ne sommes
encore qu'aux derniers jours de mars, et nous avons
la température qu'on a en France au mois de juin. Les
Espagnols, frileux comme tous les méridionaux, s'enveloppent jusqu'au menton dans leur cape; mais pour
nous, il nous semble être tombés en plein été; nous
avons pris les vêtements légers, et nous dînons en
plein air, dans le patio, sous les orangers.

Toutes les maisons de Séville, grandes ou petites,
opulentes ou modestes, sont construites dans le sys-

1 *De l'Avenir de l'Angleterre*, par M. de Montalembert, p. 283.

tème de la maison arabe. Rien de mieux approprié au climat, et en même temps rien de plus charmant. La porte principale, qui reste ouverte tout le jour, donne accès dans un vestibule fermé au fond par une grille. A travers cette grille plus ou moins ornée, on aperçoit

le patio. Dans les maisons riches, cette cour est dallée de marbre; une fontaine gazouille au milieu; elle est remplie d'arbustes verts, de fleurs, de bananiers aux larges éventails. L'été, des nattes, des tentures protégent ce patio contre les rayons du soleil. On s'y réunit le soir pour y goûter un peu de fraîcheur : c'est le salon, le lieu de conversation où se rassemble toute la famille, où l'on reçoit les visites.

D'ordinaire les Espagnols sortent peu, si ce n'est le soir à l'heure de la promenade. Mais, grâce à la semaine sainte, ces habitudes sédentaires sont pour quelques jours complétement modifiées. Les femmes sortent dès le matin pour aller aux offices; et tous les jours, de dix heures à midi, dans la *calle de la Sierpe,* où est situé notre hôtel et où se trouvent plusieurs églises, nous voyons passer et repasser toutes les jolies femmes de Séville.

J'avais toujours soupçonné de quelque exagération ce que disent les voyageurs et les poëtes de la beauté des Sévillanes. Jé leur dois amende honorable : ils n'ont rien exagéré. Les femmes de Séville méritent leur réputation. Presque toutes, en vérité, sont jolies; et celles-là même qui ne le sont pas, paraissent l'être. Plutôt petites que grandes, plutôt jolies que belles, le teint mat et doré, des yeux en amande et bordés de longs cils, qu'on a comparés pour l'éclat à des diamants bleus; des cheveux superbes de ce noir bleuâtre qui est inconnu dans nos contrées, et qui a les reflets métalliques de l'aile du corbeau; des pieds et des mains d'une finesse aristocratique; une taille souple et cambrée; enfin dans le port de la tête, dans la démarche, un je ne sais quoi de gracieux et d'ondoyant qui n'appartient qu'à elles : ce sont là les signes distinctifs de la race. Toutes, même les femmes du peuple, portent maintenant la robe longue, et c'est merveille de voir avec quelle indifférence superbe elles la traînent dans la boue ou dans la poussière. Je n'ai pas vu (et j'en loue Dieu) que l'affreux chapeau français ait encore détrôné la mantille. La coiffure nationale est ce qui résiste le plus, en tout pays, à l'envahissement des modes étrangères ; et les Sévillanes auraient bien tort de renoncer à la leur. Ces beaux cheveux soigneusement peignés et relevés en larges ondes ; la mantille de tulle ou de dentelle retombant à demi sur le front comme une ombre légère et mobile ; une rose ou un œillet rouge coquettement planté sur le côté : c'est bien la plus jolie coiffure qui puisse encadrer un joli visage.

C'est aujourd'hui, jeudi saint, que commencent les processions. Toute la matinée, la foule se porte aux églises, qui étalent, dans la décoration des tombeaux ou calvaires, toutes les splendeurs de leurs trésors et de leurs sacristies. Sur tout le trajet que doivent suivre les processions, on dispose des bancs, des chaises, des échafaudages qui se couvrent de spectateurs. Depuis deux jours, des crieurs publics vendent dans les rues des programmes imprimés, annonçant les heures de départ, la marche, les stations et la composition de chacune des processions : il y a écrit en tête *gran funcion*, expression locale difficile à traduire, qui se lit souvent sur les affiches de spectacle, et dont les Espagnols se servent indifféremment pour désigner les grandes solennités religieuses et les représentations théâtrales. C'est que tout cela est un peu un spectacle pour eux. La foule va là comme aux courses de taureaux. Les femmes causent, rient, jouent de l'éventail et de la prunelle. Les hommes fument comme au café.

Nous dînons en hâte, et nous prenons place sur nos chaises louées à l'avance devant la porte de l'hôtel. L'aspect de la rue est très-animé et très-pittoresque : toutes les fenêtres sont garnies de spectateurs. Des toiles et des nattes sont tendues au-dessus de la rue; des draperies, des tentures de toutes couleurs flottent à tous les balcons, ornés de fleurs et de feuillage.

Bientôt une musique se fait entendre, exécutant des airs d'opéra. Vient ensuite un long cortége de l'aspect le plus étrange : ce sont des pénitents blancs, noirs ou violets. Ils sont habillés d'une longue robe serrée à la taille par une ceinture de cuir; sur la tête ils ont de formidables bonnets en pain de sucre, de même couleur que la robe, hauts de trois à quatre pieds, pareils à ceux qu'on voit dans les vieux tableaux représentant des auto-da-fé. Une longue pièce de même étoffe que le bonnet et la robe, taillée en pointe et tombant jusque sur la poitrine, recouvre le visage comme un masque, avec deux trous ronds pour les yeux. Rien de plus singulier et de plus sinistre que ces longues files de pénitents, aux faces pâles ou lugubres, portant les uns des torches, les autres des drapeaux aux armes de la confrérie.

Après les pénitents grands et petits, viennent des soldats romains, portant la tunique jaune, la cuirasse dorée, le casque à cimier; puis apparaît au centre du cortége le monument qui est la pièce principale de la procession : c'est un brancard couvert de velours et de dorures, et entouré d'une quantité de cierges, sur lequel sont posés, tantôt une statue de la Vierge ou

du Christ, tantôt un groupe figurant une des scènes de
la Passion. Ce brancard est porté par une douzaine
d'hommes, placés dessous, et qui sont cachés par des
draperies retombant tout alentour. Les statues sont en
bois peint, et de grandeur naturelle; souvent même
plus grandes que nature; généralement d'une expression outrée. Ce qui frappe le plus, c'est le mauvais

goût avec lequel elles sont habillées, car elles sont habillées comme de véritables poupées; c'est l'entassement de rocailles dorées, de fleurs artificielles, de
velours, de satin, de dentelles, de pierres précieuses,
sous lequel disparaît cette espèce de calvaire. Figurez-
vous la sainte Vierge avec un diadème, et au-dessus
du diadème une auréole d'or; une robe de velours

brodée d'or; un mouchoir de dentelles à la main; et
sur les épaules, couvrant le brancard et traînant presque
jusqu'à terre, un immense manteau de velours, un
vrai manteau d'impératrice, littéralement couvert de
broderies d'or. Quelquefois il y a derrière la Vierge un
ange, avec de belles ailes blanches, qui porte sa queue.
Imaginez le Christ portant sa croix, — une croix sculptée et guillochée, avec des ornements d'or aux extrémités, — imaginez ce Christ vêtu d'une robe de velours
brodée d'or; les saintes femmes en robes de velours,
avec de superbes cordelières d'or, les apôtres en tunique de velours : tout le reste à l'avenant. Les con-
fréries rivalisent de mauvais goût non moins que de
richesse. Il y a tel manteau de Vierge, me dit-on, qui
a coûté dix mille douros (cinquante mille francs).

Je sais que les pompes extérieures ne messiéent point
à la religion; qu'au contraire l'Église catholique les
aime, et sait par là, en donnant satisfaction à un besoin
naturel de l'esprit humain, aviver dans les âmes le sentiment religieux. Je sais surtout que les peuples méridionaux ont un goût particulier pour ces pompes et ces
spectacles. Mais ces processions espagnoles n'ont, à
mon avis, rien de grand, rien d'imposant; et il est difficile, même au chrétien le plus sincère, de ne pas être
attristé en voyant les grandes scènes de la Passion
ainsi travesties. Aussi, quand j'entends dire que ce
peuple est artiste, je n'en crois rien : passionné, sensuel, avide de spectacles et d'émotions, cela est vrai;
mais il n'est délicat ni sur le choix du spectacle, ni
sur la nature des émotions. Les Italiens, passionnés et

sensuels comme les Espagnols, ont aussi introduit une
forte dose de matérialisme dans leur culte populaire;
mais ils sont bien autrement artistes. On peut être
choqué de beaucoup de détails qui se voient dans les
églises de Naples et de Rome; mais on conviendra que
l'Italie a donné à ses pompes religieuses, notamment à
ses cérémonies de la semaine sainte, un tout autre caractère et une bien autre grandeur.

Ce qu'on remarque dans ce pays-ci en matière d'art
religieux, c'est une tendance poussée souvent jusqu'à
l'excès vers ce qu'on appelle aujourd'hui le *réalisme*.
Si le mot est nouveau, la chose ne l'est point : c'est tout
simplement le matérialisme dans l'art; c'est la pensée,
c'est l'idéal sacrifiés à l'imitation servile de la nature.
On n'imagine pas jusqu'où les Espagnols sont allés
dans cette voie. Ainsi, vous verrez partout des christs
en croix affublés d'un jupon de soie orné de franges
dorées; des enfants Jésus avec une robe de satin et une
crinoline; des *Ecce Homo* en cire imitant exactement
la chair et le sang coagulé, et rappelant pour l'exactitude matérielle ces préparations anatomiques qu'on
voit dans quelques musées. Ils font plus : ils mettent à
leurs statues des yeux d'émail qui imitent la nature à
faire illusion, ils coiffent leurs têtes de Christ de per-
ruques faites de vrais cheveux, et les couronnent de
vraies épines prises aux buissons du chemin. Le croirait-on? Il y a à Burgos un christ qui est fait avec une
peau humaine rembourrée. Je ne crois pas que jamais
les brutalités du réalisme soient allées au delà.

Il semble que chez ce peuple ignorant et violent la

sensation prédomine sur l'idée. La religion, pour lui,
est moins du domaine de l'esprit et du cœur que du
domaine de l'imagination et des sens. Sa dévotion a
besoin de symboles qui secouent violemment ses nerfs
et ébranlent sa sensibilité physique. L'image la plus
vénérée sera celle qui frappera le plus les yeux par le

luxe royal de ses habits, ou par la hideuse vérité de
ses plaies saignantes, de ses membres meurtris et déchirés.

Le soir, nous allâmes à la cathédrale. Les processions, parties des différentes églises de la ville, et qui
viennent toutes y faire station, ne faisaient qu'en sortir;
leur marche se prolonge ainsi dans la nuit, aux flam-
beaux, jusqu'à neuf ou dix heures. Sur les marches et

les terrasses qui entourent la cathédrale, le peuple se
rassemblait autour de chanteurs qui, d'une voix na-
sillarde, psalmodiaient des complaintes sur la Passion,
en s'accompagnant de la guitare. A l'intérieur, une
foule immense circule dans les nefs latérales : on s'y
promène de long en large, à peu près conme sur la
place publique. Le clergé chante les psaumes dans le
coro. Les femmes sont accroupies sur les dalles, le long
des grilles, des deux côtés de l'autel. Toute cette
partie haute de l'église est faiblement éclairée, ou
plutôt plongée dans une demi-obscurité : les cierges
de l'autel, quelques lampes suspendues de loin en
loin, laissent tomber à peine des lueurs vacillantes
sur la foule qui passe et repasse.

Le bas de l'église, au contraire, est inondé de clarté;
la foule se porte de ce côté. Là, au bout du *coro*, dans
la nef principale, s'élève une sorte d'autel quadrangulaire qui monte presque jusqu'aux voûtes, et qui porte
des milliers de candélabres et de bougies. Ce monument, construit pour la circonstance, répond à ce qu'on
appelle chez nous calvaire ou tombeau. Il est de style
grec, lourd et d'assez mauvais goût; mais l'effet est
puissant. Cette gerbe étincelante de lumière, qui monte
à une prodigieuse hauteur et projette au loin sous les
arcades sombres des traînées de clarté, fait un contraste saisissant avec l'obscurité profonde où est plongée la partie haute de l'église. C'est un monde que
cette basilique : un peuple entier y roule ses flots sans
la remplir; et le chant plaintif du *Miserere* qui s'élève
au-dessus du sourd bruissement de la foule, va se

perdre sans écho sous les profondeurs de ses voûtes, dont le regard peut à peine suivre la gigantesque courbure.

Il y avait huit jours que nous étions à Séville : il était temps de songer au départ. Mais on annonçait, pour le jour de Pâques, une course de taureaux. C'est le jour de Pâques que s'ouvre, dans toute l'Espagne, la saison des courses. D'immenses affiches, avec des images représentant les principales scènes du combat, s'étalaient de toutes parts sur les murs : *Gran funcion!* Cucharès, un des premiers *matadores,* ou, comme disent emphatiquement les Espagnols, une des plus illustres épées, *espadas,* de la Péninsule, devait conduire la course. Il n'y avait pas moyen de n'y pas assister. Aller en Espagne, et ne pas voir les taureaux! c'eût été manquer à tous nos devoirs de voyageurs. Il fallait au moins une fois se donner ce spectacle national, si attachant selon les uns, si repoussant selon d'autres, en tout cas très-curieux comme étude de mœurs.

Le cirque de Séville est immense; il peut contenir, dit-on, dix à douze mille spectateurs. Le plan est exactement celui des arènes romaines. Mais l'aspect n'est rien moins que monumental, et l'on peut en dire autant de tous les amphithéâtres de l'Espagne : ce ne sont que de lourds pâtés de maçonnerie, qui ont de loin l'apparence d'un cirque d'écuyers ou d'une usine à gaz. Cela n'empêche pas les habitants de Madrid d'appeler le leur *el Coliseo de toros :* ils ont toujours dans ce pays de grands mots pour de petites choses. Ce qui est charmant à Séville, ce n'est pas le cirque lui-même, c'est la vue qu'on a du cirque. L'enceinte des loges qui surmontent les gradins où s'assied la foule, n'a pas été achevée du côté du nord : il y a là comme une vaste brèche par où la vue s'étend sur une partie de la ville, sur les dômes rouges de la cathédrale et sur son élégante Giralda. Hasard ou intention, l'architecte a trouvé là le plus beau fond de théâtre, la plus splendide décoration.

Quand nous arrivâmes, l'amphithéâtre était à peu près plein. Je n'ai point remarqué dans la foule cette animation, cette ardeur passionnée que je m'attendais à y voir. Et je puis ajouter qu'à aucun moment de la course, pas même après les plus beaux coups d'épée, je n'ai vu ces élans d'enthousiasme, je n'ai entendu ces tonnerres d'applaudissements dont parlent les voyageurs. Un fait qui m'a frappé, c'est que les femmes étaient en très-petit nombre; presque aucune de la haute classe; même dans le peuple, on n'en comptait pas une contre six ou sept hommes.

Le spectacle commence par une promenade que font autour du cirque tous les acteurs qui doivent paraître dans la course. En tête marchent les *picadores,* à cheval, la lance à la main. Viennent ensuite les *chulos,* dont le rôle est d'exciter et de détourner le taureau, en agitant devant lui leur cape de couleur écarlate, et les *banderilleros,* qui lui enfoncent dans le cou de petites flèches armées de dards. Enfin viennent, fermant la marche, les *matadores* ou *espadas,* qui, lorsque le

taureau commence à être fatigué, doivent avec l'épée
lui porter le dernier coup. Tous, excepté les picadors,
portent le costume andalou : culottes courtes et bas de
soie, veste brodée d'argent; les cheveux enfermés dans
une résille.

Un alguazil, à cheval, tout vêtu de noir, vient demander à l'alcade ou gouverneur qui préside la fête la

permission de commencer. L'alcade lui jette la clef du
toril; c'est le lieu où est enfermé le taureau. Cette clef,
l'alguazil la remet à un homme qui est chargé d'ouvrir
la porte; puis il se sauve au galop, salué par les éclats
de rire de la foule.

Il y a là un moment solennel, et où l'on ne peut se
défendre de quelque émotion. Le taureau, excité à
l'avance, se précipite dans l'arène. Un instant étonné,

ébloui, il s'arrête, les naseaux frémissants; puis, apercevant les chulos, qui de loin le provoquent, il fond sur eux tête baissée. Les chulos font voltiger leur cape devant lui; l'animal se rue sur le lambeau d'étoffe flottante; mais l'homme, léger comme un oiseau, s'est dérobé par un saut de côté, et le taureau ne frappe que le vent. Il revient à la charge, et l'homme, lui offrant sans cesse ce but mobile qui le trompe, lui échappe sans cesse par des voltes rapides. Quand les chulos sont trop vivement pressés, ce qui arrive souvent, ils se réfugient derrière des palissades placées de distance en distance, ou bien escaladent la barrière qui forme l'enceinte.

Tout cela n'est qu'un jeu, jeu dangereux, il est vrai, mais où ces hommes déploient tant de hardiesse et d'agilité, tant d'aisance et de grâce, qu'on oublie le péril et qu'on se laisse aller au plaisir. Quelquefois, cependant, le jeu tourne dès le début à la tragédie. L'an dernier, à Madrid, l'homme qui ouvre le toril fut tué. Quand il a ouvert au taureau, il doit rester un instant caché derrière la porte; puis, lorsque l'animal est occupé à poursuivre les chulos, il la referme et se réfugie derrière la barrière. Cette fois, soit qu'il se fût découvert trop tôt, soit que les chulos n'eussent pas convenablement joué leur rôle, le taureau revint sur lui, et, avant qu'il eût le temps d'escalader l'enceinte, le cloua de ses deux cornes contre les planches. Dans une autre course, tout récemment, le pied glissa à un chulo au moment où, poursuivi par le taureau, il s'élançait pour franchir la barrière. Acculé et sans moyen ni de se défendre ni de fuir, l'homme, par un mouvement instinctif, se ramasse, se pelotonne en quelque sorte sur lui-même, si bien que les deux cornes de l'animal, effleurant sa poitrine, vont s'enfoncer dans la barricade sans le toucher. On le crut mort; il n'avait pas une égratignure.

Nous n'eûmes point, grâce à Dieu, d'épisodes aussi terribles; c'était bien assez pour notre courage des épreuves qui nous attendaient. Les picadors entrent dans l'arène, et ici la scène change. Le picador, je l'ai dit, est à cheval : il est armé d'une lance; mais le fer de cette lance n'est long que de quelques centimètres, et ne peut ni tuer ni blesser grièvement le taureau. Il présente son cheval de face, s'affermit sur ses étriers, et, la lance en arrêt, attend la charge. Si le picador est vigoureux, s'il est habile cavalier, il peut maintenir un instant le taureau, et, en faisant partir son cheval par la gauche, éviter le coup de corne. Mais presque toujours l'animal, surmontant la résistance du cavalier ou se dérobant à la piqûre du fer qui lui déchire le cou, atteint le cheval et lui enfonce ses cornes dans le ventre : il l'enlève de terre, le secoue, le renverse; cheval et cavalier roulent dans la poussière, et la bête furieuse s'acharnerait sur eux, si les chulos, accourant au secours du picador, ne venaient l'agacer avec leurs capes et détourner sa colère.

Quoique le picador ait les jambes garanties par des plaques de fer-blanc, il court de grands risques; on en a vu qui étaient foulés aux pieds par le taureau, que les chulos ne pouvaient distraire. Pourtant, cette partie

de la lutte inspire plus de dégoût que de terreur. Il y a
là des épisodes repoussants. Quand le cheval est frappé
à la poitrine, le coup, d'ordinaire, est mortel : le sang
jaillit en flot comme d'un robinet ouvert; l'animal
tremble, chancelle et ne tarde pas à tomber pour ne
plus se relever : on le voit pendant quelques minutes
se débattre sur l'arène, dans les convulsions de l'ago-
nie. Mais lorsque le taureau, au lieu de frapper à la

poitrine, l'atteint au ventre, la blessure peut n'être pas
mortelle. Le spectacle devient alors, non pas seulement atroce, mais révoltant. Le pauvre animal perd ses
entrailles, qui traînent sur le sable, et dans lesquelles
ses pieds s'embarrassent. Malgré tout, on le force à se
relever; on le fait encore galoper dans le cirque, on le
ramène à grands coups d'éperon sur le taureau,
jusqu'à ce que ce dernier l'achève. Il faut l'avouer :
sans être petite-maîtresse, il est difficile de ne pas se
sentir, à de pareilles scènes, pris de nausées.

Les chevaux qui paraissent dans ces courses étant
voués à une mort à peu près certaine, on ne se sert que

de rosses achetées à bas prix. De peur que le taureau
ne les effraie, on leur bande les yeux et on leur bouche
les oreilles avec de l'étoupe. Les picadors ont, en
outre, pour les faire marcher, des éperons armés de
longues pointes. Il en résulte que ces malheureuses
bêtes, poussées, sans que rien les protége, à un égorge-
ment inévitable, ne sont là que des victimes passives,
des obstacles vivants offerts à la fureur du taureau,

et destinés seulement à user sa colère et ses forces.
C'est le côté hideux, et aussi le côté odieux du spectacle.

Lorsque le taureau a éventré un certain nombre de
chevaux, et que son ardeur commence à se ralentir,
on apporte les *banderillas*. On appelle banderilles de
petites lances d'environ deux pieds et demi de long,
ornées de papier découpé, et armées à leur extrémité
d'une pointe de fer en hameçon. Les chulos, une de
ces lances dans chaque main, se posent devant le
taureau, et le provoquent; quand il se rue sur eux, les
cornes basses, ils lui enfoncent les deux dards de

chaque côté du cou, et, prompts comme l'éclair, pivo-
tant sur eux-mêmes, s'effacent pour le laisser passer.
Il y a un moment où l'homme est littéralement entre
les cornes du taureau : on tremble pour lui; mais une
seconde après, sans qu'on devine comment, on le voit
tranquille et souriant à la même place, tandis que le
monstre, emporté par son élan, s'en va secouant avec
rage les javelots attachés à sa chair, et dont il ne peut
se débarrasser.

La course dure déjà depuis près d'une demi-heure.
Le taureau, harcelé par les chulos, fatigué par les picadors, est devenu comme fou après les banderilles. Il
est essoufflé, haletant; souvent il tombe sur les genoux;
quelquefois il se couche, et on est obligé de l'attaquer
de près pour le forcer à se relever. Ne sachant plus que
faire, il revient vers l'entrée du toril; il s'accule à l'enceinte, et fait face à ses ennemis. C'est alors que le
matador s'approche : il tient d'une main l'épée, et de
l'autre un petit drapeau rouge appelé *muleta*. Avec
ce drapeau il excite le taureau, et lui fait faire
quelques passes, comme pour étudier ses allures.
Puis, quand il a trouvé le moment favorable, il l'attend
de pied ferme, abaisse l'épée et le frappe au défaut
de l'épaule. Quand le coup est bien porté, l'épée entre
jusqu'à la garde, et le taureau ne fait que quelques pas
pour aller s'affaisser dans un coin de l'arène.

Tout fatigué qu'il est à ce moment, le taureau sans
doute est encore très-dangereux : il a des retours redoutables, et l'on cite plus d'un matador qui a laissé
sa vie dans le cirque. Pourtant, s'il faut dire toute la

vérité, ce dernier acte du drame m'a laissé froid. Je
n'ai point éprouvé ces puissantes émotions qu'on m'a-
vait promises. Bien plus, quand je voyais le taureau
haletant, ahuri, hors d'haleine, le cou déchiré par les
lances et les banderilles, saignant et bavant, la tête
pendante, reculant devant cette troupe d'adversaires
acharnés qui ne le laissent pas respirer, — que vous

dirai-je? je me sentais plus de pitié pour l'animal que
d'admiration pour l'homme. Il me semblait que le matador ne frappait plus qu'un ennemi à bout de forces :
ce n'était pas pour moi un combat, mais une scène de
boucherie.

Au bout de trois heures j'avais vu éventrer dix-huit
chevaux, j'avais vu tuer six taureaux. J'en avais assez,
et je sortis du cirque sans emporter le désir d'y revenir.
Au risque de passer pour un Béotien, je déclare que je
ne puis être de l'avis de M. Théophile Gautier, qui

appelle les courses de taureaux « un des plus beaux spectacles que l'homme puisse imaginer ». Pour moi, c'est un amusement féroce et sauvage ; c'est le spectacle d'un peuple encore barbare. Je ne le crois bon qu'à entretenir la dureté des mœurs : la vue du sang est malsaine pour l'homme ; elle ne développe chez lui que de mauvais instincts et des passions brutales. Dire que ces combats sont une école de courage, c'est une phrase, et rien de plus. Il ne paraît pas que la valeur espagnole ait beaucoup grandi depuis que les courses de taureaux sont si populaires, et l'on sait ce qu'étaient devenus les Romains de l'empire quand ils couraient avec tant de fureur aux jeux du cirque.

En Portugal il y a aussi des courses de taureaux ; mais elles ne ressemblent en rien à celles d'Espagne. Les cornes des taureaux sont garnies de boules de bois. On n'a plus le spectacle de chevaux éventrés, d'entrailles répandues, de cadavres couchés dans l'arène. Ce n'est plus une tuerie, c'est un jeu : jeu qui est encore périlleux ; car le coup de corne, pour n'être pas mortel, peut exposer un homme à être jeté en l'air comme une grenade. Il y a où faire briller l'adresse, l'agilité des chulos ; il n'y a plus de scènes qui rappellent l'abattoir. C'est un tournoi à fer non émoulu. Les Espagnols sourient de pitié quand on leur parle de ces courses : ils se croient fort supérieurs à leurs voisins.

Je sais bien que chez certains peuples justement fiers de leur civilisation il y a aussi des jeux nationaux que l'humanité réprouve, et dont nos mœurs s'étonnent.

La passion des Anglais et des Américains pour les scènes de pugilat, par exemple, est quelque chose de fort triste; et l'on a peine à comprendre l'enthousiasme qu'excitent parmi eux des héros tels que Tom Sayers et le géant Heenan. Mais au moins faut-il dire que, chez eux, la loi n'autorise point ces luttes ignobles; que non-seulement elle ne les autorise pas, mais qu'elle les défend, et que c'est la passion populaire qui est plus forte que la loi. On y court; mais on a l'air, à tout le moins, de se cacher. Il n'y a pas dans chaque ville un amphithéâtre élevé pour cela à grands frais. On n'y convie pas la foule, les femmes même et les enfants, à grand renfort d'affiches. Ce n'est pas une entreprise encouragée, patronnée et patentée par l'autorité, affermée à beaux deniers comptants au profit des hospices et des établissements religieux. Enfin, la fête n'est pas présidée, avec grand apparat, par le gouverneur de la province, ou même par la reine.

Philippe V avait, dit-on, pour ces jeux, une aversion insurmontable, que partagèrent la plupart de ses successeurs. Charles III voulut les interdire; mais l'opinion l'emporta sur les édits.

« Il faut avouer, dit un vieil auteur, que ces combats « sanglants ne s'accordent pas trop bien avec les règles « du christianisme. C'est pourquoi les papes ont sou- « vent voulu les abolir; mais les Espagnols, qui en sont « enchantés, s'y sont opposés si fortement, qu'on les a « laissés en repos là-dessus [1]. »

---

[1] *Délices d'Espagne*, par D. Juan Alvarez de Colmenar, t. VI, chap. II.

A la fin du siècle dernier, Charles IV, poussé par le
prince de la Paix, renouvela et maintint plus énergi-
quement la prohibition portée par Charles III. Mais le
roi Joseph, par un calcul de popularité et dans l'espoir
de gagner le cœur de la multitude, s'empressa de lui
rendre ces divertissements dont elle est avide : sous la
domination française (chose triste à dire), on vit les
combats de taureaux reparaître dans toute l'Espagne.
Ferdinand VII en était un amateur passionné. Pour
conserver les bonnes traditions et assurer les progrès
de l'art, il fonda à Séville une école de tauromachie[1].
Il est vrai qu'en même temps, et par compensation, il
supprimait en Espagne les universités. Ce n'était pas
mal raisonné, pour un roi absolu.

[1] Elle a été supprimée en 1834.

CHAPITRE VI

E chemin de fer de Séville à Cadix suit à peu près la vallée du Guadalquivir jusqu'aux environs de Lebrija : arrivé là, il tourne au sud et entre dans le bassin du Guadalète, pour se rapprocher de la mer.

Tout ce pays est d'une admirable fertilité. La Bétique, chez les anciens, était déjà renommée pour la richesse de ses productions naturelles et la douceur de son climat; *aer bœticus,* c'était une expression latine. Ses laines et ses huiles étaient célèbres du temps de Martial.

Bætis, olivifera crinem redimite corona,
Aurea qui nitidis vellera tingis aquis.

« Bétis, toi dont la tête est parée d'une couronne d'olivier, et dont les eaux limpides teignent les toisons dorées. »

Les Carthaginois et les Romains connaissaient déjà les riches gisements de fer, de cuivre, de plomb et d'argent que recèlent les montagnes de la Sierra-Morena; et on retrouve encore de leurs travaux d'exploitation des vestiges qui font l'étonnement et l'admiration des ingénieurs modernes. Là, entre autres, sont les mines de mercure d'Almaden, d'où venait le cinabre si recherché par les dames romaines, et dont elles se servaient pour donner à leurs cheveux une teinte d'un rouge doré. Là, sont les mines de houille de Belmès, dont les produits sont, dit-on, d'une qualité égale, sinon supérieure, aux charbons anglais.

L'Andalousie est toujours un pays favorisé du ciel; mais il s'en faut de beaucoup qu'elle soit ce qu'elle a été jadis; et, disons-le, il y a singulièrement à rabattre des charmes que lui prête notre imagination. De sa prospérité passée c'est à peine s'il reste quelques traces. Séville, qui n'a guère plus de cent mille habitants, en avait quatre cent mille autrefois. Au commencement du XVIe siècle, on y comptait près de deux mille métiers qui travaillaient la laine et la soie; il y reste à peine quelques fabriques. Douze mille villages, dit-on, couvraient les bords du Guadalquivir; il n'y en a pas huit cents aujourd'hui. L'agriculture a déchu comme le reste. On voit encore çà et là de belles cultures; la terre est si féconde, qu'elle enrichit l'homme presque sans travail. Mais de maigres pâturages, des prairies marécageuses couvrent d'immenses espaces dont la fertilité est ainsi à peu près stérilisée. Les Arabes avaient fait d'admirables travaux pour contenir et diriger les eaux du fleuve, pour assainir les parties basses et arroser les terrains arides. Tout cela a péri : les canaux d'écoulement et d'irrigation ont été obstrués, de vastes marécages se sont formés sur les rives. Des miasmes pernicieux s'en dégagent sous les ardeurs de l'été; la fièvre ravage les populations voisines. Il y a un village aux environs de Cordoue dont tous les habitants, dit-on, sauf un seul, sont morts en 1841, emportés par l'épidémie.

Aussi ce beau pays, malgré son fleuve et ses montagnes aux lignes si gracieuses, malgré la riante verdure dont il est couvert à l'époque de l'année où nous le traversons (3 avril), offre-t-il aux yeux un aspect un peu monotone. De grandes plaines, couvertes de blés et de pâturages; peu ou point d'arbres, excepté des oliviers sur les collines, et quelques rares plantations de mûriers; de loin en loin une petite ville; peu de villages, à peine quelques fermes isolées. On sent que la population manque à ce pays. L'Espagne, avec une superficie presque égale à celle de la France, n'a guère que quinze millions d'habitants; elle pourrait en nourrir aisément trois ou quatre fois autant.

Et notez que la vallée du Guadalquivir est une des contrées les mieux cultivées de l'Andalousie. Le pays situé entre Medina-Sidonia et Gibraltar, pays qui n'est guère moins fertile que celui-ci, paraît être encore bien plus dépeuplé : on y peut faire dix lieues sans rencontrer un habitant, sans voir rien que des maisons en ruines et des ponts écroulés.

Cet appauvrissement, cette dépopulation, cette décadence d'un pays autrefois si riche et si puissant, est un spectacle qui attriste partout le voyageur en Espagne; mais nulle part il ne l'attriste plus qu'en Andalousie, parce que nulle part la nature n'avait tant fait pour l'homme. L'homme semble avoir à plaisir laissé périr tous les dons de la nature. Il semble que l'instinct populaire ait entrevu cette triste vérité, que ce sont ses mauvais gouvernements qui ont perdu l'Espagne. Il y a un proverbe espagnol qui dit : « *El cielo y suelo es bueno, el entresuelo malo.* — Le ciel est beau, la terre est bonne; cela seul est mauvais qui est entre ciel et terre. » Une vieille légende exprime naïvement la même pensée. Quand saint Jacques présenta à la sainte Vierge Ferdinand III après sa mort, le saint roi sollicita pour sa patrie une longue suite de faveurs, qui lui furent toutes gracieusement accordées. Mais à la fin, ayant demandé pour l'Espagne un bon gouvernement, la sainte Vierge le refusa net. — « Si je t'accordais cela, lui dit-elle, quel ange voudrait rester en paradis? »

Malheureusement le peuple n'a pas les qualités qu'il lui faudrait pour se relever de l'abaissement où ses gouvernements l'ont réduit. Les Espagnols, à beaucoup d'égards, ressemblent aux Italiens. Avec une nature énergique, et même un fond de violence africaine, c'est la même mobilité d'imagination, le même

amour du plaisir, la même indolence; mais, malgré une intelligence vive et facile, ils ont moins de finesse, et surtout moins de mouvement dans l'esprit. Un don naturel chez eux, c'est un talent d'imitation qui fait illusion d'abord; mais cela n'atteint pas le fond des choses : tout reste à la surface. En toute matière, ils se contentent de l'apparence. Aucun esprit philosophique ni scientifique; peu de sérieux, peu de réflexion; une vanité qui se retrouve partout, dans les plus petites choses comme dans les plus grandes. L'effort suivi, le labeur patient, c'est pour eux une chose insupportable : moitié indolence, moitié orgueil, ils ne peuvent se plier au travail.

Orgueil étrange et d'une nature à part. Un Espagnol rougira de travailler, il ne rougira point de mendier. En sa qualité de hidalgo, il est trop bien né pour rien faire; mais il ne croira pas s'humilier en acceptant une aumône. Cette aversion, ce mépris du travail sont un legs funeste que le moyen âge a fait à la société espagnole moderne. Les longues guerres de la nation contre les Maures ont entretenu et répandu dans tous les rangs ce préjugé féodal. Elles eurent, il est vrai, ce résultat d'élever l'homme du peuple presque au niveau du seigneur, et de développer chez lui le sentiment de l'égalité. De là en Espagne, chez le peuple, une certaine fierté naturelle et une familiarité aisée qui sont une de ses plus nobles qualités : sous des institutions aristocratiques, les mœurs ont toujours été démocratiques.

Mais ce sentiment très-noble dans son principe a eu de fâcheux effets. Quand partout en Europe les sociétés modernes se sont transformées, et que, par le travail, l'industrie, le commerce, a commencé de naître cette classe puissante et vivace qu'on a appelée la bourgeoisie ou le tiers état, l'Espagne en est restée aux mœurs et aux habitudes féodales. Ç'a toujours été un axiome que pour un Espagnol il n'y avait que trois carrières : l'Église, les armes et « la mer », c'est-à-dire les colonies. La découverte du nouveau monde ne fit qu'accroître cette disposition : en surrexcitant l'esprit d'aventures, en montrant les richesses sous une seule forme, celle de l'or, elle acheva de discréditer, de décourager, j'ai presque dit de déshonorer le travail, le travail humble et modeste, l'industrie, l'agriculture. Ces idées-là sont entrées dans le sang des Espagnols. Aussi, chez eux, point de classe moyenne et laborieuse, point de tiers état enrichi par le travail et l'épargne. Tous les Espagnols sont nobles et vivent noblement, c'est-à-dire sans rien faire; mais tous sont gueux, ou en train de le devenir. Rien de ce qui s'est fait en Espagne, depuis cinquante ans, de grands travaux, de grandes entreprises, d'importantes améliorations, ne s'est fait que par l'initiative, les efforts et les capitaux des étrangers. L'amour-propre national en souffre; mais la paresse et l'orgueil individuels l'emportent.

Ce que je dis là n'est absolument vrai, toutefois, que des provinces du centre et du sud. Le Nord, en partie du moins, a d'autres idées et un autre tempérament. L'Aragon, la Catalogne, les provinces basques, la Galice sont habitées par une race plus énergique, plus active, moins amollie par le climat, moins atteinte par la lèpre de la mendicité, et qui ne considèrent pas le travail comme humiliant.

L'orgueil est quelquefois une vertu chez les peuples; il est à tout le moins une force. Aujourd'hui, il n'est plus qu'un défaut chez les Espagnols, et l'on peut ajouter une faiblesse. Quoiqu'ils soient, sous tous les rapports, en arrière des principaux peuples de l'Europe, les Espagnols se disent toujours naïvement le premier peuple du monde : non-seulement ils le disent, mais ils le croient; à force de le répéter, ils ont fini par se le persuader. Ils en sont venus à se faire illusion à eux-mêmes, et à être dupes des éloges ridicules qu'ils se décernent.

Cet orgueil naïf est, à mon sens, le plus grand de leurs défauts; car il les aveugle sur tous les autres, et

leur ôte jusqu'au sentiment de ce qui leur manque. Chez un peuple arriéré, mais modeste, il y a de la ressource. Que voulez-vous attendre d'un peuple qui est en retard sur tous les autres, et qui se croit à la tête des nations; qui est ignorant et ruiné, et qui se drape dans sa gueuserie et son ignorance; qui ne sait rien, ne crée rien, ne produit rien, et trouve indigne de lui d'apprendre et de travailler?

. En toutes choses vous trouverez un vernis de civilisation à la surface, l'ignorance et la barbarie au fond. Ils ont des chemins de fer et des télégraphes ; mais, quand ce ne sont pas des étrangers qui les exploitent et les dirigent, tout marche sans ordre, sans régularité, sans sécurité. Ils ont un gouvernement constitutionnel et des chambres ; mais le pays depuis quarante ans est livré aux coups d'État ; les insurrections militaires se succèdent périodiquement ; les finances sont ruinées ; le désordre est partout. Ils ont sans cesse à la bouche les mots de noblesse, de patriotisme, d'honneur, et, d'après ce que me disent des hommes qui habitent ce pays depuis vingt ans, la corruption est universelle, l'avidité sans pudeur, la vénalité sans bornes.

Ce qu'on me raconte de l'administration et de la justice espagnoles rappelle trait pour trait l'administration turque et la justice russe : c'est-à-dire que l'une et l'autre sont à vendre. Les fonctionnaires·n'étant point payés, ou l'étant mal, il leur faudrait beaucoup de vertu pour être honnêtes. Les impôts sont lourds ; mais surtout ils sont mal répartis : comme il n'y a point de cadastre, l'arbitraire seul en règle la répartition ; tout dépend du bon plaisir d'un fonctionnaire. Le service militaire n'est pas plus justement établi : un fils de famille riche est rarement atteint par la conscription. M. D***, de Séville, m'a conté qu'un de ses domestiques, quoique boiteux, a dû partir, bon gré mal gré, pour dispenser du service un jeune homme riche qui aurait été pris après lui. Quant à la justice, c'est une question d'argent : le plus riche est toujours sûr de gagner son procès. On dit qu'un jour un plaideur rançonné par son juge s'écria avec indignation : « Il n'y a donc plus

de justice en Espagne? — Tu vois bien qu'il y en a une,
répondit l'autre, puisque je te la vends. » — C'est le
cas de répéter : *Se non è vero, è ben trovato.*

En approchant de Xerez, le chemin de fer franchit
une chaîne de hautes collines, pour entrer dans la
vallée du Guadalète. C'est sur les bords de ce fleuve
que fut livrée, en 711, la grande bataille qui renversa
l'empire des Goths et rendit les Arabes maîtres de
l'Espagne.

Il n'est pas étonnant qu'un tel événement ait laissé
une trace profonde dans la tradition nationale, et fortement ému les imaginations populaires. La poésie s'en
est emparée. On connaît la légende de la Cava, cette
fille du comte Julien, qui fut outragée par le roi Rodrigue : son père vengea l'injure faite à son nom, en
appelant les Maures.

« Ah! Espagne! s'écrie le poëte populaire, pauvre
« Espagne, si renommée dans le monde, la plus riche
« des contrées, la plus riche et la plus aimable, où
« abondent l'or fin et l'argent, qui n'as point de rivale
« pour la beauté ni pour la vaillance! Voilà qu'un
« traître t'a livrée! Voilà qu'en punition de nos crimes
« tes opulentes cités et tes généreux enfants vont subir
« le joug des Maures [1]. »

La bataille durait depuis sept jours; le huitième jour,
Oppas, évêque de Tolède et allié du comte Julien, passe
aux ennemis avec les troupes qu'il commandait. La vic-

---

1 *Romancero.*

toire alors se décide pour les musulmans. Rodrigue fait
d'héroïques et inutiles efforts pour retenir ses soldats :
tout succombe, tout fuit et se disperse.

« Les armées du roi Rodrigue fuyaient découragées ;
« dans un huitième combat, les ennemis étaient vain-
« queurs.

« Rodrigue sort du camp et s'éloigne. Il va seul, l'in-
« fortuné ; nul compagnon ne lui reste.

« Épuisé de fatigue, il ne peut plus conduire son
« cheval, qui chemine au hasard, comme il lui plaît ;
« car son maître ne dirige plus sa route.

« Le roi marche si accablé, qu'il a perdu le senti-
« ment. Il est mort de soif et de faim, et c'est pitié de
« le voir ; il est si couvert de sang, qu'il semble rouge
« comme la flamme.

« Ses armes, qui étaient ornées de piérreries, sont
« toutes faussées ; son épée est dentelée comme une
« scie, par les coups qu'elle a reçus ; son casque, bos-
« sué, est enfoncé sur sa tête ; son visage est gonflé par
« la fatigue et la douleur.

« Il monte sur une colline élevée, la plus élevée qu'il
« aperçoive. De là il regarde son armée : comme elle est
« mise en fuite ! Il regarde ses bannières et ses éten-
« dards : comme ils sont tous foulés aux pieds et cou-
« verts de poussière !

« Il cherche des yeux ses capitaines, et aucun ne se
« montre plus. Il regarde la plaine teinte de sang qui
« coule en ruisseaux ; et, attristé de cette vue, il sent
« en lui un grand chagrin. Et, pleurant de ses yeux, il
« parle ainsi :

« Hier j'étais roi d'Espagne ; aujourd'hui je ne le
« suis plus d'un seul village !

« Hier j'avais des villes et des châteaux ; aujourd'hui
« il ne m'en reste plus un seul !

« Hier j'avais un peuple de serviteurs ; aujourd'hui je
« n'ai pas une tour crénelée que je puisse dire à moi !

« Malheureuse fut l'heure, malheureux fut le jour où
« je naquis et où j'héritai de cette grande seigneurie,
« puisque je devais la perdre en un jour !

« O mort ! que ne viens - tu ! Que n'enlèves - tu
« mon âme de ce corps misérable ! je t'en rendrais
« grâces [1] ! »

Xerez n'est pas la plus jolie ville de l'Andalousie ;
mais c'en est certainement la plus riche. Ses vins, célèbres dans le monde entier, ont fait sa fortune ; et cette
fortune grandit tous les jours. Il y a cinquante ans, on
estimait la population de Xerez à vingt-cinq mille âmes ;
elle dépasse aujourd'hui soixante mille. On cite ici des
maisons d'une opulence fabuleuse : mais ce ne sont pas
des maisons espagnoles. Les grands vignobles du pays,
leur exploitation et le commerce des vins, dont la production s'élève à quelque chose comme huit millions de
litres par année, sont entre les mains d'étrangers,
Français et Anglais. Ces étrangers, en s'enrichissant,
ont enrichi le pays ; mais les bras manquent, malgré
l'élévation des salaires, comme ils manquent partout en
Espagne.

____

1 *Romancero.*

Sauf dans le vieux quartier qui avoisine la cathédrale, et qui est percé de ruelles étroites, les rues sont
larges et plantées d'arbres. Vous reconnaissez tout de
suite à ce caractère une ville de création récente : l'activité moderne tient peu compte du soleil; les besoins
de la circulation et du commerce l'emportent sur les
convenances du climat. Les voitures s'en trouvent bien;
le piéton s'en trouve assez mal, et le pittoresque n'y
gagne point. Il faut voir Xerez du haut d'une tour ou
d'un belvédère élevé. Avec ses maisons, la plupart en
terrasses, elle a un certain caractère arabe : au milieu
de la campagne, plate et grise, s'étend la ville, grise et
blanche; sur les murailles badigeonnées à la chaux, sur
les briques, sur les dalles blanchâtres, la lumière tombe,
ruisselle et se réfléchit à éblouir les yeux. On se sent
tout près de l'Afrique.

A quelques lieues de Xerez, au sortir d'une campagne nue et rocheuse, l'aspect du pays change tout
d'un coup. Une grande barre d'un bleu foncé se montre
à l'horizon : le convoi s'arrête; vous êtes au bord de
l'Océan, dans une jolie petite ville enveloppée d'orangers, et au-dessus de laquelle s'élèvent quelques palmiers : c'est Puerto-de-Santa-Maria, assise sur la
pointe qui ferme au nord-ouest la baie de Cadix. De là,
la vue est magnifique. La rade se creuse et s'arrondit
sur votre gauche, décrivant un vaste demi-cercle de
cinq à six lieues de développement; immense coupe
d'azur que semblent presser amoureusement ses rives,
revêtues d'une douce verdure, sur laquelle se détachent
çà et là de jolis villages et de coquettes habitations.

En face, la presqu'île de Léon, et sur le rocher qui la termine, la blanche Cadix, qui, selon l'expression d'un écrivain espagnol, « s'avance dans les flots comme pour aller au-devant de ses escadres. » Du point où nous sommes, étincelante sous les rayons du soleil qui s'abaisse, elle semble sortir du sein de la mer, et comme flotter suspendue entre l'azur du ciel et celui des eaux.

Le chemin de fer, en quittant Puerto-de-Santa-Maria, suit constamment le bord de la mer, et contourne la baie dans toute son étendue; de sorte que cet admirable panorama, changeant sans cesse d'aspect, se déroule peu à peu aux yeux du voyageur. Rien de plus riant et de plus varié que cette route. Les champs sont couverts de fleurs; les jardins sont pleins de roses, de géraniums et de jasmins. Il y a des vergers plantés d'orangers et de grenadiers; des champs entiers de nopals. D'un côté, on a la mer bleue et lumineuse, couverte de navires, sillonnée de petites barques aux blanches voiles; de l'autre, un horizon de charmantes montagnes qui se colorent de violet et de rose; plus près de nous, sur une haute colline, la petite ville de Medina-Sidonia, bâtie en amphithéâtre et s'inclinant vers la mer.

Nous dépassons Puerto-Real et les petits forts démantelés du Trocadero, qui jadis défendaient l'entrée de la baie. La voie ferrée traverse des salines. Nous laissons à droite les lourdes constructions de l'arsenal maritime de la Carraca, immense établissement à peu près désert et vide de vaisseaux. Bientôt on franchit le petit bras de mer qui sépare de la terre ferme l'île

de Léon ; le chemin de fer s'allonge sur une étroite langue de sable que le flot vient battre à droite et à gauche. A l'extrémité de cette espèce de digue naturelle est bâtie Cadix, que l'Océan entoure de trois côtés.

C'est sur cette plage basse, et qui semble devoir être engloutie à chaque soulèvement de la mer, que périt, le 1er novembre 1755, le fils de Louis Racine. Le

tremblement de terre qui ce jour-là détruisit Lisbonne, se fit sentir d'une façon terrible sur toute la côte : la mer, soulevée à dix-huit mètres de hauteur, renversa en partie les murailles de Cadix ; et une vague énorme, traversant impétueusement la langue de terre qui rattache la ville au continent, enleva près de deux cents personnes. Le jeune Racine, qui avait embrassé la carrière du commerce et habitait Cadix, passait à ce moment sur la levée, en chaise de poste, avec un de ses amis. La montagne d'eau, s'abattant sur la route, couvrit et renversa la voiture. Le domestique put se

retenir aux branches d'un arbre, et voir, sans pouvoir
leur porter secours, les deux jeunes gens périr, emportés par les flots.

Vue de la mer ou du fond de la baie, Cadix a un
aspect féerique, avec ses clochers, ses phares, ses vi-
gies et les innombrables belvédères qui surmontent ses
maisons blanches. De près, la ville n'est pas moins
plaisante : ses rues sont étroites, mais propres et bien

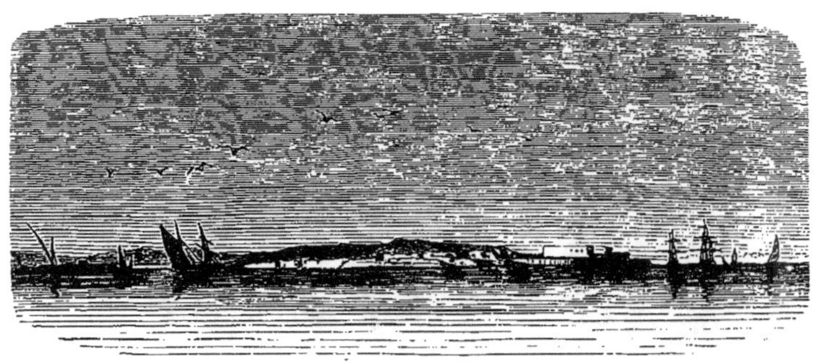

dallées ; toutes les maisons ont des balcons vitrés, peints
de vives couleurs, ornés de fleurs et de tentures. Cadix
me rappelle un peu Malte, avec plus de gaieté et de
grâce : ce qui est charmant ici, comme à Malte, ce sont
ces rues en pente qui, se terminant aux remparts,
ouvrent çà et là du milieu de la ville des échappées de
vue sur la mer.

Cadix a un climat merveilleux, le plus doux peut-
être, le plus égal de toute l'Andalousie : les ardeurs
de son soleil sont tempérées par les brises de l'Atlantique.

Vue de Cadix.

Sur les remparts, peu élevés, on a planté une belle
promenade qui entoure la ville et domine la mer : des
massifs de fleurs y embaument l'air ; de beaux palmiers
se mêlent à toutes sortes d'arbres exotiques. La vue

embrasse de là l'immensité de l'Océan, la courbure
gracieuse de la rade, et au delà de Santa-Maria suit,
dans la brume de l'horizon, la ligne onduleuse de la
côte de Rota, qui remonte vers le nord. Sur cette côte,
un peu au-dessus de l'embouchure du Guadalquivir, se

trouve un petit port appelé Palos-de-Moguer : c'est de
là que, le 3 août 1493, Colomb partit pour découvrir un
monde. On lui avait donné, pour cette entreprise dont
l'audace efface tout ce que les hommes avaient vu, pour
franchir ces abîmes inexplorés de l'Atlantique, trois
méchantes caravelles, sortes de barques qui n'étaient
pas même pontées, et dont un marin d'aujourd'hui ne
voudrait pas pour aller de Bordeaux à Nantes. Le 12
octobre il touchait à la première des Lucayes, qu'il
nomma San-Salvador. Sept mois plus tard, revenu en
Espagne au milieu de l'admiration et de la reconnaissance des peuples, il allait à Burgos mettre aux pieds
d'Isabelle, qui la première avait deviné son génie, les
premières dépouilles de l'Amérique : une troupe d'Indiens couronnés de plumes, un diadème et des brace-
lets d'or ; enfin des lingots d'or d'un volume inouï. A
son troisième voyage il revint chargé de chaînes, accusé
d'avoir voulu prendre pour lui ce qu'il avait découvert.
Au quatrième, le pauvre grand homme se vit refuser un
abri dans les ports de la nouvelle Espagne : il échoua
sur la côte de la Jamaïque, et y resta dénué de tout
secours. De là il écrivit à Ferdinand et Isabelle, à
ces rois dont il avait porté au double la grandeur,
cette lettre empreinte de la plus pathétique éloquence :

« Que m'ont servi vingt années de travaux, tant de
« fatigues, tant de périls ? Je n'ai pas aujourd'hui une
« maison en Castille ; et si je veux dîner, souper ou
« dormir, je n'ai pour refuge que l'hôtellerie ; encore le
« plus souvent l'argent me manque-t-il... A moins

« d'avoir la patience de Job, n'y avait-il pas de quoi
« mourir désespéré, en voyant que, dans l'extrême
« péril où j'étais, moi et mon jeune fils, et mon frère
« et mes amis, on me fermait cette terre et ces ports
« que j'avais, par la volonté divine, gagnés à l'Es-
« pagne, et pour la découverte desquels j'avais sué du
« sang...?

« Mon frère et le reste des nôtres étaient sur un na-
« vire, et moi sur la côte, seul, consumé d'une fièvre
« ardente. Je gagnai avec effort le point le plus élevé,
« appelant d'une voix lamentable, en pleurant, les
« capitaines de Vos Altesses et les quatre vents du ciel
« à mon secours; mais ils ne me répondirent rien.
« Épuisé de fatigue, je m'endormis, et j'entendis une
« voix compatissante qui disait : O insensé, lent à
« croire et à servir ton Dieu! que fit-il de plus pour
« Moïse et pour David son serviteur? Il a fait retentir
« ton nom dans toute la terre. Les Indes, cette partie
« du monde si riche, il te les a données pour en faire
« part à qui te plaisait. Les barrières de l'Océan,
« jusque-là fermées de chaînes si fortes, il t'en a
« donné les clefs... Tu réclames un secours incertain,
« réponds : Qui t'a tant et si souvent affligé? est-ce
« Dieu, ou le monde? Dieu maintient toujours les fa-
« veurs qu'il a accordées, et ne viole jamais les pro-
« messes qu'il a faites; le service une fois rendu, il ne
« dit point qu'on a méconnu ses intentions; il ne fait
« point souffrir le martyre pour le plaisir des bour-
« reaux...

« J'étais comme à demi mort en entendant tout cela;

« mais je ne pus trouver de réponse à des paroles si
« vraies; je ne pus que pleurer mes erreurs. Et Celui
« qui me parlait ajouta : Ne crains pas, prends con-
« fiance; toutes les tribulations sont écrites sur la
« pierre et sur le marbre...

« Que Vos Majestés m'accordent quelque pitié, et
« m'envoient un vaisseau avec quelques provisions,
« pour porter en Espagne moi et mes pauvres gens!
« Que le ciel, que la terre pleurent pour moi! Qu'il
« pleure pour moi, quiconque a de la charité, qui-
« conque aime la justice et la vérité. Je suis resté ici,
« dans ces îles des Indes, isolé, malade, en grande
« peine, attendant chaque jour la mort, environné
« d'innombrables sauvages, si loin des sacrements de
« notre sainte mère l'Église! Je n'ai pas un maravédis
« pour faire une offrande pieuse. Je supplie Vos Ma-
« jestés que, si Dieu me permet de sortir d'ici, elles
« m'accordent d'aller à Rome en pèlerinage. Que la
« sainte Trinité leur conserve la vie et la puissance!
« — Donné aux Indes, dans l'île de la Jamaïque, le
« 7 juillet de l'an 1503. »

Trois ans plus tard, Colomb, délaissé, accablé par la
fatigue et la goutte, mourait à Valladolid. Il voulut que
son corps reposât sur la terre nouvelle qu'il avait découverte, et ordonna que son cercueil, dans lequel seraient mis les fers dont on l'avait chargé, serait porté à
Saint-Domingue. L'Espagne n'a pas élevé à ce grand
homme même une statue. Le seul monument qui porte
son nom est une humble dalle qui recouvre, dans la

cathédrale de Séville, les os de son fils, et sur laquelle
se lit cette simple et belle inscription :

Á Castilla y á Leon
Nuovo mundo dió Colon.

Le 5 avril, à huit heures du matin, nous partions
pour Gibraltar. Du pont du bateau nous disons encore
un dernier adieu à Cadix, à ses blanches tourelles ; nous
jetons un dernier regard sur les eaux bleues de sa baie,
sur ses rives si mollement arrondies et d'un aspect si
riant. Le bateau s'ébranle sous les secousses de l'hélice ;
nous contournons le phare, et bientôt la belle Cadix
disparaît à nos yeux. La traversée se fait en six à sept
heures. Vers midi, nous doublions le cap de Trafalgar,
de funèbre mémoire. Bientôt la côte d'Afrique se dresse

devant nous; nous entrons dans le détroit : Tanger est à notre droite, au fond d'une baie profonde; mais nous l'apercevons à peine. On fait escale à Tarifa. C'est la pointe la plus avancée que le continent européen projette vers le sud : nous sommes ici à la latitude d'Alger, de Malte, d'Alep.

De la mer, Tarifa semble un amas de ruines : quelques centaines de maisons basses, serrées sur un rocher étroit et nu; une vieille citadelle démantelée, une église gothique, et tout alentour une enceinte de tours arabes reliées par des courtines. Seulement tout cela est d'une couleur admirable; la pierre semble comme roussie et calcinée : sur ces murailles à demi rongées par le temps et le vent de la mer, le soleil d'Afrique a jeté un splendide vêtement aux reflets fauves et dorés comme une peau de lion.

Cette bicoque, qui n'est plus célèbre que par ses oranges, les meilleures de l'Andalousie, a joué un rôle dans l'histoire. C'est là que les Arabes mirent pour la première fois le pied sur le sol espagnol, et la ville dès lors garda le nom du chef qui les conduisait, Tarif ou Tarick. Ils en firent une place forte; et jusqu'à la bataille de Rio-Salado (1340), qui mit fin aux invasions successives des Maures, Tarifa fut, avec Algésiras, le point ordinaire de communication entre l'Espagne musulmane et l'Afrique.

Non-seulement tout est encore mauresque dans la physionomie extérieure de la ville, mais l'influence arabe a laissé son empreinte jusque dans certains usages locaux. Chose singulière, aujourd'hui encore les femmes

de Tarifa se cachent le visage comme les femmes musul-
manes. Leur costume se compose de deux jupes noires,
dont l'une est tombante, et dont l'autre se relève par-
dessus la tête et se ramène sur la figure, de manière à
ne laisser qu'un œil à découvert.

Plus d'un fait de ce genre, attesté par l'histoire,
prouve qu'il s'était fait un certain rapprochement, un
certain mélange des idées et des mœurs, avant que le
fanatisme religieux fût venu réveiller les antipathies
primitives et rallumer les haines entre chrétiens et
Maures. Au XVIᵉ siècle, l'étiquette à la cour d'Espagne
interdisait aux reines et princesses de se montrer sans
voile. Dona Juana, sœur de Philippe II, et régente du
royaume pendant que son frère était en Angleterre, ne
se montrait jamais à visage découvert. Les ambassadeurs étrangers s'en étant plaints, par ce motif qu'ils
ne pouvaient savoir à qui ils avaient affaire ; la princesse, au commencement de l'audience, soulevait son
voile pour se faire reconnaître, et le rabattait ensuite
sur son visage. Philippe II, comme témoignage de son
affection et de sa confiance, accorda à Élisabeth de
France, sa troisième femme, le droit de paraître sans
voile, contrairement à l'étiquette. En revanche, on sait
que les Maures de Grenade, au dernier siècle de leur
domination, s'étaient, au contraire, fort départis de la
rigueur de cet usage, que leur empruntaient les chrétiens : les belles Mauresques se laissaient voir même
aux chevaliers espagnols, et assistaient sans voile, ou
peu voilées, aux joutes et aux jeux de bague.

Reprise dès le XIIIᵉ siècle par les chrétiens, la citadelle

de Tarifa eut à subir de longs et terribles siéges. La
tradition raconte un trait d'héroïsme antique dont on
prétend qu'elle fut le théâtre. Le roi don Sanche avait
confié à un brave capitaine, nommé Gusman le Bon, la
défense de cette place. Le fils de Gusman tombe aux
mains des assiégeants, qui, pour vaincre la résistance
obstinée du père, amènent l'enfant au pied des remparts, et menacent de le mettre à mort sous ses yeux,
si la citadelle ne leur est livrée. Pour toute réponse,
Gusman prend son poignard à sa ceinture, et le jette
aux ennemis.

Le détroit, ici, n'a pas plus de trois à quatre lieues
de largeur : on dirait d'un fleuve magnifique coulant
entre deux chaînes de montagnes. Sur la rive espagnole
et sur les points culminants, on voit de distance en
distance se dresser de vieilles tours, la plupart aban-
données et en ruines; on les appelle *atalayas*, d'un
mot arabe qui veut dire vedette. Ce sont les Maures,
en effet, qui d'abord les ont élevées. Du haut de ces
observatoires on surveillait les approches de l'ennemi,
et on les signalait en y allumant de grands feux. Plus
tard, les Espagnols en élevèrent aussi, à l'instar de
leurs adversaires; et l'on en trouve en grand nombre
sur toutes les côtes, et même à l'intérieur du pays.

Au bout d'une heure de marche, le détroit s'élargit
tout à coup, et au tournant d'un petit cap nous voyons
se dresser devant nous, sombre et menaçant, le rocher
de Gibraltar, pareil à un sphinx colossal accroupi au
bord de la mer, et gardant le passage. La baie d'Algésiras s'ouvre à gauche, comme un lac tranquille aux

eaux claires et transparentes. Au-dessus des collines
vertes qui l'encadrent, le regard se repose sur un horizon vaporeux de montagnes roses et violettes, dont les
sommets sont encore couronnés de neige. Rien de
plus doux, de plus gracieux, de plus harmonieux que
ce paysage, si on regarde le fond de la baie; rien de
plus menaçant et de plus sévère, si on se tourne vers
Gibraltar, que ce roc formidable où flotte le drapeau
anglais, et dont les flancs, troués de noires embrasures,
semblent prêts à vomir des bombes. C'est le contraste
de la nature méridionale voluptueuse et souriante, avec
le génie dur et violent de la politique et de la guerre.

CHAPITRE VII

U mois d'août 1704, les escadres de l'Angleterre et de la Hollande, liguées pour soutenir les prétentions au trône d'Espagne de l'archiduc Charles, contre le petit-fils de Louis XIV, Philippe V, assiégeaient Gibraltar. Sir Georges Rook, qui les commandait, avait déjà lancé vainement quinze mille bombes contre la redoutable forteresse, lorsque

quelques matelots ivres se jettent dans une chaloupe,
escaladent le môle avec une témérité folle, s'y re-
tranchent, et d'un vieux gilet rouge élevé au bout
d'une perche, se font un drapeau pour avertir leurs
compatriotes et les appeler à leur secours. C'est ainsi
que l'Angleterre entra à Gibraltar, au nom et comme
alliée d'un prétendant. Mais, à Utrecht, elle eut soin
de faire légitimer sa conquête; et, si Charles d'Autriche ne fut pas roi à Madrid, elle eut du moins
cette consolation de rester maîtresse de la plus forte
citadelle de l'Espagne et de la clef de la Méditerranée.
Cette position n'a pas eu seulement pour elle une grande
importance politique et militaire; elle a servi efficace-
ment ses intérêts mercantiles : Gibraltar a été de tout
temps le foyer le plus actif de la contrebande anglaise,
et comme l'entrepôt public de ces marchandises qu'elle
introduisait ensuite par tous les points de la côte, et
dont elle a inondé la Péninsule.

Ni de loin ni de près, la ville de Gibraltar n'est sédui-
sante aux yeux. Le port est franc; mais on n'entre
qu'avec un permis de police. Quand on a franchi la
double enceinte, fossés, pont-levis et poternes, on se
trouve sur une place entourée de casernes : casernes à
droite, casernes à gauche, hautes de quatre, cinq, six
étages. On ne voit que des soldats; la moitié de la population, je pense, est militaire : l'Angleterre a toujours
ici cinq à six mille hommes, sans compter les fonctionnaires sédentaires. La ville est sans caractère; ce n'est
ni une ville anglaise, ni une ville espagnole : c'est tout
simplement un camp et un marché. On y parle toutes

les langues ; on y voit les costumes de l'Europe et de l'Afrique. Le fond espagnol de la population est étrangement mêlé. Les Juifs, attirés par la tolérance anglaise, y sont nombreux : ils y ont une synagogue. On en voit de vieux qui portent, comme en Orient, la robe noire et le bonnet pointu. On voit aussi des Algériens, des marchands du Maroc, nu-jambes, en pantoufles, enveloppés de leurs grands burnous blancs, coiffés du turban ou du tarbouche.

Nous sommes logés à Club-House, sur la principale place. On s'aperçoit tout de suite qu'on n'est plus en Espagne. Le pittoresque est absent : point de patio à colonnettes élégantes, point de fontaine de marbre avec des orangers et des fleurs alentour. Mais, en revanche, la propreté et le confort anglais, des installations commodes, de bons lits, de bons siéges, un service exact et empressé, une table excellente. Oserai-je l'avouer? je ne me trouve pas indifférent à ces prosaïques douceurs. Après un mois de voyage en Espagne, elles nous sont devenues une nouveauté qui n'est pas sans quelque charme. Je commence à être las de la soupe au safran, des fritures à l'huile plus ou moins rance, et des pâtisseries à la cannelle. Il ne me déplait pas, après m'être rassasié pendant quelques semaines d'originalité et de couleur locale, de retrouver sur ce petit coin de terre cette vieille civilisation qu'on dit corrompue, mais qui, décidément, a quelquefois du bon. J'avoue même que je suis charmé de me trouver à table non plus avec des Espagnols, mais avec des Anglais. Les Anglais ne sont pas toujours aimables, ils sont souvent roides et gour-

més ; et pourtant la vérité m'oblige à dire que tous ceux
que j'ai rencontrés en voyage étaient des hommes distingués, et que j'ai toujours eu avec eux des relations
très-agréables. Du moins sont-ils généralement bien
élevés et polis avec les femmes ; or c'est là une qualité
trop rare chez les Espagnols. Ainsi, à Club-House, c'est
pour nous une surprise de ne plus voir les hommes
garder à table leur chapeau sur la tête, et allumer leur
cigare au dessert.

Devant les fenêtres de notre hôtel est un des principaux postes militaires de la ville. Il est occupé par un
détachement de highlanders : ce sont des hommes superbes et qui ont la tournure la plus martiale, avec leur
costume si pittoresque, les jambes nues, le plaid rayé,
la cartouchière en peau de chèvre sur le ventre, et le
grand bonnet à poil. On ne saurait voir de plus belles
troupes, et je ne me lasse pas de les admirer quand ils
viennent, la cornemuse en tête, relever le poste soir et
matin. Ce qui est aussi original, mais plus drôle, c'est
la retraite, battue tous les jours par les tambours de la
garnison, et qui part aussi de ce poste central. Je n'ai
jamais ouï pareille cacophonie : au-dessus du ronfle-
ment monotome du tambour, il y a un fifre qui fait
rage ; le tout sur un rhythme qui rappelle celui sur lequel nos bateleurs font danser les ours ou les chiens
savants. Ajoutez à cela, de temps en temps, les éclats
discordants de trompettes fausses à déchirer les oreilles.
C'est une vraie musique de nègres.

Mais si les Anglais ne sont pas musiciens, ils s'en-
tendent admirablement à faire pousser les arbres. Au

bout de la ville, du côté de la pointe d'Europe, dans un
endroit où la pente de la montagne adoucie offrait des
accidents de terrain, ils ont créé au bord de la mer un

jardin qui est une véritable merveille. La flore méridionale et africaine s'y déploie dans tout son luxe et
son éclat. Sur les parties les plus déclives, sur les flancs
rocailleux de la montagne, c'est une forêt de cactus,
d'aloès, de cistes, de genêts odorants. Des haies de
rosiers et de géraniums en fleur bordent les allées

sinueuses, ombragées de mimosas gigantesques, de poi-
vriers, d'arbousiers et de pins en ombelle. A travers
les épais massifs de verdure on aperçoit le port et la
nappe moirée des eaux de la baie, et tout au fond ses
collines bleuâtres : ce site est ravissant. Généralement,
ce qui manque aux paysages des bords de la mer, même
à ceux de la Méditerranée, c'est la verdure, ce sont les
beaux arbres. Ici, tout est réuni; et la fraîcheur d'une
admirable végétation fait avec ce ciel pur, avec cette
mer bleue comme la mer de Naples, un ensemble d'un
charme incomparable.

Le soir, la belle société de Gibraltar s'y réunit; les
musiques des régiments anglais y jouent des airs d'o-
péra. On peut ne pas admirer beaucoup deux monuments élevés, au milieu du jardin, l'un à un gouverneur de Gibraltar dont j'ai oublié le nom, l'autre à lord
Wellington, qu'une longue inscription latine met tout
simplement au rang des plus grands héros de l'histoire
et des bienfaiteurs du genre humain. Mais il faut rendre
justice à tout le monde : si Gibraltar n'était pas aux
Anglais, il est bien certain qu'à la place de ce délicieux
jardin il n'y aurait qu'une grève aride, hérissée de
roches et couverte de bruyères.

Le lendemain de notre arrivée, nous avons visité la
forteresse. Il y a une vingtaine d'années, on n'y pouvait
entrer qu'avec une permission, qui ne s'accordait pas
sans difficulté. Aujourd'hui, tout le monde y est admis :
c'est l'affaire de quelques réaux pour le sous-officier qui
vous accompagne.

La montagne, du côté de l'est qui regarde la Méditerranée, est coupée à pic et à peu près inaccessible. A l'ouest, au contraire, du côté qui domine la ville et la baie, elle offre une pente praticable, quoique rapide. Un chemin en lacet, fort bien entretenu, conduit jusqu'au

sommet : on y va à cheval ou à âne. C'est de ce côté naturellement qu'ont été exécutés les grands travaux de fortification. Ce qu'on a entassé là de moyens de défense est prodigieux. Au niveau de la mer, il y a des batteries rasantes qui se croisent en tous sens. Puis, à

mesure que vous montez, vous trouvez des étages superposés de batteries nouvelles. Sur chaque pointe de
rocher, dans chaque pli de terrain, les canons, les obu-
siers s'alignent, s'accumulent. Partout des caisses de
gargousses, des piles de boulets, des pyramides de
bombes. La montagne en est comme pavée et hérissée.
Là où il était impossible d'élever des batteries extérieures, là où le rocher se dresse comme une muraille,
c'est-à-dire vers le fond de la baie, et du côté de la
frontière espagnole, on a creusé dans le roc vif des
galeries souterraines. Ces galeries, longues de plusieurs kilomètres, sont, de dix pas en dix pas, percées
de larges embrasures par où les monstrueux canons
allongent leur mufle noir. C'est un travail gigantesque.
Il a été exécuté de 1786 à 1789, à la suite de cette tentative infructueuse que les flottes de la France et de l'Espagne firent pour reprendre Gibraltar aux Anglais.
Mais, si l'on en croit les hommes du métier, ces travaux sont plus étonnants que redoutables : les feux
plongeants, surtout d'une telle hauteur, n'ont pas
grande efficacité ; d'ailleurs il paraît que dans les galeries souterraines l'aération est impossible, et que les
canonniers y seraient promptement aveuglés et étouffés
par la fumée.

Gibraltar est toujours une position redoutable et un
point d'appui précieux pour les flottes de l'Angleterre ;
mais il n'a plus aujourd'hui la même importance qu'autrefois. Les conditions de la guerre maritime sont chan-
gées : on ne barre plus un passage, même aussi étroit
que celui-ci, à des navires à vapeur, et surtout à des

Vue de Gibraltar.

frégates cuirassées. En outre, le percement de l'isthme de Suez va ouvrir, à toutes les nations européennes qui ont des ports sur la Méditerranée, la route directe de l'Inde, et diminuer d'autant l'importance de la position qui commande le détroit.

Le rocher a de seize à dix-sept cents pieds d'élévation. Du sommet, on a un panorama unique : par un temps clair, la vue s'étend, dit-on, jusqu'à quarante lieues, et on peut voir les navires sortir du port de Cadix. Malheureusement nous tombons sur un mauvais jour ; le temps, brumeux le matin, a achevé de se gâter pendant que nous montions. Quand nous arrivons à la maison du Signal, un brouillard épais couvre la mer. Bientôt de gros nuages poussés par le vent d'ouest nous enveloppent ; ils roulent et se brisent autour du rocher, comme des vagues sur un écueil. La terre même disparaît à nos yeux. Le brouillard se change en pluie, et après une heure de vaine attente il nous faut, non sans regret, reprendre le chemin de Gibraltar.

C'était le commencement de nos mésaventures ; elles devaient continuer le lendemain. Notre projet était de nous rendre par terre à Malaga. Il n'y a pas de route praticable pour les voitures : il faut aller, à dos de mulet, par la montagne de Ronda. C'est un voyage de quelques jours, qui, dans la belle saison, se fait sans grande fatigue. Ronda, vieille ville mauresque, est bâtie dans une situation pittoresque, au milieu de montagnes que les Arabes ont su fertiliser par d'admirables travaux d'irrigation, dont on voit encore les restes assez bien conservés. On dit que la route offre de beaux aspects ;

elle traverse des champs remplis d'arbres fruitiers et de
vignes en feston, des forêts d'orangers, de figuiers et de
grenadiers. Cette petite excursion nous souriait; mais
elle ne peut se faire que par le beau temps; les étapes
sont longues, les gîtes mauvais, et un torrent débordé

peut vous exposer à coucher à la belle étoile dans la
montagne.

Le soir, le temps parut se remettre : le baromètre
remontait. Nous traitâmes avec un *arriero*. Le lendemain, de bonne heure, les chevaux et les mulets étaient
à notre porte. A en croire le guide, le temps était superbe; il y avait bien un peu de brume sur la mer, mais
le soleil n'allait pas tarder à prendre le dessus. Nous
déjeunons lestement pendant qu'on charge les animaux,

et nous voilà en selle. Mais nous n'étions pas encore sortis de la ville, que l'horizon avait déjà pris un aspect menaçant. Les montagnes vers lesquelles nous nous dirigions avaient mis leurs capuchons de nuages. Bientôt une petite pluie fine commence à tomber. Nous tenons bon, espérant qu'elle ne durera pas; mais d'instant en instant la pluie redouble. Se lancer dans la montagne par un temps pareil serait folie. Je donne le signal de la retraite, au

grand désespoir de la partie la plus jeune et la plus
aventureuse de la caravane, et nous rentrons à Gibraltar l'oreille basse, maudissant la mauvaise fortune,
déjà trempés, et l'eau, comme dit Panurge, commençant à entrer dans nos souliers par le col de notre
chemise.

L'expédition de Ronda manquée, il ne nous restait
que la voie de mer. Un bateau à vapeur partait le lendemain soir d'Algésiras; nous y retînmes nos places.
Toute la journée fut pluvieuse; mais le lendemain, le
ciel s'étant éclairci, nous voulûmes du moins, avant
notre départ, remonter au rocher pour y jouir de la vue
que le brouillard nous avait dérobée la première fois.
Cette fois, nous fîmes le tour par la pointe d'Europe, et
nous suivîmes, en revenant vers le nord, la crête de la
montagne. Ses pentes du côté de l'ouest sont couvertes
en ce moment d'une végétation basse, mais touffue; ce
sont des palmiers nains, des genêts d'Espagne, des la-
vandes, des menthes : les fleurs des cistes roses, des
pervenches, des asphodèles égaient çà et là les aspé-
rités du rocher. Arrivés au sommet, nous eûmes la
satisfaction d'avoir un ciel clair pour admirer ce bel
horizon.

On est ici à la limite du vieux monde, au point de
partage des deux mers, aux confins de deux continents.
A vos pieds est la pointe d'Europe, langue de terre
étroite et basse qui s'avance dans la mer, couverte de
bastions et de casemates entremêlés de villas et de
jardins; vers l'ouest, la ligne ondulée du détroit aux
eaux d'un bleu profond, et, par-dessus la côte rocheuse

de Tarifa, l'océan Atlantique, dont la courbure infinie
va se perdre dans les vapeurs du couchant; à l'est,
battant le pied même du rocher, la Méditerranée, d'un
bleu plus pâle et dont la surface est comme rayée de
larges bandes d'argent; en face, la côte d'Afrique, aux
arêtes vives et âpres; Ceuta, dont on aperçoit au fond
d'une vaste baie les maisons blanches et les fortifications
en ruine; et ce mont Abyla des anciens, la seconde des
colonnes d'Hercule, dont il semble, en effet, que le
rocher de Gibraltar ait été violemment arraché, pour
être planté par un demi-dieu, comme une borne gigantesque, aux extrémités de l'univers. Si vous ramenez
vos regards plus près de vous, sur la droite, vous avez
la baie aux contours arrondis et gracieux. Gibraltar,
d'un côté, avec son port plein de vaisseaux; de l'autre,
la petite ville d'Algésiras, assise au penchant de ses
collines, et baignant ses pieds dans l'eau; au fond, sur
une éminence, le village de San-Roque, le premier
qu'on rencontre en entrant en Espagne; plus près
encore et en arrière, le mince sillon de sable, large
de quelques centaines de mètres, qui réunit Gibraltar
au continent. Une ligne de tours marque la frontière
entre la terre espagnole et la terre anglaise, et l'on distingue sur celle-ci les tentes d'un petit camp toujours
occupé par quelques régiments. Enfin, comme fond de
tableau, au delà de San-Roque, les montagnes vertes
de Ronda, et, s'étageant encore au-dessus d'elles, les
montagnes roses de la Sierra-Bermeja et les cimes
neigeuses des Alpuxarras. Il est difficile d'imaginer
un spectacle plus grandiose.

Le soir, nous traversâmes la baie dans une barque. Le vent était encore un peu frais, et la mer un peu émue; mais, au coucher du soleil, la brise tomba, et la mer acheva de se calmer. Nous partons à huit heures. La nuit est douce et pure, et les étoiles brillent de cette clarté limpide que ne connaissent point nos cieux toujours un peu voilés de vapeurs. La ville de Gibraltar, toute noire au pied de sa montagne noire, se dessine qui va, jusqu'à la mer par une longue ligne de feux au-dessus de la pointe d'Europe, se relier au phare. Nous restons sur le pont jusqu'à minuit, pour jouir de cette belle soirée. L'air est tiède, la mer brille de lueurs phosphorescentes, et le sillage écumant de l'hélice laisse derrière nous comme une traînée d'étincelles bleuâtres qui se jouent à travers les vagues.

Le lendemain 9 avril, nous étions devant Malaga avant le jour; mais il faut attendre le lever du soleil pour qu'on nous permette de descendre à terre. Descendus à terre, il faut attendre qu'il plaise à la douane de nous laisser passer. Comme il est matin, les employés ne sont pas encore à leur bureau. Personne ne se presse en Espagne : le jour est long, et ce qu'on ne fait pas aujourd'hui, on le fera demain. On daigne enfin, après une heure d'attente, s'occuper de nous, et l'on fouille nos malles jusqu'au dernier fond. Toute cette sévérité est de pure démonstration, et il ne tiendrait qu'à nous de nous en affranchir : nous savons bien qu'avec quelques piécètes on adoucirait ces cerbères. Mais comme cette opération se renouvelle tantôt sous le nom de douane, tantôt sous le nom d'octroi à l'entrée de toutes les villes d'Es-

Vue de Malaga.

pagne; que cette exploitation systématique et effrontée
nous répugne, et que d'ailleurs nous sommes purs de
toute contrebande, nous avons pris une fois pour toutes
le parti de laisser faire messieurs les douaniers, et d'assister à leurs investigations scrupuleuses, les mains
dans les poches, avec un calme et une impassibilité
superbes.

Malaga, vu du port, a un aspect assez morne.
La ville, assise à l'entrée d'une étroite vallée, est res-
serrée entre la mer et les montagnes. On distingue sur
le rocher qui la domine de vieilles fortifications à demi
ruinées, qui sont en partie de construction arabe. Au
milieu des maisons, uniformément grises et jaunes, un
seul monument attire le regard : c'est la cathédrale,
bâtie en belle pierre rouge, mais d'un style moderne
des plus médiocres. Les montagnes qui bordent la mer,
et vont s'étageant les unes au-dessus des autres en
arrière de la ville, semblent, à la distance où nous
sommes, à peu près dénuées de végétation. Elles sont
cependant couvertes de vignes jusqu'au sommet : mais
le pampre n'est pas encore poussé, et leurs flancs nus
paraissent brûlés par le soleil.

L'intérieur de la ville n'est pas beaucoup plus séduisant. Les rues sont sales, mal pavées. Le seul quartier
un peu gai est l'Alameda, sorte de cours planté de beaux
arbres et bordé de grandes maisons bourgeoises : il est
décoré à l'une de ses extrémités d'une fontaine monumentale à plusieurs vasques superposées, ornées de
statues de la renaissance d'un style un peu contourné,

et dont le caractère peu décent n'a pas la naïveté pour excuse, comme dans certaines fontaines du moyen âge.

La ville est populeuse et riche. Ses vins et ses raisins secs sont l'objet d'un immense commerce, surtout avec

les États-Unis et l'Allemagne du Nord. Le pays qui s'étend de Malaga à Cordoue est un des plus fertiles de l'Espagne : il produit en abondance le blé, les oranges, les figues, les olives. Sur toute la côte, la culture de la canne à sucre, introduite primitivement par les Arabes, abandonnée après la découverte de l'Amérique, a repris

depuis quelques années un certain développement, et
pourrait en recevoir un bien plus grand. Mais la véritable richesse du pays est la vigne. L'abondance de ses
produits est telle, que, malgré le prix élevé de la terre,
malgré la cherté de la main-d'œuvre, elle paie en deux
ou trois récoltes le prix de l'achat et les frais de planta-
tion et de culture. Ce qui tarit cette source de prospérité,
c'est la rareté de l'argent : l'agriculteur emprunte à
vingt-cinq, trente et quarante pour cent; et l'usure le
ruine.

Une cause plus profonde qui s'oppose dans le pays à
toute espèce de progrès, c'est le caractère indolent et
imprévoyant de ce peuple. Il a peu de besoins, et ces
besoins il les satisfait à peu de frais. Un Andalou vit de
peu : une laitue ou une orange fait son dîner, avec un
verre d'eau; s'il peut y ajouter une cigarette, le voilà le
plus heureux du monde; et le reste du jour, sans se
préoccuper du lendemain, il ira se coucher au soleil :
tomar el sol, prendre le soleil, c'est le mot du pays. La
nécessité seule, la nécessité actuelle et urgente, peut le
contraindre à travailler; et aussitôt que le travail lui a
fourni de quoi subvenir aux besoins de l'heure présente, il retourne à son plaisir ou à son repos. Rien ne
peut le retenir. Si vous réprimandez vos domestiques,
ils s'en vont. Ceux qui se sont loués au commencement
de l'hiver, le printemps venu, vous quittent. Pourquoi?
Pour ne rien faire, pour se reposer et se promener à
l'aise. Ils sont las de travailler, voilà tout. Il y a, me dit-
on, à Malaga, dix à quinze mille individus sans profession, sans domicile, vagabonds, mendiants et voleurs,

vivant dans la rue au hasard de la journée, n'ayant
souvent pour ressource que les figues de Barbarie qu'ils
cueillent dans les champs autour de la ville. Le fait est
que je n'ai vu nulle part autant de mendiants, porte-
faix, commissionnaires, lazzaroni à mine patibulaire.
L'Espagne est le pays de la mendicité; mais je crois
que Malaga est la ville d'Espagne où la mendicité fleurit
et s'étale avec le plus de luxe.

Ce que je viens de dire de l'indolence des Andalous
n'est pas vrai seulement du peuple : le même caractère
se retrouve dans toutes les classes de la société. M. de
Custine raconte que son médecin de Grenade ne se levait jamais la nuit, et ne permettait pas qu'on le dé-
rangeât pendant sa sieste, son malade fût-il à l'extrémité.

Cette indolence s'allie d'ailleurs chez les Espagnols à
des passions fougueuses. Les mœurs sont à la fois licen-
cieuses et violentes. Ils en viennent aisément aux coups
de couteau ou aux coups de fusil. On me dit qu'il n'y a
pas d'années où plusieurs hommes ne soient tués, à
Malaga, en pleine rue, en plein jour. Les gens qui se
trouvent là laissent faire; personne ne s'étonne ni ne
s'indigne : ce sont affaires particulières qui se règlent
entre intéressés. Surtout personne ne s'avise d'arrêter
le meurtrier, de prêter main-forte à la police; c'est
d'ordinaire un si brave homme! La plupart du temps
il échappe. Ses protecteurs, ses parrains, comme on
dit en Espagne (*padrinos*), s'entremettent, et, soit par
argent, soit par influence, arrangent l'affaire. Au pis
aller, le coupable en est quitte pour quelques années,

quelques mois de prison ; et, rentré chez lui, il jouit de la même considération que devant.

Ce n'est pas la faute des lois. Il y a de bonnes lois ; mais elles ne sont pas appliquées. L'arbitraire et la

vénalité sont partout. Nul contrôle, nulle garantie : il dépend du magistrat de poursuivre, ou de ne poursuivre pas. Avec le meilleur droit du monde, vous n'êtes jamais sûr d'obtenir justice, ni de faire rendre gorge à un voleur. — Le caissier d'une maison de commerce française de Malaga avait détourné trente mille francs au préjudice de son patron. Il était arrêté; mais la procédure n'avançait point. Au bout de quelques mois, le magistrat fait savoir au plaignant que l'accusé lui offre dix mille francs à titre de transaction, moyennant quoi la plainte serait retirée; et le magistrat ajoute qu'il aurait bien tort de ne pas accepter cette proposition, qu'autrement il court risque de tout perdre. L'avocat du négociant volé lui donne le même conseil : il était clair que l'affaire n'aboutirait point. On transigea, et l'honnête caissier fut rendu à sa famille éplorée.

Je tiens cette histoire de celui même à qui elle est arrivée, M. S***, administrateur en chef d'une grande entreprise de chemins de fer : homme charmant à qui j'ai été recommandé, et qui m'a fait l'accueil le plus gracieux. Il m'en a conté bien d'autres. Rien ne se fait en ce pays qu'avec de l'argent, rien ne s'obtient qu'avec de l'argent. La corruption règne du haut en bas de la société; plus encore en haut qu'en bas. La concussion est passée dans les mœurs. Non-seulement la concussion, mais le vol. Il y a quelque temps un navire français fit naufrage sur la côte, du côté de Marbella. Les douaniers de Sa Majesté Catholique aidèrent charitablement les matelots à se sauver; mais quand ils les eurent sauvés, ils les dépouillèrent et pillèrent la cargaison. Après cela, ces gens-là ont une excuse : le gouvernement les paie si peu et si mal!

Je demande comment il se fait que dans une grande ville, et riche, comme Malaga, les rues soient si sales, si mal entretenues. On m'explique que les frais d'entretien sont répartis entre les divers conseillers municipaux, que chacun d'eux est chargé dans son quartier du soin de la voirie, et que messieurs les conseillers trouvent plus simple de mettre une partie de l'argent dans leur poche.

Le gouvernement est volé comme la ville; il le sait comme la ville, et s'y résigne. C'est un mal universel.

Tout le monde en étant atteint plus ou moins, il semble à tout le monde que c'est l'état de choses normal. Ainsi, la douane de Malaga perçoit des droits considérables; mais il est de notoriété publique que la moitié à peine des revenus entre dans les caisses de l'État. Il existe entre les grandes maisons de commerce et les employés des arrangements secrets. Et ceci n'est pas particulier à Malaga : les choses se passent partout de même. — Il y a quelques années un honnête homme fut, on ne sait par quel hasard, nommé directeur de la douane à Malaga. Son premier soin fut de couper court à ces scandales. Aussitôt grand émoi dans le commerce de Malaga. On détourna d'abord les arrivages vers les ports voisins. Mais bientôt la situation parut intolérable : Malaga était ruiné ; Malaga était victime d'une inégalité criante, inique, les autres ports continuant à jouir des anciennes facilités. On se plaignit, on réclama, les députés de la province intervinrent, et l'administrateur trop intègre fut envoyé en disgrâce dans un poste secondaire à l'intérieur.

Quelquefois la politique s'en mêle, et alors la chose prend de plus belles proportions. Il n'y a pas longtemps, quelques grandes maisons de Malaga avaient dans le port, en déchargement, des cargaisons importantes. Les élections de la province allaient avoir lieu. On fit dire au gouverneur que ses candidats seraient appuyés s'il se montrait bon prince. Marché conclu. Restait à trouver un biais. Tout à coup le bruit se répand qu'un *pronunciamiento* vient d'éclater à Grenade : toutes les troupes, y compris les douaniers, y sont envoyées en hâte. Rien n'avait bougé à Grenade ; mais quand les troupes revinrent, les navires étaient déchargés, et, comme on dit vulgairement, le tour était fait.

Malgré l'aimable accueil de M. S***, qui a mis sa voiture à notre disposition pour visiter la ville, Malaga nous charme peu. Il n'y a rien à y voir, et nous avons hâte de partir pour Grenade. Mais il est impossible d'avoir des places à la diligence avant trois jours. Pour occuper le temps, nous parcourons les environs de la ville ; ils sont nus et tristes. La vallée même qui s'étend

à l'ouest, bien qu'arrosée par une petite rivière, est sans arbres. Cette rivière, qui passe au bout de l'Alameda et traverse les faubourgs, n'est en ce moment qu'un gros ruisseau aux eaux troubles. Le marché aux fruits et aux légumes se tient dans le lit desséché du torrent.

De l'autre côté de la ville, la route suit le bord de la mer; mais le paysage n'est pas plus gai : on a à gauche des collines pelées; à droite, des usines, de pauvres habitations et des jardins où la main de l'homme laisse tout faire à la nature. La plupart de ces maisonnettes sont des cabarets, où, le dimanche, les ouvriers du port viennent chanter, fumer et manger de la friture sous des tonnelles de pampre.

Tout près de là est le cimetière des Anglais. Entrez-y : il n'y a rien de plus joli à Malaga. C'est grand comme la main; mais c'est propre, soigné, plein d'ombre et de parfums. Les tombes disparaissent presque sous les fleurs : des allées sablées, des gazons verts, des bordures de géraniums et de rosiers, des massifs d'arbres rares, font de ce lieu comme une charmante oasis au milieu de l'aridité et de la malpropreté de tout ce qui l'entoure.

Autrefois les Anglais étaient nombreux à Malaga. Attirés par la beauté du climat, ils avaient essayé de s'y faire une station d'hivernage, comme ils ont fait à Nice et dans tant d'autres villes de la Méditerranée. Ils apportaient beaucoup d'argent dans le pays; mais ils n'y trouvèrent en échange que malveillance, hostilité sourde. Ils finirent par se lasser de ce mauvais accueil, et désertèrent Malaga. Mais en partant ils n'ont point abandonné leurs morts : ils font entretenir avec un soin pieux et persévérant les tombes de ceux qu'ils ont laissés sur cette terre peu hospitalière.

Si on aime les contrastes, on n'a qu'à aller de là au cimetière espagnol. C'est un vaste champ, entouré de murs, planté seulement de quelques cyprès et de quelques saules. Ce terrain est occupé par les tombeaux des familles riches, par des monuments funéraires plus ou moins fastueux, et généralement d'assez mauvais goût. La muraille d'enceinte est haute, et épaisse de sept à huit pieds. Dans son épaisseur sont ménagées plusieurs rangées de cases étroites et longues, disposées pour recevoir chacune une bière. C'est là que loge la foule des morts. Quand une bière a été mise dans sa case, on ferme l'entrée avec une pierre qu'on scelle. Les plus riches occupent les rangs inférieurs, les pauvres habitent les étages les plus élevés.

L'aspect de cette espèce de *columbarium* est triste et lugubre. Cela n'éveille que des idées repoussantes. Il y avait autrefois à l'Escurial un caveau provisoire où l'on déposait les corps des rois avant de les mettre dans leur tombeau définitif : on appelait ce caveau le *pourrissoir*. Ce cimetière dans un mur m'a fait l'effet d'un gigantesque pourrissoir. Il paraît que l'été, à l'époque des grandes chaleurs, il se dégage de ces tombes mal scellées d'affreuses et pestilentielles émanations.

Enfin, après trois longs jours d'attente, nous quittons Malaga le 12 avril au matin. Il faut une journée tout entière pour aller à Grenade ; les voitures sont mauvaises, la route difficile et fatigante : mais que ne braverait-on pas pour voir Grenade ?

En quittant Malaga on monte continuellement pendant près de quatre heures. La route escalade, en décrivant d'interminables zigzags, le massif montagneux qui entoure la ville au nord, et forme comme une haute muraille dont les assises sont en retraite l'une sur l'autre. Dans les circuits que fait la route serpentant

autour des sommets et revenant incessamment sur elle-
même, la ville de Malaga se montre, à chaque détour,
au fond de la vallée. Cette vue est fort belle. Il était six
heures du matin : le soleil se levait; la mer était d'un
blanc laiteux; les montagnes du côté de Marbella
avaient cette jolie teinte rose de la fleur du pêcher;
sur leurs flancs s'allongeaient de grandes traînées de

vapeurs blanches, pareilles à des écharpes de gaze dé-
nouées et flottantes.

Ces montagnes, arrondies et couvertes de terre vé-
gétale, sont cultivées en céréales et en vignes; peu
d'arbres; à peine çà et là quelques plants d'oliviers,
quelques figuiers épars. Au bord de la route, d'é-
normes aloès dressent leur hampe fleurie. La terre a,
par endroits, des tons d'ocre rouge, et les pentes rapides semblent comme ravinées et déchirées par des
torrents.

A mesure qu'on monte, le paysage devient plus
morne. Bientôt nous atteignons les derniers sommets :

aux mamelons succèdent des crêtes rocheuses, abruptes,
taillées en pics et découpées en dents de scie. Les
étroites vallées qui les séparent sont semées de débris
de rocs d'un gris clair, tachetés de mousses blanches.
Sur la route sablonneuse et blanche, sur les pierres
blanches qui couvrent le sol, le soleil de midi verse
une lumière aveuglante. Rien de plus nu, de plus sauvage et de plus triste que cette contrée; elle a été longtemps hantée par les voleurs. Aujourd'hui on n'y court
d'autre risque que de se rompre les os si la diligence
verse. La route côtoie sans cesse des précipices; elle
est étroite, mal entretenue, et de temps en temps, à
certains passages ravinés par les eaux, nous éprou-
vons d'effroyables cahots. Notre diligence est une
vieille machine à demi usée qu'en tout autre pays on
mettrait au rebut : je me suis aperçu au relais que les
ressorts ont été rattachés avec des cordes et un morceau de bois. Le mayoral prétend qu'ils sont plus solides qu'auparavant.

En approchant de Loja, le paysage change tout d'un
coup. On entre dans une petite vallée, arrosée par une
rivière, pleine de verdure, de prairies, de blés magnifiques : la route est bordée d'arbres fruitiers en fleur et
de peupliers d'Italie au feuillage d'un vert tendre. La
ville, d'une physionomie tout arabe, est située à mi-
côte, dans un pli de la colline, dominant cette riche
vallée.

On s'arrête là pour dîner, dans une posada d'assez
chétive apparence. La maison a un patio, avec une galerie sur les quatre côtés. Dans cette petite cour, une

fontaine jette par deux larges bouches de cuivre, dans des bassins de granit, les eaux les plus belles, les plus fraîches, les plus limpides qui se puissent voir. La ville de Loja est privilégiée pour la beauté et l'abondance de ses eaux : chaque maison a sa fontaine jaillissante. Les sources sortent de terre de tous côtés, inépuisables, et quelques-unes d'une puissance extraordinaire. Il y a là une richesse incalculable, que l'agriculture pourrait utiliser; il y a là des forces naturelles que l'industrie pourrait mettre à profit, et que l'apathie et l'inintelligence espagnoles laissent se dissiper en pure perte.

Nous avons fait un vrai dîner espagnol : un *puchero*, des *garbanzos* et des œufs frits à l'huile. La servante est une grande et belle fille, aux dents blanches, aux yeux veloutés, aux cheveux noirs et soyeux. Il y a chez ce peuple, même dans les classes inférieures, une noblesse naturelle et comme un air de distinction qu'on chercherait vainement chez nous : les paysans de cette province, avec leurs culottes de peau collantes, leurs guêtres, leur veste ronde et leur ceinture violette, ont une tournure, une désinvolture élégante et aisée; les muletiers, drapés dans leurs couvertures grossières, ont des airs de gentilshommes, et jusqu'aux filles d'auberge portent dans le galbe la finesse de la race.

Il était dix heures du soir quand nous arrivâmes à Grenade. Au lieu de nous loger dans la basse ville, nous allons prendre gîte à la *fonda Ortiz*, petit hôtel récemment bâti à la porte même de l'Alhambra, tout au haut des jardins, sur le chemin qui mène au Généralife. En cela nous avons eu une heureuse inspiration, et je conseille à tous ceux qui vont à Grenade de ne pas se loger ailleurs. Après avoir traversé une grande place, on commence à monter une rue rapide. Nous avions un guide, et comme la nuit était noire, un brave *sereno* nous éclairait de sa lanterne. Le guide me dit que cette rue s'appelle la rue de *los Gomelès;* c'est le nom d'une puissante famille du temps de Boabdil : nous sommes déjà en pleine histoire arabe. Nous franchissons une porte monumentale, décorée de colonnes; c'est la porte de Charles-Quint. Nous voici dans les jardins de l'Alhambra. Le cœur me battait, je l'avoue, et je ne sais quelle émotion vague me gagnait malgré moi : il y a des créations poétiques qui sont entrées dans notre imagination, quand nous étions jeunes, à ce point d'en prendre possession et de nous émouvoir à l'égal de la réalité; et lorsque ces fantômes, évoqués tout à coup par les lieux où nous les avons vus en rêve, s'éveillent au fond du souvenir, il vibre en nous comme un écho lointain de notre jeunesse et de ses idéales amours.

Nous suivions une large allée, au-dessus de laquelle une futaie de beaux arbres formait une voûte magnifique. Un bruit d'eaux murmurantes, de cascades, de ruisseaux gazouillant sur les cailloux, sortait de tous côtés du milieu de la verdure. A droite, à travers les arbres, une masse sombre et haute se détache sur le ciel étoilé : ce sont les Tours-Vermeilles. A gauche, cette muraille couronnée encore de créneaux droits,

c'est l'enceinte de l'Alhambra. A quelques pas, au bout
de cette avenue, est la porte du Jugement. Je maudis-
sais la nuit, dont mes yeux essayaient en vain de percer
l'obscurité.

Les fenêtres de la chambre où on nous logea s'ouvraient sur les jardins. La soirée était tiède, l'air calme
et d'une pureté extraordinaire. Les rossignols chan-
taient de tous côtés dans les arbres. Quoique rompu de
fatigue, j'eus peine à m'endormir à une heure du matin.
Le bruissement des fontaines, coulant jusque sous nos

fenêtres, me remplissait l'oreille et me tenait éveillé.
J'écoutais malgré moi, comme si je l'eusse entendue
pour la première fois, la chanson de bulbul, l'amant de
la rose : elle me semblait plus douce, plus harmonieuse
que d'ordinaire ; et si enfin je m'endormis, je crois bien
que je rêvai aux amours de la reine Zaïda et du maure
Aben-Amet.

CHAPITRE VIII

GRENADE — L'ALHAMBRA — LE GÉNÉRALIFE

Ès le lendemain de notre arrivée, comme on le pense bien, nous nous empressâmes d'aller voir l'Alhambra.

Il faut, pour s'y rendre, rentrer dans les jardins, dont on traverse la partie supérieure, bornée par le vieux mur d'enceinte de la forteresse. Ces jardins ne sont autre chose qu'un bois, une futaie d'ormeaux de la plus vigoureuse végétation, formant un dòme d'épaisse verdure à travers lequel filtrent à peine les rayons du soleil. Une fraîcheur délicieuse règne sous ces beaux ombrages. On a tracé en tous sens des allées qui se croisent et gravissent les deux collines dont ce bois couvre les pentes. Des ruisseaux d'une abondance et d'une limpidité extraordinaires courent, avec un bruit charmant, de chaque côté des allées, circulent parmi les arbres dont ils baignent les racines, et pleuvent çà et là en cascatelles du milieu des roches moussues et des grandes herbes.

La porte principale de l'Alhambra s'ouvre dans une large tour carrée et d'un aspect imposant. On l'appelle la *porte du Jugement;* ce nom lui vient de ce que les rois de Grenade, selon un ancien usage oriental, venaient quelquefois s'y asseoir pour y rendre la justice. Au-dessus du bel arc arabe qui la surmonte, sont sculptées une main et une clef. Ces deux hiéroglyphes ont exercé l'imagination des antiquaires, et donné lieu aux plus bizarres interprétations. Comme d'ordinaire, la plus simple est la seule vraie. La clef était chez les musulmans l'emblème de l'intelligence ou de la sagesse, « qui est, dit le Koran, la clef au moyen de laquelle Dieu ouvre le cœur des croyants. » La main était le symbole des cinq principaux commandements de l'Islam, et en même temps une sorte d'amulette qu'on portait pour se préserver du mauvais œil. Un édit de Charles-Quint de 1525 défendit aux femmes maures de porter au cou de petites mains d'or ou d'argent.

Sous la voûte, les Espagnols, après la prise de Grenade, ont creusé une niche où a été placée, au-dessus d'une espèce d'autel, une madone qu'on appelle Notre-

Dame de l'Alhambra. Malheureusement, niche, autel et madone sont d'un bien mauvais goût, et font un singulier contraste à côté des jolies arabesques et des mosaïques en faïence qui ornent le montant et le bandeau de la porte intérieure.

Un chemin étroit et resserré entre deux murailles conduit de là sur une vaste esplanade, qui s'appelle la place des Citernes (*plaza de los Algibes*). Arrivé là, vous cherchez du regard les restes du palais des rois maures. Vos yeux ne rencontrent qu'une énorme construction à demi ruinée, de style gréco-romain, formant un immense parallélogramme de plus de deux cents pieds de côté : c'est un palais que fit bâtir Charles-Quint, et qui n'a jamais été achevé.

Ferdinand et Isabelle, à la place de la grande mosquée de l'Alhambra, qu'ils firent raser, avaient fait construire une église sans caractère. Charles-Quint voulut faire plus. Le grand empereur avait de petites vanités : il semble qu'il fût jaloux même du passé, et qu'il voulût en effacer les gloires pour faire place à la sienne. Sa devise hautaine, *Plus ultrà,* s'étale partout, remplaçant les devises anciennes. Ici, dans Grenade nouvellement reconquise, il voulut élever, au milieu de la citadelle, un palais qui écrasât de sa grandeur et de sa magnificence les chétifs palais des rois maures. Il fit donc raser une partie considérable de ces merveilleux monuments, le palais d'hiver, le harem, les appartements des gardes; et sur leur emplacement fit construire le vaste édifice qu'on y voit encore aujourd'hui. La matière est admirable : c'est une belle pierre rose, sur laquelle le soleil a posé des teintes dorées qui charment l'œil. Certaines parties ne sont pas sans mérite, bien que le style soit lourd et bâtard. Mais on en veut à celui dont le caprice a détruit tant de choses charmantes pour mettre à la place cette chose médiocre; et on passe impatient, sans daigner y jeter plus d'un regard.

Derrière cette ruine orgueilleuse et déplaisante, on entre, par une porte basse et un couloir obscur, dans ce qui reste des palais arabes. La cour des Myrtes est devant vous : d'un seul pas vous avez franchi les siècles et les espaces. Vous êtes dans un autre monde; vous avez passé d'Europe en Asie; sous vos yeux sont les œuvres les plus ravissantes de l'art arabe.

Je n'essaierai point de décrire l'Alhambra. A mon avis, nulle description ne peut donner idée de ces choses-là. Il faut laisser ici la parole aux peintres et aux dessinateurs. Comment avec des mots exprimer des combinaisons de forme et de couleur qui n'ont rien d'analogue avec ce que nous sommes habitués à voir? Comment rendre sensible à l'esprit ce qui ne parle qu'aux yeux, et semble le produit d'une fantaisie qui échappe à toute loi? Le crayon et la photographie en disent plus que les pages les plus poétiques. J'essaierai seulement de donner une idée générale de ce monument extraordinaire et de dire quelle impression il m'a laissée.

On m'avait menacé de plus d'un désenchantement : je n'en ai éprouvé aucun. J'ai trouvé que l'Alhambra est une merveille, et que rien de ce qu'on en a dit

n'est exagéré. C'est un de ces monuments uniques,
comme le Colisée, le Parthénon, ou les palais de
Karnac, dans lesquels semblent s'être exprimés sous
une forme visible et palpable l'esprit d'une civilisation

tout entière et le génie propre d'un peuple. Quoi
qu'on ait rêvé, l'imagination est dépassée.

Il faut s'entendre, cependant. Si vous vous attendez
à des palais gigantesques, à des colonnades sans fin, à
des salles immenses surmontées de voûtes hardies, —

oui, vous aurez des déceptions. L'art arabe a son caractère propre et ses conditions; ne lui demandez pas ce qui n'est ni dans ses conditions ni dans son caractère.

J'ai connu des voyageurs qui, sur ce nom de la cour des Myrtes, de la cour des Lions, s'attendaient à voir quelque chose comme la cour du Louvre ou celle de Fontainebleau. Pendant que j'étais à Grenade, un jeune Hollandais, arrivé le matin, s'était fait conduire tout de suite à l'Alhambra. A peine entré dans la cour des Myrtes, il s'écrie : « Ce n'est que cela!... » et là-dessus s'en va, et quitte Grenade le jour même, sans vouloir en voir davantage.

Ce Hollandais était un sot. Veuillez songer à une chose bien simple : vous n'êtes pas ici chez Louis XIV; vous êtes chez Boabdil. Vous n'êtes pas en France ou en Allemagne; vous êtes en Andalousie, c'est-à-dire presque en Afrique. Ce que vous avez devant les yeux, ce n'est pas le palais d'un souverain du Nord, destiné aux pompes de nos cours européennes et à leurs fêtes royales; c'est un palais d'Orient, le palais d'un kalife, c'est-à-dire la demeure particulière, les appartements privés du souverain, de ses officiers, de ses femmes. A peine une salle ou deux sont-elles destinées aux réceptions officielles. Le reste est une maison arabe; maison royale, il est vrai, royalement décorée, mais construite et distribuée sur le plan ordinaire des maisons arabes, c'est-à-dire au point de vue des habitudes et des nécessités des climats chauds. Ces cours du palais ne sont point des cours; ce sont des patios, un

peu plus grands que ceux des particuliers, mais conçus
sur le même modèle et disposés dans le même but,
c'est-à-dire au point de vue exclusif de la vie intérieure
et de ses agréments : des colonnades alentour sup-
portant des galeries peu élevées, des fontaines au
milieu, des eaux jaillissantes; ou mieux encore, comme
dans la cour des Myrtes, un vaste bassin de marbre,
bordé d'arbustes verts et de fleurs; les appartements
intérieurs s'ouvrant sur les galeries couvertes, qui les
protégent contre les rayons du soleil en les laissant
jouir de la vue et de la fraîcheur des eaux. C'est
encore là aujourd'hui le système des palais de l'Inde;
et le palais que Mehemet-Ali a fait faire à Choubra,
auprès du Caire, n'est pas construit sur un autre plan.
Placez-vous à ce point de vue, qui est le vrai, et, au
lieu d'avoir des déceptions, vous serez charmé; au
lieu de vous paraître mesquin, l'Alhambra vous paraîtra
ce qu'il est, un miracle de grâce et de fantaisie, le
chef-d'œuvre d'un art qui a porté l'élégance des
formes et le goût de la décoration jusqu'au génie.

La cour des Myrtes, à son extrémité nord, communique par une gracieuse arcade en ogive avec une salle
oblongue, qui communique elle-même par une arcade
semblable avec une salle beaucoup plus vaste, appelée
la *salle des Ambassadeurs*. Au fond de cette dernière,
trois larges fenêtres laissent la vue s'étendre sur les
collines voisines; si bien que de la cour même, à
travers les découpures des arceaux, le regard plonge
dans le bleu du ciel, sur lequel se détachent les fines
dentelures des fenêtres en feuille de trèfle.

La salle des Ambassadeurs est la plus grande du palais : elle forme un carré d'au moins quarante pieds de côté ; le plafond voûté, haut de soixante pieds, est en bois de cèdre, incrusté de nacre. Dans tous les palais du monde cette salle serait, par ses proportions, une salle vraiment royale.

Elle occupe toute l'étendue de la tour de Comarès, une de ces larges tours carrées qui flanquaient l'enceinte continue de la forteresse. Cette tour domine, à plus de deux cents pieds de hauteur, le ravin étroit et profond où mugit le Darro, qui descend comme un torrent des flancs de la Sierra-Nevada. Le fond de ce ravin et ses pentes abruptes sont encombrées d'une végétation vigoureuse, au-dessus de laquelle de gigantesques peupliers d'Italie balancent leurs pyramides touffues. La vue s'étend librement de tous côtés. A l'est, elle est bornée par les hauteurs du Généralife. Au nord, sur la face principale, au delà de la gorge du Darro, l'œil s'arrête sur la colline de l'Albaycin, dont les premières pentes sont hérissées de cactus et toutes trouées par les grottes qu'habitent les gitanos, et dont le sommet est couvert de maisons blanches, de jardins et de couvents. Vers l'ouest, on voit une partie de la ville de Grenade, et au delà, à perte de vue, cette belle plaine qu'on appelle la Vega, entourée de sa ceinture de montagnes bleuâtres.

Cet horizon est charmant, plein de fraîcheur et de grandeur. Si on ramène ses regards autour de soi, on est, au premier abord, comme confondu de la profusion et de la délicatesse des ornements dont sont couverts les

murs de la salle. Jusqu'à la hauteur des frises, jusque
dans l'épaisseur des murailles où sont ouvertes les fenêtres, de quelque côté qu'on se tourne, les parois sont
revêtues d'arabesques en relief, où des dessins géomé-
triques se répètent, s'entremêlent, tantôt symétriques,
et tantôt variés à l'infini; où les fleurs, les ramages se
croisent et s'enlacent; où des inscriptions tirées du
Koran courent en longs bandeaux, ou font encadrement
aux portes et aux arcades.

Du patio des Myrtes, un couloir sombre vous conduit
dans la cour des Lions. C'est incontestablement la plus
belle partie du palais, et, on peut le dire, le chef-
d'œuvre de l'art arabe. Cette cour n'est pas grande;
elle a environ cent pieds de long, sur cinquante de
large. Mais c'est une merveille d'élégance. Un portique
de cent vingt-huit colonnes l'entoure. Aux deux extrémités, deux pavillons carrés se détachent en avant-
corps, portant sur des colonnes accouplées des arcades
à jour d'une incroyable légèreté. Rien ne se peut imaginer de plus délicat, de plus aérien que ces galeries
fouillées et découpées comme à l'emporte-pièce, posant
sur de sveltes colonnes aux chapiteaux élancés. Je ne
crois pas que la grâce soit jamais allée au delà en architecture.

Le temps a mieux respecté que les hommes ces admirables ouvrages. A la place des faïences vernies et
dorées qui les couvraient autrefois, la dédaigneuse incurie des Espagnols a mis une ignoble toiture de tuiles
grossières, dont le poids a fait en quelques endroits
fléchir les arceaux et se déchirer leurs fines dentelles

de pierre. Mais, à part quelques lézardes, le monument est, grâce à la beauté du climat, dans un état de conservation merveilleux. Le marbre et le stuc ont gardé leur blancheur immaculée : tout au plus une teinte de rose pâle ou de jaune doré est-elle venue adoucir leur éclat premier, et les rendre encore plus harmonieux de ton. Quand le soleil commence à s'abaisser, ses rayons, frappant obliquement les colonnes minces et légères, leur donne presque la transparence de l'albâtre. Les jeux de la lumière et de l'ombre parmi leurs groupes élégants, à travers les galeries découpées à jour, ajoutent encore à la magie des formes architecturales. On se sent comme jeté hors du monde réel; on se croirait volontiers dans un de ces palais bâtis par les génies, dont les poëtes arabes nous ont fait les merveilleuses descriptions; et derrière les fenêtres treillagées, il semble toujours qu'on va voir briller les yeux noirs des houris qui les habitaient.

Sur la cour des Lions s'ouvrent diverses salles de médiocre grandeur, la salle des Deux-Sœurs, la salle des Abencérages. C'étaient là visiblement les appartements privés du sultan : ces salles n'étaient que des chambres à coucher, des lieux de repos. Derrière sont les bains des Sultanes, charmant réduit où le jour tombe d'en haut par des ouvertures en forme d'étoiles. Là aussi sont les cabinets appelés pavillons de la Reine. C'est la partie du palais la plus remarquable par la finesse du travail, la profusion et la beauté des ornements. Les yeux se promènent de toutes parts sans pouvoir se fixer sur rien. Ces dessins enlacés et

La cour des Lions.

qui semblent naître sans fin les uns des autres, ces
broderies aux mille caprices et aux mille couleurs qui
couvrent de tous côtés les murailles, les frises, les arceaux, les portes, les fenêtres, en un mot toutes les
parties de l'édifice, même les plus étroites et les plus
élevées, se ressemblent tous, et pourtant ils sont tous
différents : il n'y en a pas deux qui soient absolument
semblables. L'effet général est ravissant; mais les détails vous échappent. On admire l'ensemble; mais si on
veut voir de plus près, analyser, décomposer, c'est
une diversité infinie, c'est une multiplicité de combinaisons et de formes à éblouir les yeux.

Un demi-jour voilé, mystérieux, règne dans toutes
ces salles. Les murs sont épais, les ouvertures rares et
étroites : la lumière, discrètement ménagée, tombe généralement d'en haut. Ajoutez qu'aux fenêtres, ouvertes
aujourd'hui à tous les vents, il y avait autrefois des
treillages ou des tentures qui tamisaient le jour, ou
même, comme quelques érudits l'ont cru, des verres
coloriés [1]. C'est là, on le sait, un des caractères de l'architecture arabe; c'est le cachet d'un peuple originaire
des pays chauds : se défendre des ardeurs du soleil et
des clartés trop vives du jour est sa première préoc-
cupation; trouver sous de triples plafonds et des lambris vernissés l'ombre, le silence, la fraîcheur des
eaux, est une des voluptés qu'il recherche le plus.
De là aussi des appartements relativement petits; les
vastes salles de nos palais y seraient un contre-sens.

[1] Voyez *l'Alhambra*, par J. Goury et Owen Jones.

C'est si bien là une nécessité du climat, que de tout
temps les nations de l'Orient s'y sont conformées,
celles-là même qui ont déployé dans la construction de
leurs temples et de leurs édifices d'apparat le plus de
hardiesse et de grandeur. Ainsi, à Thèbes, parmi les
ruines gigantesques des temples et des palais égyptiens, on reconnaît les appartements privés des rois à
leurs petites proportions, aux plafonds bas et écrasés,
à la rareté et à l'étroitesse des ouvertures.

Le mérite des Arabes a été, ces habitudes étant
données, de déployer dans la décoration intérieure de
leurs palais une richesse d'imagination, une invention,
une fantaisie, une élégance dont personne n'a jamais
approché. Ils étaient cependant soumis par leur loi
religieuse à des conditions bien étroites et bien gênantes : on sait que le Koran, par un excès de précau-
tion contre l'idolâtrie, a défendu la reproduction en
peinture ou en sculpture de tout être vivant, homme
ou animal. Il y a eu là de tout temps, pour l'art arabe,
une cause irrémédiable d'infériorité. Par cette seule loi
il était, il faut le dire, condamné d'avance à une éternelle immobilité; car elle lui interdisait d'atteindre la
région supérieure de l'art, celle où se déploient le
mouvement et la vie, le sentiment et la pensée. L'absence de la figure humaine jette nécessairement dans
ses plus beaux ouvrages de la froideur et de la monotonie. C'est là ce qui a réduit l'art arabe à n'être
qu'un art décoratif. Mais dans ce domaine étroit il a
racheté son vice originel par des prodiges de fécondité,
de délicatesse et de grâce.

La salle des Deux-Sœurs.

Au dire de certains voyageurs, l'architecture arabe
ne mérite pas l'éloge qu'on en a fait; c'est, selon eux,
l'art d'un peuple efféminé, un art sans grandeur et
sans idéal [1]. A mon avis, c'est là une appréciation très-
injuste. Sans doute il ne faut comparer l'architecture
arabe ni à celle des Grecs ni à celle des Romains : elle
n'a ni la perfection de la première, ni la grandeur de
la seconde. Est-ce à dire qu'elle n'ait pas sa beauté
propre? Si le génie arabe n'a pas la grandeur, il a au
suprême degré la grâce et l'élégance : sa fécondité est
merveilleuse dans la combinaison des lignes, son goût
est exquis dans le choix et la disposition des ornements.
Il faut dire plus : à l'imagination qui invente des formes
nouvelles les Arabes ont ajouté le génie mathématique
qui sait les réaliser. Bien avant nous, ils ont créé le style;
ogival et, s'ils en ont tiré des effets moins grandioses,
quelle grâce ne lui ont-ils pas imprimée? Aujourd'hui
encore nos architectes admirent la hardiesse, la solidité, la beauté incomparable des plafonds et des coupoles de l'Alhambra, et comment les artistes qui les
ont construits sont arrivés par des moyens très-simples
à produire de très-grands effets [2].

Que cette architecture parle aux sens plus qu'à l'esprit, qu'elle porte plutôt à la volupté qu'aux pensées
sévères, je ne le nie pas. Mais elle a sa poésie et son
idéal. C'est ce qu'a bien compris un homme qui n'avait
pas vu l'Alhambra, mais qui l'a en quelque sorte deviné

---

1 De Custine, *l'Espagne sous Ferdinand VII.*
2 Goury et Jones, *l'Alhambra.*

par intuition : « L'architecture arabe ressemble à un
« rêve brillant, au caprice des génies qui s'est joué
« dans ces réseaux de pierre, dans ces délicates dé-
« coupures, ces franges légères, ces lignes volages,
« dans ces lacis où l'œil se perd à la poursuite d'une
« symétrie qu'à chaque instant il va saisir, qui lui
« échappe toujours par un perpétuel et gracieux
« mouvement. Ces formes variées vous apparaissent
« comme une puissante végétation, mais une végé-
« tation fantastique. Ce n'est pas la nature, c'en est le
« songe [1]. »

On a dit qu'une cathédrale gothique était un poëme
chrétien; on peut dire que l'Alhambra est un poëme
oriental. Poésie étrange, qui ne ressemble point à la
nôtre, et qu'il faut savoir comprendre. Né sous un ciel
d'airain, au sein d'une nature âpre, aride, implacable,
l'Arabe, doué d'une imagination ardente et enthou-
siaste, s'est fait dans ses rêves un monde à sa guise, un
monde idéal : les beautés que ne lui offrait pas la nature, il les a demandées à la féerie. Il a imaginé des
palais magiques habités par des génies; il y a réuni
tous les trésors du monde invisible, des colonnes de
jaspe et d'améthyste, des voûtes de nacre et de saphir,
des murailles revêtues d'or et de pierreries. C'est ce
rêve de la poésie arabe que les architectes de l'Alhambra semblent avoir voulu réaliser. C'est cet idéal
qu'ils semblent avoir eu devant les yeux. Ils ont voulu
bâtir un palais magique, pareil à ceux qu'ils avaient vus

[1] Lamennais, *Du Beau et de l'Art.*

en esprit. Et pour cela ils ont dressé ces sveltes colonnades, ouvert ces gracieuses ogives, versé dans les vasques de marbre ces eaux jaillissantes ; ils ont arrondi ces voûtes, faites de bois précieux et ornées de dessins si ingénieux ; ils ont couvert les murs de ces guipures légères, de ces broderies délicates, revêtues de nuances si harmonieuses, et qui font songer aux riches tentures de soie, d'or et d'argent que savent tisser Brousse et Damas.

Voilà ce qu'est l'Alhambra, quelle idée il exprime, de quelle inspiration il est le produit. C'est comme la fleur de la poésie arabe, fleur bizarre, mais charmante, toute peinte encore des vives couleurs de l'Orient, tout imprégnée encore des parfums étranges et pénétrants de l'Asie.

Nous avions passé de longues heures à l'Alhambra, errant de salle en salle, revenant sans cesse sur nos pas, fatigués d'admiration, et cependant ne pouvant nous arracher à ces enchantements. Le gardien fut obligé de nous mettre dehors. Mais nous nous promîmes de revenir dès le lendemain : il faut plus d'un jour pour voir de si étonnantes œuvres.

Notre installation à l'hôtel Ortiz est on ne peut plus agréable : de tous côtés de grands arbres et des jardins pleins de fleurs. Devant la porte deux ruisseaux limpides qui font entendre un petit murmure : c'est le seul bruit que l'oreille perçoive ici ; car nous sommes loin de la ville, et, grâce à Dieu, ses rumeurs ne montent pas jusqu'à nous. A l'intérieur, c'est le même calme :

il n'y a que des touristes, la plupart Anglais et Américains; quelques-uns établis là depuis plusieurs mois;
gens bien élevés, polis, aimables. Ici, comme à Gibraltar, nous sommes heureux de trouver des hommes
distingués avec qui on peut causer. Les gens de l'hôtel
sont prévenants et empressés. Notre guide, Mariano,
est un garçon vif et spirituel, qui a été élevé aux États-
Unis, qui parle cinq ou six langues, et qui a un entrain,
une verve de bonne humeur rares chez ses compatriotes.

A en croire Mariano, il faut absolument se lever
demain avant le soleil pour aller voir les jardins du
Généralife. Le lendemain donc, de bonne heure, nous
nous acheminons vers la colline qui est située en
arrière de l'Alhambra. On laisse à gauche l'enceinte
fortifiée, on franchit un petit torrent, et on suit un
sentier qui passe à travers des cultures. Au bout d'une
avenue d'ifs séculaires d'une taille colossale et entremêlés de lauriers-roses, est l'habitation, qui a un aspect
moderne et des plus vulgaires.

Généralife (*Djennat-al-arif*) veut dire tout simplement en arabe *le Jardin de l'architecte* : il prit ce
nom de son premier propriétaire, qui était inspecteur
des travaux publics. Plus tard les rois arabes l'ache-
tèrent, et en firent leur maison de plaisance.

Le Généralife ne répond point à l'idée qu'on s'en
fait; et c'est ici, pour dire la vérité, qu'on éprouve un
désappointement. Autant l'Alhambra m'a enthousiasmé,
autant ces jardins si vantés m'ont laissé froid. Ce qui
reste de la maison mauresque est joli; mais après la

salle des Deux-Sœurs ou celle des Abencérages, on ne s'y arrête pas. Quant aux jardins proprement dits, ils sont, tels qu'on les voit aujourd'hui, de création moderne, et d'un goût affreux : des ifs et des cyprès

taillés en pyramides, en burettes ou en mirlitons; de petites allées bordées de buis; de petits bassins en carré et en losange; des jets d'eau ridicules. Une seule chose est vraiment belle au Généralife, ce sont les eaux qui descendent de ses pentes les plus élevées.

Rien n'en égale l'abondance et la beauté. Ce ne sont pas des ruisseaux, ce sont de petits torrents qui roulent en bouillonnant dans le lit pierreux qu'on leur a préparé. Leur fraîcheur, leur murmure remplit les bosquets. Ces eaux qui, de tous côtés, s'épanchent des flancs de la montagne, arrosant les collines sur lesquelles est assise Grenade et fertilisant la plaine qui s'étend au-dessous, ces eaux admirables ne tarissent jamais. Comme elles sont alimentées par les neiges éternelles, il arrive même qu'elles sont d'autant plus abondantes que les chaleurs de l'été sont plus fortes. On comprend en voyant cela quelle séduction extraordinaire ces beaux lieux exerçaient sur les Arabes.

Le ciel était légèrement voilé de brume, et nous n'avons pas eu, des hauteurs du Généralife, la belle vue que Mariano nous avait fait espérer. Mais de là on domine l'Alhambra, et l'on embrasse du regard tout le développement de ses murailles rouges, s'élevant sur les escarpements d'un sol rouge comme elles. L'enceinte de la forteresse était considérable : on juge aisément aussi quelle devait être l'étendue des palais arabes, et combien est peu de chose ce qui en reste. Le palais de Charles-Quint étale au centre sa ruine massive. En arrière, une église, un ancien couvent, des maisons de pauvre aspect, des masures, des jardins potagers couvrent le terrain immense qu'enfermait la citatelle. Tout cela aujourd'hui est habité par une population misérable, à qui le gouvernement espagnol a vendu pièce à pièce cette terre historique, et qui

étale sa saleté et ses guenilles là où jadis s'exerçaient
aux combats les preux Abencérages. Que le gouvernement espagnol n'a-t-il pas vendu? Il a vendu, près de
la porte *del Vino*, à un Anglais qui y loge, un merveilleux petit appartement mauresque. Il a vendu l'un

des deux vases de l'Alhambra, objets uniques dans
leur genre. Il a laissé vendre, morceau à morceau, les
azulejos, ou faïences peintes, qui décoraient intérieurement la porte du Jugement. S'il n'a pas vendu les
arbres magnifiques dont est planté le jardin de l'Al-

hambra, c'est que ces arbres ont été donnés par lord Wellington, et qu'une des conditions de la donation les rend inaliénables.

En revenant du Généralife, nous sommes allés, de l'autre côté du Darro, visiter le quartier des gitanos. Grenade est un des points de l'Espagne où ils sont réunis en plus grand nombre : ils ont formé là comme une colonie, et y ont pris des habitudes plus sédentaires qu'ailleurs. Ils habitent, sur le flanc méridional de la colline de l'Albaycin, un coin retiré qui est en dehors de la ville, comme les anciens *ghetto* des Juifs. Leurs demeures ne sont pas des maisons, mais des grottes creusées dans le rocher, comme on en voit sur quelques points des bords de la Loire, aux environs de Tours et de Saumur. Mais ces grottes étroites, basses, sales, enfumées, ressemblent plutôt à des tanières qu'à des habitations humaines. Nous entrâmes dans quelques-unes. Elles se composent d'une seule chambre, qui ne prend le jour que par la porte ; la fumée s'en va comme elle peut par un trou percé dans le plafond. A peine voit-on çà et là quelques meubles délabrés ; en guise de lits, des nattes, ou un tas de feuilles sèches. Les enfants, à demi nus, se roulent dans la poussière pêle-mêle avec les poules, les chiens et les cochons.

Cette pauvre population, à la fois redoutée et méprisée par les Espagnols, semble avoir apporté dans notre Occident le type, les mœurs et la condition des parias de l'Inde : moralement et socialement déprimée, elle est fort ignorante, fort dépravée et assez timide. Les hommes exercent toutes sortes de métiers interlopes et

suspects : quelques-uns sont forgerons ; la plupart sont
maquignons, tondeurs de mules, vétéri-
naires, débitants de remèdes secrets et
de philtres ; tous plus ou moins voleurs.
Les femmes, quand elles sont jeunes et
jolies, sont danseuses : vieilles, elles
disent la bonne aventure. Malgré leur
mauvaise réputation, il paraît qu'elles
ont des mœurs sévères, et même
que leur chasteté un peu farouche s'arme au besoin d'un
poignard.

Quoiqu'il ne fût que dix heures du matin, la chaleur était déjà accablante dans ces ruelles étroites exposées au plein midi : le soleil dardait sur les parois de roche blanche, qui répercutaient ses rayons. Des bandes d'enfants dépenaillés commençaient à nous assaillir, en nous demandant l'aumône. Il fallut abréger notre visite. Toutes les femmes du quartier, dans l'espoir d'avoir une piécette, venaient, avec des gestes et des caresses de sauvages, en nous montrant leurs dents blanches, nous solliciter à visiter leurs maisons : c'était une émulation de politesse et d'instances engageantes, à laquelle nous eûmes quelque peine à nous dérober.

Les Anglais qui sont à notre hôtel nous ont invités à assister ce soir à un ballet de gitanas. Nous en avons déjà vu un à Séville ; mais celui-ci est tout autre chose. Il n'y a point de danseuses espagnoles en costume de théâtre ; ce ne sont que des gitanas, de vraies gitanas, Bohémiennes pur sang, habillées de méchantes robes d'indienne et de mousseline aux couleurs éclatantes. Elles ont un air timide étrange, quelque chose de naïf et de farouche dans le regard, la peau basanée, les cheveux crépus, des yeux de chat sauvage, des allures de panthère. Elles se présentent mal, elles marchent gauchement, elles dansent sans élégance et sans art. Et pourtant, elles ont dans tous leurs mouvements tant de souplesse et de force ; elles portent dans cet exercice national tant d'animation, de verve, de passion ; leurs danses ont un caractère si original et si naïf, qu'on oublie leur gaucherie et qu'on finit par leur trouver une certaine grâce. Plusieurs d'entre elles, d'ailleurs, sont vraiment jolies; leurs cheveux noirs sont peignés avec soin et ornés de fleurs naturelles avec cet art coquet qu'ont en Espagne même les femmes du peuple.

Elles s'accompagnent des castagnettes. L'orchestre se compose d'une guitare et de la voix d'un jeune chanteur. Cette musique est aussi primitive que la danse. Le chant surtout est étrange, rauque, guttural; tantôt il se

traîne sur des notes lentes et mélancoliques; tantôt il se précipite en *tremolo* suraigu, ou jaillit en fusées de notes stridentes.

Après le ballet nous avons eu le concert. Nos gitanas ont été amenées par un chef ou *capitan,* qui est en même temps le joueur de guitare. C'est un homme de haute stature et admirablement découplé; il a des traits réguliers, une expression intelligente et énergique, le teint couleur de bronze florentin : ce serait pour un peintre un superbe modèle d'Hercule indien. Ce robuste

gaillard est un guitariste de première force. Il nous a
exécuté plusieurs morceaux, de genres différents, avec
un talent, un goût, une verve extraordinaires. Je n'aurais jamais cru qu'on pût tirer des effets si puissants
d'un instrument si ingrat, qui ne m'avait jamais semblé
propre qu'à jouer *Fleuve du Tage*, ou à accompagner
la romance d'Almaviva.

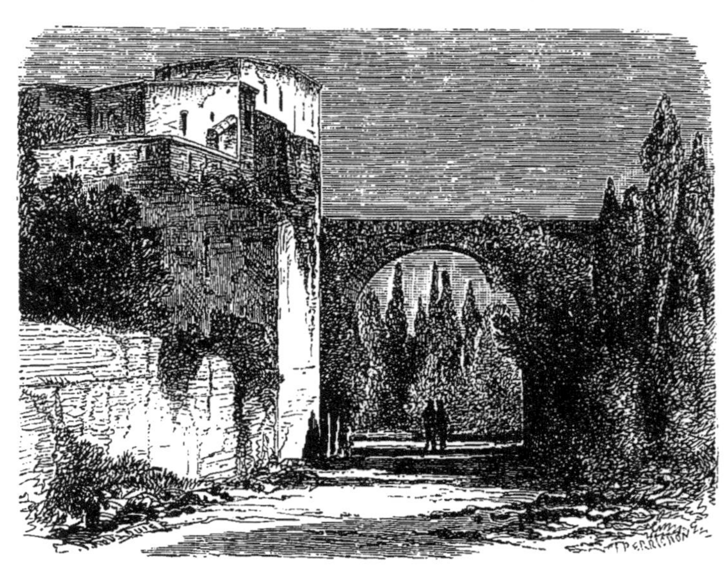

CHAPITRE IX

ous les rois goths, la capitale de la province était Elvira, l'ancienne Illibéris. Les Arabes, les premiers, furent frappés de la beauté et de la salubrité de cette magnifique plaine de Grenade, longue de huit lieues, large de quatre, entourée de montagnes, arrosée par cinq rivières et d'innombrables ruisseaux, parée d'une éternelle verdure. Aujourd'hui encore c'est un proverbe arabe : « Plus salubre que l'air de Grenade. »

En 767, Ibn-Abderrhaman y bâtit un château dont les ruines subsistent encore, et portent le nom de Tours-Vermeilles (*Torres Bermejas*).

En 1238, Ibn-Alhamar, sous le nom de Mohammed Ier, fonde le royaume de Grenade, qui durera deux siècles et demi. C'est lui qui, dans la première enceinte d'Ibn-Abderrhaman, éleva l'Alhambra (*Kasr-al-hamra*), c'est-à-dire le château rouge : nom qui lui fut donné vraisemblablement à cause de la couleur du sol sur lequel il est construit, et des briques faites de cette terre rouge, dont ses murailles extérieures sont bâties.

Sous ce prince, le royaume de Grenade devint puissant, et la ville reçut des agrandissements considérables. Lors de la prise de Valence par Jacques Ier d'Aragon (1238), cinquante mille Maures se réfugient dans le pays de Grenade. Plus de deux cent mille familles y cherchent un asile après la conquête de Séville et de Cordoue par les Castillans. Déjà dix ans plus tôt les habitants de Baeza, conquis par Ferdinand, étaient venus s'établir dans un faubourg qui porte encore leur nom, Albaycin (le faubourg du peuple de Baeza).

L'œuvre de Mohammed Ier fut continuée par ses successeurs : ils firent de Grenade le foyer des sciences et de la culture arabe. Yousouf Ier (1333) achève l'Alhambra, construit la porte du Jugement et les principales salles qu'on y admire aujourd'hui. Grenade atteint alors l'apogée de sa prospérité. Son territoire compte plus de trois millions d'habitants, quatre à cinq fois ce qu'il en nourrit aujourd'hui. Son enceinte avait, dit-on, près de trois lieues de circonférence, et était défendue par plus de mille tours. La bravoure, la générosité, la galanterie des Grenadins étaient célèbres. En dépit de la diversité des croyances, des relations fréquentes se nouaient entre les musulmans et les chrétiens. Les Maures de Grenade laissaient à leurs femmes une liberté inconnue dans les autres pays mahométans; et plus d'un chevalier castillan portait les couleurs d'une beauté musulmane. Les usages de la chevalerie n'avaient pas peu contribué à cet adoucissement des mœurs.

Il n'était pas rare de voir un guerrier arabe armé chevalier sur le champ de bataille par l'adversaire même avec lequel il venait de se mesurer. Ainsi, en 1274, Mohammed II, roi de Grenade, est armé chevalier par Alphonse X. Le sang des deux races s'était plus d'une fois mêlé; plus d'une union s'était faite entre les familles nobles, et même les familles royales des deux peuples. Des alliances politiques, des relations d'amitié s'établissaient entre rois maures et princes chrétiens.

Mais bientôt des dissensions intestines éclatent dans Grenade : les princes de la famille royale se disputent le trône. Une incurable anarchie, mille fois plus dangereuse que les attaques des chrétiens, dévore l'empire arabe et précipite sa ruine.

Aboul-Hassan, qui régnait vers 1480, avait deux

femmes : l'une, qui était sa cousine, s'appelait Ayesha ou Aïssa; l'autre était une chrétienne, qu'on nommait Zoraya. Son nom véritable était doña Isabelle de Solis : elle était fille d'un gouverneur de Martos; à la prise de cette forteresse, elle avait été emmenée captive à Grenade. C'était une femme d'une incomparable beauté : le nom de Zoraya, qu'on lui avait donné, veut dire en arabe « l'étoile du matin ». Ayesha, mortellement jalouse, et craignant que les fils de sa rivale ne fussent préférés aux siens pour succéder au trône, forma un parti puissant, à la tête duquel se mit la tribu des Tseghris ou Zegris[1]. Du côté de Zoraya se rangèrent les Beni-Serraj ou Abencérages[2]. Le palais et la ville devinrent le théâtre de luttes sanglantes, où le royaume arabe usa ses dernières forces.

Le fils aîné d'Ayesha, Abou-Abdallah, celui que les Espagnols appellent par corruption Boabdil, détrône son père en 1482. A peine maître du pouvoir, il ne songe, à l'instigation de sa mère et des Zegris, qu'à se venger des Abencérages. Sous prétexte d'une réconciliation, il convoque dans son palais les principaux chefs des deux tribus. Les Zegris ne s'y rendent que pour assister au massacre de leurs ennemis, qui, introduits un à un, sont décapités dans une des cours de l'Alhambra.

La légende et la poésie se sont emparées de ce fait

---

[1] Ce nom veut dire « le peuple de *Tseghr* », c'est-à-dire de l'Aragon. Ils étaient venus de Saragosse après la conquête de cette ville par les chrétiens.

[2] Ils descendaient d'Abou-Serraj, vizir d'un roi de Cordoue au xiᵉ siècle.

pour y ajouter mille détails romanesques; mais le fond est historique. Cette odieuse vengeance ne priva pas seulement Grenade de ses plus braves défenseurs, elle fit tomber Boabdil dans le mépris des musulmans. De ce jour, la chute de Grenade parut inévitable, et le découragement entra dans tous les cœurs. On trouve cette pensée naïvement exprimée dans une vieille romance mauresque sur la prise d'Alhama par les chrétiens :

« Il se promenait, le roi maure, par la ville de Gre-
« nade, depuis la porte d'Elvire jusqu'à celle de Vivar-
« rambla, lorsqu'on lui apporta des lettres annonçant
« qu'Alhama était prise.

« Il jeta par terre les lettres, et maltraita le mes-
« sager. Il porta la main à ses cheveux, et s'arracha
« la barbe. Ah! dit-il, ma ville, ma chère ville
« d'Alhama!...

« Il descendit de sa mule, sauta sur un cheval, et
« par les hauteurs du Zacatin il est monté vers l'Al-
« hambra. Il ordonne que l'on sonne ses trompettes et
« ses añafils d'argent, pour qu'ils soient entendus des
« Maures, de ceux de la Vega, comme de ceux de Gre-
« nade.

« Les Maures arrivent un à un, deux à deux. Bientôt
« une troupe nombreuse est réunie. Alors parla un
« vieux Maure, à la barbe longue et blanche, qui était
« alguazil de Grenade : — « Pourquoi nous convoques-
« tu, roi? Pourquoi cet appel?

« — Il faut que vous sachiez, mes amis, la perte,
« la grande perte d'Alhama!

« — Tu le mérites bien, ô roi ! O roi, tu l'as bien
« mérité ! Par toi ont péri les Abencérages, qui étaient
« la fleur de Grenade. A leur place tu as accueilli des
« étrangers. Pour cela il est juste, ô roi, que tu sois

« puni ; il est juste que tu succombes, et que Grenade
« se perde avec toi ! »

Pendant que les Maures se déchiraient entre eux,
invoquant sans cesse dans leurs querelles le secours
dangereux et intéressé des chrétiens, ceux-ci, réunis,

au contraire, pour la première fois, sous un même
sceptre, par le mariage de Ferdinand d'Aragon et d'Isabelle de Castille, s'avançaient d'une marche lente, mais
sûre, vers cette belle Grenade, dernier refuge, dernier
rempart de la domination arabe en Espagne, et dont
les destins allaient enfin s'accomplir. Toutes les villes
voisines, toutes les forteresses qui lui servaient de défenses avancées, Alora, Ronda, Marbella, Malaga,
étaient tombées aux mains des Espagnols. En avril 1491,
conduits par leur belle et intrépide reine, ils vinrent,
avec une armée de quatre-vingt mille hommes, mettre
le siége devant Grenade. Le siége dura neuf mois. Un
incendie ayant détruit le camp, Isabelle, résolue à ne
pas lâcher prise, même pendant l'hiver, fit bâtir une
ville à la place, sous le nom de Santa-Fé. Enfin les
Maures ouvrirent leurs portes.

« Dans la matinée du 2 janvier 1492, tout le camp
« des chrétiens présenta l'aspect d'une joyeuse acti-
« vité. Le grand cardinal Mendoza fut envoyé en avant,
« à la tête d'un fort détachement, comprenant les
« troupes de sa maison et les vétérans de l'infanterie,
« blanchis dans les guerres contre les Maures, pour
« prendre possession de l'Alhambra. Ferdinand se plaça
« à quelque distance en arrière, près d'une mosquée
« arabe consacrée depuis à saint Sébastien. Il était en-
« touré de ses courtisans, avec leurs suites imposantes,
« qui resplendissaient sous les armures et déployaient
« fièrement les bannières de leurs antiques maisons.
« La reine s'arrêta encore plus en arrière, au village
« d'Armilla.

« Pendant que le grand cardinal, à la tête de sa co-
« lonne, gagnait le haut de la montagne des Martyrs,
« il rencontra le prince maure Abou-Abdallah, qui la
« descendait escorté de cinquante cavaliers, et se diri-
« geait vers la position occupée par Ferdinand sur les
« bords du Xenil. Aussitôt que le Maure approcha du
« roi d'Espagne, il voulut se jeter à bas de son cheval,
« et baiser la main du monarque en signe d'hommage;
« mais Ferdinand, se hâtant de le prévenir, l'embrassa
« avec toutes les marques de la sympathie et du res-
« pect. Abou-Abdallah livra alors à son vainqueur les
« clefs de l'Alhambra, en lui disant : « Elles t'appar-
« tiennent, ô roi! puisque Allah l'ordonne ainsi.
« Use de ta victoire avec clémence et modération [1]. »

On raconte que Boabdil, s'éloignant de cette ville où
il ne devait plus rentrer, s'arrêta sur une colline au
moment où Grenade et ses tours vermeilles allaient
pour toujours disparaître à ses yeux, et ne put retenir
ses larmes : « Pleure-la maintenant comme une femme,
lui dit sa mère, la sultane Ayesha, puisque tu n'as pas
su la défendre comme un homme. » On montre encore,
près de Padul, le lieu où s'arrêta le roi exilé, et qu'on
appelle le Dernier Soupir du Maure, *el Ultimo Suspiro
del Moro.*

La douleur de tout ce peuple fut profonde. Il y en a
encore quelques échos jusque dans les poésies populaires du temps :

« Amoureuse Alhambra! ses tours, ô Muley Boabdil,

---

[1] Prescott, *Histoire de Ferdinand et Isabelle*, t. II, ch. xv.

« ses tours pleurent de se voir perdues!... Donnez-moi
« mon cheval et ma blanche adarga, pour aller com-
« battre et reconquérir l'Alhambra... Donnez-moi mon
« cheval et mon écu d'azur, pour aller combattre et

« délivrer mes enfants... Mes fils sont à Cadix, ma
« femme est à Gibraltar. O belle Malfata, vous êtes
« perdue pour moi!... »

Il y eut longtemps, parmi les Arabes réfugiés en
Afrique, un proverbe qui exprime d'une manière tou-

chante cet inconsolable regret. Quand l'un d'eux était triste : « Il pense à Grenade, » disaient ses compagnons.

Mais la chute de Grenade était un de ces événements dont on peut dire qu'ils sont écrits d'avance sur le livre de la destinée. Les Maures eux-mêmes depuis longtemps en avaient le pressentiment. L'empire arabe d'Espagne n'était plus qu'une ruine. La race arabe proprement dite, celle qui avait fondé le kalifat de Cordoue et apporté en Occident une civilisation si brillante, s'était depuis longtemps amollie, épuisée. Pour se défendre elle avait appelé à son aide, à plusieurs reprises, ces tribus farouches et fanatiques d'Afrique, les Almohades, les Almoravides ; mais en maintenant la domination du Croissant, ces barbares n'avaient fait que hâter la décadence.

La civilisation arabe n'avait plus de vie : elle devait disparaître et faire place à une civilisation supérieure. L'Espagne, sortie enfin des longs déchirements du moyen âge, reconstituée dans son unité nationale, entre dans la plus grande et la plus glorieuse période de son histoire. De ce jour date vraiment une ère nouvelle. Le génie espagnol se déploie dans toutes les directions à la fois : il y a en lui comme une exubérance de force, de passion, d'ardeur, d'enthousiasme. L'esprit d'aventures le pousse à tous les bouts du monde : à la suite de Colomb il prend possession d'un continent nouveau. Dans les armes et dans la politique il domine l'Europe. Bientôt enfin, joignant à l'éclat guerrier l'éclat des lettres et des arts, l'Espagne, pendant deux siècles, sera, par ses écrivains et ses peintres, la rivale de la France et de l'Italie.

On n'a qu'un regret, à ce beau moment de l'histoire : c'est de voir mêlées au triomphe de la nationalité espagnole les longues persécutions dont furent l'objet les populations arabes restées dans la Péninsule.

Les vainqueurs avaient paru d'abord disposés envers elles à la modération : il semblait que la générosité fût facile, car elle était désormais sans danger. Mais, comme il arrive, la victoire ne fit que surexciter les ressentiments et les haines.

On commença par chasser les Juifs : un décret du 31 mars 1492 enjoignit à tous ceux qui ne se convertiraient pas de sortir de l'Espagne dans le délai de quatre mois. On permettait aux proscrits d'emporter leurs biens; mais, par une amère dérision, défense leur était faite d'emporter ni or ni argent : si bien qu'on vit alors, comme le rapporte un contemporain, « donner une maison pour un âne, et une vigne pour un morceau de drap. »

D. Diego de Colmenarès raconte, dans son *Histoire de Ségovie*, que les Juifs qui habitaient cette ville, avant de pouvoir se résoudre à la quitter, passèrent trois jours et trois nuits dans le cimetière où étaient ensevelis leurs pères, arrosant leurs cendres de larmes, et attendrissant de leurs gémissements tous ceux qui les entendaient.

Cinquante mille familles, environ huit cent mille âmes, selon Mariana (il y a vraisemblablement exagération), sortirent du territoire de l'Espagne. Malgré la sévérité des édits, ils emportèrent de grandes quantités d'or cachées jusque dans les bâts et les selles des ânes et des chevaux. Mais surtout, ce qui était bien plus regrettable que ces richesses métalliques, ils emportèrent avec eux presque tout le commerce et plusieurs des industries importantes du pays.

Après les Juifs ce fut le tour des Maures. La capitulation de Grenade leur avait garanti le maintien de leurs usages et le libre exercice de leur culte : cette capitulation ne tarda pas à être violée. On usa d'abord de menaces; puis, dès 1502, le culte musulman fut proscrit.

Ceux qui ne se convertirent pas furent expulsés ou réduits en esclavage. La plupart feignirent de se soumettre; ce sont ceux qu'on désigna depuis sous le nom de Maurisques (*Moriscos*). Mais cela ne les sauva pas pour longtemps. En 1507, de nouveaux édits de Philippe II les obligent à renoncer à leur langue, à leurs habillements, à leurs usages, jusqu'à leurs danses nationales et à leurs noms et surnoms arabes. Des insurrections éclatent, et une guerre sanglante se prolonge pendant plusieurs années dans les Alpuxarras.

Enfin, sous Philippe III, en 1609, les Maurisques, qui, malgré tout, s'étaient multipliés, surtout dans le royaume de Valence, furent définitivement expulsés d'Espagne. Entassés à bord de navires, ils furent jetés sur les plages désertes de Tlemcen : un grand nombre périrent en route ou sur cette côte inhospitalière.

Ces proscriptions portèrent un coup profond à la prospérité de l'Espagne : c'est de ce temps que sa dépopulation commence. Cent quarante mille Maures sortirent du seul royaume de Valence : la plupart des villages de la Catalogne restèrent vides; la Sierra-Morena, couverte alors de cultures, est depuis cette époque à peu près déserte. Aujourd'hui encore, entre Grenade et Malaga, sur un espace de trente lieues, on ne trouve plus qu'une seule ville et quelques misérables villages.

On a allégué, pour justifier ces mesures violentes, la raison d'État, l'unité religieuse et l'unité politique en péril. Je crois que le péril n'était pas grand. Avec le temps, les Maurisques se seraient fondus dans la masse de la nation, et seraient devenus des Espagnols, comme les Juifs de France et d'Allemagne sont devenus des Français et des Allemands. La raison véritable fut plutôt dans l'orgueil ombrageux d'un despotisme qui ne supportait ni résistance ni dissidence : l'unité politique est le prétexte de toutes les tyrannies; c'est celui dont on se prévaut, en Suède, pour condamner comme criminels d'État ceux qui se convertissent au catholicisme; c'est celui sous lequel l'Irlande est opprimée depuis des siècles.

L'histoire a de curieux et éloquents enseignements. En 1609, sous prétexte d'intérêt politique, Philippe III déporte violemment les pauvres Maurisques. En 1767, le vent a tourné; mais le prétexte de sûreté politique est tout aussi commode. Cette fois, ce sont les jésuites qui sont proscrits d'Espagne par Charles III; et en un seul jour six mille prêtres, parmi lesquels des malades, des vieillards, des infirmes, sont enlevés, entassés sur des navires, et jetés sans abri et sans secours sur les côtes d'Italie. Peine de mort est décrétée contre ceux qui désobéiront. Les circonstances changent, le despotisme ne change point. Et celui qui l'a eu aujourd'hui pour complice, n'est jamais sûr de n'être point sa victime demain.

Nous retournons tous les jours à l'Alhambra. On ne se lasse pas de le revoir. Si à la seconde visite la surprise naturellement est moins grande, l'impression ne s'affaiblit pas : il semble même que le charme vous gagne et vous pénètre davantage à mesure que les souvenirs historiques se réveillent, et qu'en imagination on repeuple de ses anciens hôtes ce palais, d'où il semble qu'ils soient sortis d'hier. La vie arabe, la civilisation arabe, est si fortement empreinte dans cette architecture; elle y a trouvé une expression si exacte et si complète; ces monuments étaient si bien en harmonie avec le génie, les idées, les mœurs de la race, que les conquérants, tout en les admirant, n'en ont rien su faire; ils n'ont pu les approprier à leur usage. C'est là le caractère d'une architecture vraiment nationale et originale : elle a son cachet ineffaçable.

La poésie, la religion des Arabes ont laissé partout
ici leur trace. Les murailles sont couvertes d’inscriptions en beaux caractères cufiques, qui, ingénieusement mêlés aux arabesques, contribuent à l’ornementation. De ces inscriptions, les unes sont des versets
du Koran ou des sentences pieuses ; les autres, marquées la plupart de l’exagération orientale, sont à la
louange du sultan qui a construit telle ou telle partie
du palais. Les deux inscriptions qui reviennent le plus
souvent sont : « Bénédiction » et « Dieu seul est vainqueur. » Cette dernière est la devise qui accompagne
partout les écussons aux armes des rois de Grenade.

Sur les chambranles de la porte d’entrée du patio des
Myrtes, on lit : « Je suis comme la parure nuptiale
« d’une fiancée douée de toutes les beautés et de toutes
« les perfections. »

Dans la même cour est cet éloge du sultan :

« O fils de la grandeur, de la prudence, de la sagesse,
« du courage et de la libéralité, qui surpasses la hauteur
« des étoiles dans les régions du firmament ! Tu t’es
« élevé à l’horizon de l’empire, comme le soleil, pour
« dissiper les ombres créées par l’oppression et l’in
« justice... Tu as garanti du souffle de la bise d’été
« jusqu’aux plus tendres branches, et fait trembler les
« étoiles mêmes dans la voûte des cieux... »

Une des choses qu’on admire le plus à l’Alhambra,
ce sont les plafonds et surtout les coupoles en forme de
demi - orange, *medias naranjas,* comme disent les

Espagnols. Il ne se peut rien voir de plus gracieux et
de plus hardi. Les salles sont carrées, et, autant que
mon ignorance en peut juger, il y avait là cette difficulté particulière, qui consiste à dissimuler les angles
pour inscrire une circonférence dans un quadrilatère.
C'est là justement que triomphe l'art des architectes
arabes. Ces encoignures sont remplies par des segments
de voûtes en corbeille ou plutôt en coquille renversée,
qui se relient, par les plus ingénieuses combinaisons,
à la voûte principale. L'ensemble s'appuie sur des
pendentifs fouillés et taillés à facettes, se rattachant
aux grandes lignes de l'édifice. Ces coupoles sont en
bois de cèdre ou de mélèze, ornées d'incrustations de
nacre et d'ivoire, et formées d'innombrables morceaux
ajustés comme dans une marqueterie. Leur surface est
décorée d'ornements en pommes de pin, ou de pendentifs tronqués. On dirait une voûte toute hérissée de
stalactites, ou mieux encore une ruche vue en dessous ;
car ces curieux ornements sont d'une construction géo-
métrique qui rappelle les alvéoles de l'abeille. Chacun
de ces alvéoles est peint de couleurs variées, où dominent l'azur, le grenat et l'or. Souvent cette décoration de la coupole et des encoignures se prolonge d'un
angle à l'autre par des corniches ouvragées dans le
même système, qui font alors comme de magnifiques
draperies de soie suspendues en festons le long des
murailles.

On a remarqué que les Arabes se sont servis exclusivement, pour ces ornementations, des couleurs primitives, bleu, rouge et jaune ou or. Ils n'employaient

les couleurs secondaires ou mêlées que dans les sou-
bassements en mosaïques, où l'œil peut percevoir les
nuances. Du reste, toutes les restaurations faites
depuis par les rois espagnols se reconnaissent aisément à la grossièreté de l'exécution et à l'absence de
cette harmonie que les Arabes donnaient à leurs peintures.

Au bout de la cour des Lions est une salle longue
qu'on appelle la salle du Jugement, et qui est une des
plus intéressantes du palais. Elle est divisée en trois
compartiments par de larges ogives de la forme la plus
élégante. Les plafonds sont revêtus de peintures, dont
l'origine a été fort discutée par les savants. La plus
remarquable est celle qui décore l'alcôve du milieu,
ou Divan. Elle représente dix personnages, dix chefs
arabes, coiffés du turban, avec de longues barbes,
tenant en main l'épée, assis en rond sur des coussins.
Cette peinture, dans laquelle les Espagnols ont cru
reconnaître un tribunal, a fait donner son nom à cette
salle. Sur les plafonds des deux autres alcôves sont
figurées des scènes de guerre et de chasse représentant
d'un côté des chevaliers maures, de l'autre des chevaliers chrétiens.

Ces peintures appartiennent visiblement à un art
tout primitif. Les couleurs sont très-vives, mais à
teintes plates et sans ombres ; les contours sont des-
sinés en bistre ; le fond est d'or, avec des ornements en
relief. Elles sont faites sur des peaux clouées au plafond, et revêtues à l'avance d'une légère couche de
plâtre. Quant aux figures mêmes, elles sont froides et

un peu gauches dans leurs attitudes; et pourtant on ne peut méconnaître, dans les têtes des guerriers qui jugent ou délibèrent, une expression vraiment noble, et cette gravité, cette majesté qui semblent naturelles aux hommes de l'Orient. Dans les tableaux de combats et de chasses il y a des détails finement rendus et des figures de femmes qui ne sont pas sans grâce.

De qui sont ces peintures? Ont-elles été faites par les Maures, ou faut-il les attribuer aux Espagnols, qui les auraient exécutées après la conquête? La seconde opinion est la plus généralement admise. On allègue à l'appui qu'il n'y a trace nulle part ailleurs de peintures provenant des Maures, et que leur religion leur défendait la représentation des êtres animés. Ces deux raisons ne sont pas décisives. Plusieurs faits montrent que la prohibition religieuse dont on parle était, dans les derniers temps du moins, peu respectée. La fontaine des Lions le prouverait à elle seule : le vase célèbre qu'on appelle vase de l'Alhambra, et un bas-relief qui fait partie de la décoration d'une autre fontaine, portent aussi des images d'animaux. D'où l'on peut conclure que, sous ce rapport, comme sous bien d'autres, les Maures d'Espagne, comme ceux de Perse, s'étaient relâchés singulièrement de la sévérité première.

On a fait remarquer aussi que, dans les peintures de la salle du Tribunal, les accessoires, ainsi que les ornements des coupoles, sont d'un style mauresque très-pur, style que les Espagnols, dans leurs travaux postérieurs, n'ont jamais su ni voulu imiter; et enfin que, dans une des batailles, un Maure est représenté tuant un chrétien : humiliation que l'orgueil espagnol ne se serait certainement point infligée, surtout après la conquête [1].

Je laisse à de plus compétents le soin de trancher la question. Perez de Hita, dans ses *Guerres civiles de Grenade,* attribue formellement ces peintures aux Arabes. « Le roi Muley-Hacen, dit-il, fit peindre par « de grands artistes, dans la salle principale de son « palais, où l'on peut encore les voir aujourd'hui, les « portraits de ses prédécesseurs; et dans une autre « salle les principales batailles livrées entre les chré- « tiens et les Maures [2]. » Le livre de Perez n'est pas une autorité bien sérieuse; mais comme témoignage de la tradition il a sa valeur. Perez écrivait moins d'un siècle après la prise de Grenade : eût-il attribué ces peintures aux Maures si jamais les Maures n'avaient eu de peintures?

C'est dans la même salle du Tribunal que se trouve le beau vase dit de l'Alhambra. Il y en avait deux pareils; l'autre a été vendu à un Anglais par un gouverneur du palais. Celui qui reste n'a plus qu'une anse. C'est un vase émaillé, décoré d'ornements du plus beau style, et qui a près d'un mètre de hauteur. La céramique avait disparu de l'Europe, au moyen âge, quand les Arabes la rapportèrent. Ils l'avaient empruntée aux Chinois et aux Persans; mais ils perfectionnèrent leurs procédés, et se firent dans cet art une telle réputation

---

1 Voyez J. Goury et O. Jones, *l'Alhambra.*

2 *Guerras civiles de Grenada,* chap. ii.

d'habileté qu'au XIVᵉ siècle les riches seigneurs chrétiens leur commandaient des plats ornés de leurs
écussons. Plus tard les Espagnols de Valence et surtout
de Majorque dérobèrent leur secret aux Arabes; et de

là le nom de majoliques (*vasi majolichi*) que ces po-
teries prirent au XVIIᵉ siècle en Italie, où elles furent
très-recherchées.

Bien des dégradations affligent le regard du voyageur
dans cette partie de l'Alhambra, qui en est la plus
précieuse et aussi malheureusement la plus menacée
de ruine. J'ai déjà parlé des lourdes toitures dont on a

écrasé la colonnade de la cour des Lions, et qui
en ont fait fléchir çà et là les arceaux. Pour en prévenir
la chute, on les a assujettis avec d'énormes barres de
fer qui traversent la galerie et vont se fixer dans la
muraille : grossier système de réparation, qui choque
les yeux et nuit singulièrement à la perspective, mais
qui du moins a sauvé des chefs-d'œuvre.

Il paraît qu'au commencement de ce siècle l'Alhambra
était dans un état d'abandon et de délabrement complet.
Il faut rappeler pour l'honneur du maréchal Sebastiani
que, pendant qu'il commandait à Grenade, il prit des
mesures pour protéger cet incomparable monument;
il y fit même faire des travaux de consolidation et de
restauration partielle, fit relever les colonnes, réparer
les toits. L'invasion française a fait tant de mal en
Espagne, qu'il ne faut pas oublier le peu de bien qu'elle
y a fait.

Depuis quelques années, grâce à l'inifiative du duc
de Montpensier, on a commencé un travail suivi de
réparation. Ce travail va lentement, l'argent manque;
mais il est dirigé et exécuté avec beaucoup de goût.
On a déjà, sur quelques dômes, remplacé les tuiles
par des briques peintes et vernies. On refait les parties
tombées des arcades. On met à nu et on repeint les
arabesques qui avaient été recouvertes de plâtre. En
symétrie avec la salle du Tribunal, à l'autre bout de la
cour des Lions, se trouve une salle longue ou galerie
qui vraisemblablement devait être divisée et ornée de
la même manière. Quand Grenade fut tombée, Ferdinand et Isabelle, pour prendre solennellement pos-

session de leur conquête, voulurent loger à l'Alhambra.
Mais ces murs élevés par des mains impies, et sur-
chargés de versets du Koran, n'étaient pas dignes de
recevoir les rois catholiques. On fit venir des maçons
espagnols : ils abattirent les ogives, ensevelirent sous
une épaisse couche de plâtre les dessins qui couvraient
les murs de cette salle, et plaquèrent sur ses élégantes
coupoles un plafond chargé de pesants ornements dans
le goût italien. Aujourd'hui on abat ces abominables
plâtras; on met à jour ce qui reste des délicates ciselures de la voûte, et on va sans doute avec le temps
rétablir la galerie dans son état primitif. Il faut au nom
de l'art et du goût louer le gouvernement espagnol de
ces efforts intelligents et méritoires.

Presque tous les soirs, en sortant de l'Alhambra,
nous montons, au coucher du soleil, sur la tour de la
Vela. Elle fait partie de la vieille citadelle, Al-Cazaba,
dont il ne reste plus que trois tours et des murs à demi
ruinés, et qui, du côté de l'ouest, domine la ville et la
plaine. La tour de Vela ou de la Vigie est la plus
haute de ces tours : elle porte, à son sommet, dans une
tourelle crénelée, une cloche dont les sonneries servaient autrefois à régler la distribution des eaux dans
la *Vega* [1] de Grenade et le service des irrigations. On a
de là une vue admirable.

En face de nous, le soleil, se couchant derrière les
Alpuxarras, couvrait comme d'une poussière d'or la

---

[1] De l'arabe *Bekah,* vallée ou plaine cultivée.

ville étendue à nos pieds, et la Vega, qui déroule jusqu'à dix lieues de là son tapis de verdure, tacheté de blanches villas, pareilles, selon l'expression d'un poëte arabe, « à autant de perles orientales enchâssées dans une coupe d'émeraude. » De tous les côtés, l'horizon est borné par des montagnes dont les lignes se croisent avec de molles ondulations. Sur la droite, les rameaux abaissés de la Sierra, plongés déjà dans l'ombre du couchant, étaient d'un violet sombre qui passait rapidement au bleu le plus intense, et se détachait fortement sur un ciel orangé. A gauche, une chaîne plus basse encore et plus lointaine de montagnes se teignait d'un violet pâle, adouci par la brume transparente. Plus à gauche et un peu en arrière, nous voyions se dresser dans le ciel les sommets de la Sierra-Nevada, dont le manteau argenté se colorait de rose et de lilas sous les derniers rayons du soleil déjà disparu à nos yeux. Au premier plan, tout à fait derrière nous, les vertes collines du Généralife; et en descendant leurs pentes, presque à nos pieds, les masses de verdure encore tendre des jardins de l'Alhambra, les Tours-Vermeilles qui en gardent l'entrée; la ville enfin, avec la masse imposante de sa cathédrale, couvrant de ses maisons blanches les flancs de ses quatre collines, et qui semble endormie au murmure éternel de ses fontaines.

Il y a des horizons plus vastes, il n'y en a guère qui aient plus de grandeur; car la grandeur n'est pas dans l'immensité, elle est dans la beauté des lignes, dans les effets de la lumière, dans la puissance des contrastes.

L'Espagne, inférieure à l'Italie par la grâce, a, plus qu'aucun pays peut-être, le charme des contrastes, un mélange singulier de douceur et d'austérité. Ici surtout cet effet est saisissant. Dans la plaine, la végétation de nos climats tempérés, le saule, le peuplier, l'ormeau, se mariant à la vigne; sur les collines, l'oranger, le grenadier, le palmier, s'élevant parmi les nopals gigantesques et les aloès à la hampe fleurie; et au-dessus de cette végétation tropicale, les flancs sombres de hautes montagnes portant un diadème de neiges éternelles.

Je ne sais s'il est un autre lieu au monde qui réunisse en un si étroit espace des aspects aussi variés. Quand on contemple cette contrée si féconde et si riante, baignée d'un air si doux, éclairée d'une lumière si pure, on comprend que Grenade ait laissé dans le cœur des Arabes, dans l'imagination des poëtes, dans les souvenirs des voyageurs, une image ineffaçable. Devant ce panorama, j'ai entendu plus d'un touriste s'écrier qu'après le Bosphore et la baie de Naples, il n'y avait rien de plus beau au monde; et je crois que ce n'est pas trop dire.

J'ai longuement parlé de l'Alhambra, et je n'ai rien dit encore de Grenade. C'est que, franchement, il n'y a rien à Grenade que l'Alhambra. Quoi qu'en ait dit M. Théophile Gautier, qui en a fait une description quelque peu fantastique, la ville est laide, sale, sans caractère. La cathédrale, qui présente de loin une masse imposante, est un édifice moderne du plus mauvais goût; le chœur est décoré comme une salle de spectacle. On y peut voir cependant deux mausolées ornés de belles sculptures : celui de Ferdinand et Isabelle, et celui de Philippe le Beau et de Jeanne la Folle.

Sur les piliers des chapelles qui entourent l'église, on lit cette curieuse inscription, en vieux caractères : « NADIE SE PASEE, HABLE CON MUGERES, NI ESTE EN CORILLOS EN ESTAS NAVES, PENA DE EXCOMUNION Y DOS DUCADOS PARA OBRAS PIAS. » — « Il est défendu de se promener, de parler avec les femmes, ou de s'arrêter en groupes dans les nefs de l'église, sous peine d'excommunication et de deux ducats d'amende pour œuvres pies. » Cela date, dit-on, du temps de l'Inquisition. Mais je pense qu'à Grenade comme ailleurs la défense est bien tombée en désuétude. Dans les églises d'Espagne, on parle, on se promène, on rit comme dans la rue. A Cordoue, les soirs d'été, on va prendre le frais à la mosquée.

Dans le chœur, on montre une statue de saint Pierre, en bois, sculptée par Alonzo Cano : la tête est belle; on l'admirerait davantage si elle n'était pas coloriée. La sculpture coloriée, visant à reproduire la nature jusqu'à l'illusion, a été fort en vogue en Espagne, même à l'époque où le grand art y a fleuri. Ce n'en est pas moins une déplorable déviation de l'art véritable. La sculpture doit imiter la nature en l'idéalisant; elle ne doit pas s'abaisser, par un réalisme grossier, à la copier servilement pour faire illusion aux sens. A ce compte, le sublime de l'art, ce seraient les figures de cire de Curtius, habillées, remuant les yeux, et faisant des mouvements automatiques. C'est le matérialisme dans l'art. Cette corruption a été favorisée par la tendance qu'ont tous les peuples méridionaux à une certaine idolâtrie. En Italie, les traditions de l'art antique l'ont combattue, mais elle a triomphé en Espagne; et c'est à elle qu'on doit ces images pieuses du Christ, de la Vierge et des saints, qui, au lieu de s'inspirer d'un idéal élevé, ne visent qu'à produire une impression de pitié ou de terreur, par une ressemblance plus ou moins grossière avec la réalité vivante.

Alonzo Cano n'en fut pas moins un artiste éminent. Ses compatriotes l'ont appelé le Michel-Ange espagnol, parce que, comme l'auteur du *Moïse,* il fut à la fois peintre, sculpteur et architecte : cela ne suffit pas pour justifier un si redoutable parallèle.

Il était fils d'un pauvre charpentier de Grenade. Philippe IV, qui le protégeait, lui ayant donné, quand il fut vieux, une stalle dans la cathédrale de cette ville, le chapitre se plaignit, alléguant le peu d'instruction canonique de l'artiste. A quoi le roi répondit : « S'il était plus savant, je l'aurais fait archevêque de Tolède. Je puis faire un chanoine quand il me plaît, et Dieu seul peut faire un Cano. »

C'était une nature ardente et généreuse, mais un homme bizarre et emporté. Un jour qu'un procureur avare lui marchandait le prix d'une statuette qu'il lui avait commandée, Cano la reprit violemment de ses mains, et la brisa en mille morceaux. On raconte qu'au moment de mourir il repoussa le crucifix qu'on lui présentait, parce qu'il était grossièrement sculpté, et

demanda qu'on lui donnât à baiser une simple croix de
bois.

En fait de monuments arabes, ce qui reste dans
Grenade même est fort peu de chose : l'ancien marché

aux soies, formé de jolies arcades à colonnes; un charmant édifice, appelé *Casa del carbon*, et dont la porte
est du plus beau style mauresque; c'est aujourd'hui un
magasin de charbon. Du temps des Maures, c'était la
poste; car en cela encore les Maures ont été nos

maîtres. Quand Louis XI voulut établir les postes en
France, il envoya étudier leur organisation à Grenade.

Enfin on va voir, au bord du Darro, des bains
mauresques qui ont été transformés en lavoir public.
La construction de ces bains offre beaucoup d'ana-
logie avec les thermes romains : il n'en reste que la
piscine et la voûte percée de jours étroits en forme
d'étoile. Les Arabes avaient établi en Espagne des
bains nombreux, installés à la mode orientale. L'usage
fréquent des bains, si conseillé par le climat, était de
plus pour eux, comme on le sait, une prescription
religieuse. Aujourd'hui, nulle part en Espagne vous
ne trouverez de bains convenablement installés. Les
Espagnols ne se baignent pas, du moins pendant
l'hiver; et, s'ils prennent quelquefois des bains l'été,
ce sont des bains froids, bains de plaisir, non de propreté.

Je me souviens qu'à Séville je me fis indiquer un jour
un établissement de bains. A l'adresse qu'on m'avait
donnée, je trouvai un café : je crus m'être trompé.
Nullement; c'était bien là. Les cabinets de bains étaient
au bout de la salle où s'asseyaient les consommateurs.
Je demandai un bain; on me dit de revenir le lendemain : il fallait bien le temps de le faire chauffer. A
Grenade, c'est pis encore. J'avais vu le mot *banos*,
écrit en grosses lettres au-dessus d'une porte. Cette
fois, je croyais être bien sûr de mon affaire : l'établissement était fermé depuis un an.

On dirait qu'en cela les Espagnols ont pris volontairement le contre-pied des Arabes; et de fait, il semble

que les antipathies de race et les haines de religion ont accru, sous ce rapport, leurs tendances naturelles. On sait que l'usage fréquent des bains était devenu, dans les derniers temps, contre les Maurisques, un indice d'attachement au mahométisme, et un motif de persécution. Mais aujourd'hui, que la foi n'est plus en péril, les Espagnols ne pourraient-ils pas apprendre à se laver un peu?

Nous avions passé trois jours à Grenade, et ces trois jours nous avaient semblé un rêve. Nous étions si bien à notre petit hôtel Ortiz, entourés de soins par de bonnes gens, au milieu d'une société aimable et distinguée, à la porte de l'une des merveilles du monde, dans un site splendide, sous un ciel radieux, qu'il nous eût été doux d'y prolonger notre séjour. En voyage, comme dans la vie, on rencontre rarement de ces étapes privilégiées où tout vous invite et vous charme : on voudrait s'arrêter, y dresser sa tente. L'homme et le voyageur sont poussés en avant par une implacable nécessité. Marche! Et il faut marcher.

Le bateau de Malaga pour Carthagène partait le lendemain. Si nous le manquions, il fallait attendre huit jours; c'était un trop long retard : le départ fut donc résolu, non sans regret. Ce qui ajoutait à notre tristesse, c'est que nous nous séparions d'un de nos compagnons de voyage, M. Sch***, cet aimable Sicilien que nous avions rencontré à Andujar, et qui depuis lors ne nous avait pas quittés; homme charmant et bon, du meilleur monde, de l'esprit le plus fin, qui nous avait inspiré une vive sympathie. C'est le charme de la vie de voyage, qu'on y fasse parfois de ces heureuses rencontres; c'est sa tristesse, qu'on soit condamné à se quitter quand la liaison est devenue douce et que le cœur s'est donné.

Mais le sort avait décidé que nous reverrions Grenade et notre ami. *C'était écrit!* Allah est grand, et les diligences espagnoles n'arrivent pas toujours à destination.

La nôtre partait à quatre heures du soir; nous devions être à Malaga le lendemain matin de bonne heure. Le galop des mules nous emportait rapidement loin de la ville enchantée des Maures. J'avais le cœur gros, je me penchais de temps en temps pour jeter encore un regard sur les tours rouges de l'Alhambra, qu'éclairait le soleil couchant; et quand, au bout de la Vega, au tournant de la route, la brillante vision disparut à nos yeux, je compris la douleur de Boabdil, et, comme lui, je ne pus retenir un soupir.

Nous arrivâmes avant la nuit au bord d'un petit torrent, qu'il fallut traverser à gué. Les eaux, gonflées par les pluies du printemps, avaient emporté le pont. On avait établi une passerelle pour les piétons; mais de la reconstruction du pont, nul n'avait l'air de s'en préoccuper. Les administrations espagnoles ne sont pas si pressées. En attendant, il suffisait d'un orage qui eût grossi un peu plus la rivière, pour intercepter complétement les communications entre Grenade et Malaga; et c'est ce qui arrivait quelques jours plus tard.

Enfin nous passâmes sans encombre, les mules ayant
de l'eau jusqu'aux épaules. Il faisait nuit quand nous
entrâmes à Loja. La diligence s'arrête pour relayer
devant une posada, qui s'appelle pompeusement la
fonda de los Angeles (l'hôtel des Anges). Comme dans
toutes les posadas, on entre par l'écurie. En fait

d'anges, nous ne trouvons là que des muletiers, qui
dormaient étendus dans tous les coins de la cuisine,
et deux brunes hôtesses, un peu chargées d'embon-
point, mais accortes, avenantes, au rire épanoui, et
aux yeux fort beaux.

On repart à dix heures, et chacun s'arrange pour
dormir, comptant bien ne se réveiller qu'à Malaga.
Mais vers une heure du matin je m'aperçois que notre

marche se ralentit : on ne va plus qu'au pas. Pourtant
la route ne monte point. J'interroge le mayoral, qui
fait semblant de dormir. Bientôt la diligence s'arrête,
et on nous invite à descendre. Qu'est-ce que cela veut
dire? qu'est-il arrivé? Nous apprenons alors qu'un des
essieux de la voiture est brisé. Impossible d'aller plus
loin. On se frotte les yeux, on descend, et de tous côtés
à la fois on interpelle le mayoral. Comment cet accident
s'est-il produit? Nous n'avons éprouvé aucun choc.
Comment à Grenade n'a-t-on pas vérifié l'état des
essieux? comment ne s'est-on pas aperçu de cette
rupture à Loja, où nous aurions trouvé secours et
abri?

La situation n'était pas précisément gaie. Nous étions
à quatre lieues de Loja et à six de Malaga, au milieu de
montagnes désertes, dans le site le plus affreux et le
plus désolé. La nuit était noire, et une bise glaciale
soufflait des gorges de la sierra. Notre seul asile était
une misérable *venta*, la venta *de los Arazolès*, je n'ai
pas oublié son nom, espèce de cabaret borgne, situé au
bord de la route, et devant lequel la diligence s'était
arrêtée : trop heureux encore de trouver en pareil lieu
un refuge quelconque. Il n'y avait pas à délibérer. Nous
suivons donc piteusement nos mules déjà dételées,
et nous entrons après elles par l'unique porte de la
maison. Elle se compose de deux pièces pavées qui
communiquent ensemble. La plus vaste et la plus con-
fortable est au fond, en face de la porte : c'est l'écurie ;
la seconde est la cuisine, au fond de laquelle s'ouvre une
large cheminée, profonde de deux à trois mètres, avec un

vaste manteau sous lequel un homme peut passer debout. Le feu est au milieu de l'âtre; on circule tout alentour. Une lampe de fer suspendue au manteau de la cheminée éclaire l'appartement. Ni chambres, ni lits : au-dessus il n'y a que des greniers et des soupentes, où juchent les maîtres du logis. C'est dans cet aimable séjour qu'il nous fallait passer la nuit.

Des muletiers, des paysans, enveloppés dans leurs mantes et couchés à terre, ronflaient le long des murs. Quand nous entrâmes, des Espagnols qui étaient descendus de voiture avant nous s'étaient déjà emparés de quatre ou cinq chaises de paille, seuls siéges qui fussent dans la venta, et fumaient rangés autour du feu. Il ne restait plus pour les dames qu'une chaise boiteuse. Aucun d'eux ne bougea : un Espagnol ne se dérange jamais. Trois voyageurs se levèrent cependant, et offrirent poliment leurs siéges et leur place au foyer : je me hâte de dire que c'étaient des Anglais. Enfin chacun se case comme il peut dans un coin, et tâche de prendre patience en attendant le jour. Ce tableau d'intérieur ne manquait pas de couleur locale. Une poule, tapie dans le coin de la cheminée, abritait paisiblement sa couvée. Les mules, qui piaffaient à côté en mangeant leur orge, allongeaient de temps en temps la tête dans notre chambre à coucher. Des hirondelles qui avaient suspendu leur nid aux poutres du plancher montraient par moments au dehors leurs petites têtes noires, inquiètes de ces hôtes nombreux et de ce bruit inaccoutumé.

Le mayoral, sans se soucier davantage de nous, était

allé se coucher dans le grenier au foin. Nos compagnons de voyage, M. de L*** et M. du S***, furieux de l'incurie de ce drôle, vont sur la route à la recherche des gardes civils : ils veulent porter plainte et s'informer s'il n'y a pas quelque moyen de continuer notre voyage jusqu'à Malaga. Au bout d'une heure ils rentrent : ils n'ont point trouvé de gardes civils; mais ils ont aperçu des hommes de mauvaise mine qui semblaient les suivre et les observer. Comme ils étaient sans armes, ils ont jugé prudent de venir chercher leurs revolvers. Nous nous rappelons alors avoir vu sortir de la venta, quelques instants après eux, deux des hommes qui dormaient couchés à terre. Il n'y a plus, dit-on, de brigands en Espagne; brigands de profession, s'entend; mais à l'occasion tout paysan espagnol est voleur, et ne se fait faute de détrousser les voyageurs.

Le jour venu, nous apprenons que le *delantero* est parti à cheval pour aller chercher du secours. Toutefois cela ne nous console guère : il paraît qu'on ne peut trouver à Loja ni un essieu pour remplacer le nôtre, ni un forgeron pour le réparer. Il faut aller jusqu'à Grenade chercher une autre voiture : mais elle ne peut être ici que dans dix à douze heures; nous n'arriverons à Malaga que demain; et il sera trop tard, le paquebot sera parti.

Un jeune paysan, à qui on a promis une grosse *propinà,* nous amène enfin, vers six heures du matin, deux gardes civils : j'ai déjà dit que c'est la gendarmerie d'Espagne. Nos gendarmes écoutent avec une dignité bienveillante le récit de notre catastrophe; ils témoignent une vive sympathie pour nos malheurs. Le mayoral est appelé. On discute, on crie; tous les voyageurs s'en mêlent; mais il est visible que notre éloquence n'est pas de force à lutter contre celle des Espagnols. Les gardes civils font semblant de rédiger un bout de procès-verbal, et cinq minutes après nous les voyons attablés avec le mayoral.

Le soleil cependant était levé depuis une heure, et, malgré nos préoccupations, un appétit féroce, aiguisé par l'air de la montagne, commençait à se faire sentir chez tout le monde. Mais l'aspect délabré et les murailles nues de la venta n'avaient rien de rassurant sous ce rapport. On va chercher le panier de provisions, qui est resté dans la diligence; on en interroge les profondeurs, et on constate avec effroi qu'il est vide : le peu qui restait du dîner de la veille a disparu. Probablement le *delantero* aura voulu déjeuner avant de partir. L'hôtesse est heureusement enfin sortie de sa soupente; on finit par lui arracher quelques œufs et un pain. M. de L***, qui s'est trouvé plus d'une fois à pareille épreuve en Espagne, se charge de l'assaisonnement. Il relève bravement ses manches, va décrocher une espèce de poêle suspendue à la cheminée, verse dedans de l'huile de la lampe, qu'il fait brûler pour lui ôter son abominable saveur rance; on y casse les œufs, on y mêle quelques tranches de jambon; et le tout est servi sur un escabeau boiteux, avec l'unique fourchette qu'on a pu trouver dans la venta. Je n'ai pas besoin de dire que nous fîmes gaiement honneur à ce déjeuner

tout espagnol. La
bonne humeur avait
repris le dessus :
nous prenions notre
mal en riant ; et
nous mangions à
la turque, un peu
avec la fourchette
et beaucoup avec
les doigts. Pendant

ce temps-là nos Anglais se confectionnaient gravement un potage avec des tablettes de bouillon.

C'était quelque chose d'avoir déjeuné dans ce désert; il restait à en sortir. Quel parti prendre? Passer là la journée, au risque de mourir de faim, pour arriver le lendemain à Malaga, après le bateau parti, avec la perspective d'attendre dans cette ville, pendant une semaine, le passage d'un autre bateau: c'était à faire reculer les plus intrépides. Que faire donc? Retourner à Grenade. Il n'y avait pas d'autre alternative. — Mais comment? Là était l'embarras. On s'informe à l'hôte: il n'y a, à une lieue à la ronde, ni cheval, ni voiture. Des charrettes passent sur la route; ce sont des *galères* conduites par des paysans; mais les unes sont chargées, les autres ne vont pas jusqu'à Loja. La position devenait de plus en plus critique. Enfin un jeune montagnard à la mine avenante consent à nous prendre. On charge nos malles; nous nous hissons par-dessus; on fouette les mules, et vogue la galère!...

Galère, en effet: c'est bien le nom qui convient à cette affreuse machine. Qu'on se figure un panier, traversé par un essieu, touchant presque à terre par en bas, arrondi en cerceau par en haut. Dans la partie inférieure on entasse les bagages, les meubles, les denrées de toute sorte: les gens du pays étendent là-dessus des matelas, sur lesquels ils se couchent; et on voit souvent des familles entières voyageant sur leur mobilier dans ces véhicules tout primitifs. Malheureusement nous n'avions point de matelas pour amortir les rudes cahots de la route: nos malles et nos sacs nous faisaient une couchette un peu dure. Avec cela la chaleur devenait de plus en plus forte; si bien que la route nous parut longue jusqu'à Loja, et que cette fois l'auberge des Anges nous sembla positivement un coin du paradis.

On nous reçut avec cordialité. Le soir, nous allâmes

nous promener dans la vallée, qui est d'une fraîcheur délicieuse. Les paysans regagnaient lentement la ville, poussant devant eux leurs ânes chargés de bois ou de fourrages. Le chemin était bordé d'arbres fruitiers en fleur; les eaux murmuraient de tous côtés sous les pervenches. Cette charmante soirée nous fit oublier les agitations de la nuit et les fatigues du jour. Nos hôtesses nous logèrent de leur mieux, et même, par une

attention délicate qu'elles nous firent remarquer, nous
donnèrent des draps blancs. Hélas! ce n'était pas
assez pour nous assurer un sommeil tranquille. Jusque-
là, dans les grands hôtels où nous avions logé, nous
n'avions point eu à souffrir de ces odieux insectes qui
sont la plaie du Midi, et nous étions tentés de croire
que, comme les brigands, ils étaient devenus un mythe
en Espagne. Cette nuit passée à Loja nous détrompa
cruellement.

Le lendemain, nous arrivions à Grenade vers quatre
heures du soir, et nous saluions ses murs, que nous
avions cru ne revoir jamais. On nous attendait à l'hôtel
Ortiz : une dépêche télégraphique envoyée de Loja avait
annoncé, dès la veille, notre mésaventure et notre
retour. Nous eûmes le plaisir d'y retrouver encore
notre ami Sch***, qui avait, sur cet avis, retardé son
voyage pour Madrid.

CHAPITRE X

Nous voilà donc revenus malgré nous à Grenade, et malgré nous obligés d'y passer quelques jours encore. A dire vrai, nous en sommes déjà plus qu'à demi consolés. Nous étions partis à regret, par un effort de raison. La fortune nous a arrêtés en chemin. Qu'y faire? Il n'y a plus qu'à se résigner, et à jouir tranquillement des loisirs inattendus que nous ont faits les diligences espagnoles.

La résignation est facile. Ces beaux lieux invitent au repos, et respirent je ne sais quelle mollesse. On s'y laisse aller à son insu. Le jour, nous faisons une visite à l'Alhambra. Le soir, nous errons sous les épais ombrages des jardins; la lune y jette, à travers leurs voûtes sombres, sur les vasques des fontaines et les murs démantelés de la forteresse, des rayons fantastiques. Il y a, en arrière des Tours-Vermeilles, une promenade en terrasse qui domine la ville vers le sud, et d'où la vue s'étend au loin : nous allons nous asseoir là, après le dîner, et nous y passons de longues heures à contempler ce beau paysage, plus doux encore sous les molles clartés d'une nuit de printemps.

Un soir que la chaleur était plus forte, nous eûmes la fantaisie de descendre dans la ville et d'aller prendre des glaces au café qui est près de l'Alameda. Les cafés sont généralement mauvais en Espagne, bien qu'ils soient très-fréquentés, et que l'usage permette aux femmes d'y aller. Ce sont d'affreuses tabagies, où tout le monde fume, le chapeau sur la tête, et où il se fait un bruit insupportable. Ce serait peu, et je pardonnerais aux Espagnols leur crainte exagérée des rhumes de cerveau s'ils étaient plus polis avec les femmes. Mais ils prennent avec elles des manières auxquelles on a peine à se faire : ils ont dans leurs paroles, leurs regards, leurs gestes, une liberté qui va jusqu'à l'impertinence. Nous en fîmes une première fois l'expérience dans le café de Grenade. Sur l'Alameda, où nous essayâmes de faire, en sortant, quelques tours de promenade, les mêmes faits se reproduisirent, et il fallut quitter la place.

On me dit que c'est tout simplement chez eux de la galanterie; que ces façons sont passées en usage; que les femmes en Espagne y sont accoutumées, et ne s'en choquent point. J'ai même lieu de croire qu'elles les trouvent de leur goût et les encouragent. Si c'est là la galanterie castillane, voilà encore une de mes illusions qui s'en va.

Partout, en Andalousie, nous avons remarqué que nos costumes de voyageurs excitent un étonnement railleur, une curiosité goguenarde, presque insultante; et cela non pas seulement dans le bas peuple, mais de la part de personnes qui semblent appartenir à une classe plus élevée. En aucun pays d'Europe je n'ai vu chose pareille, au même degré. En Orient même, la curiosité des gens du peuple est naïve, jamais blessante : les Orientaux sont graves. Ici, on sent qu'on est dans un pays qui a été longtemps fermé, séparé du monde entier, qui voit rarement des étrangers, et qui ne les voit pas d'un bon œil. Moitié orgueil, moitié ignorance et préjugé, l'Espagnol semble regarder les étrangers avec défiance; il est pour eux peu hospitalier et peu bienveillant. Cela est vrai surtout de la province de Grenade, la plus arriérée peut-être de tout le royaume. Le jugement que j'en porte ici n'est pas le mien propre; c'est celui que j'ai entendu exprimer au gouverneur même de Grenade, dans une visite que j'ai eu occasion de lui faire, et où je n'ai eu, je dois le dire, qu'à me louer de sa courtoisie.

Ce même soir, comme nous revenions à notre hôtel, dans la grande rue du *Zacatin*, on nous jeta des pierres. Quelques instants plus tard, dans la rue de *los Gomelès*, on nous en jeta une seconde fois. Il est vrai que c'étaient des enfants; mais les enfants, en pareil cas, ne font qu'exprimer tout haut, avec leur naïveté effrontée, les sentiments et les préjugés populaires. Ce n'est point là, d'ailleurs, un fait exceptionnel; il s'en faut. J'ai ouï dire à des Françaises établies depuis plusieurs années à Malaga et à Alicante, que bien des fois elles ont été en butte à des attaques de ce genre. Alexandre Dumas raconte qu'il y a vingt ans, dans cette même rue de *los Gomelès,* ses amis et lui furent aussi assaillis à coups de pierres, et plus rudement que nous.

Il était à peine neuf heures du soir quand cette seconde agression eut lieu. Un de nous avait été atteint à la tête ; heureusement le chapeau le protégea. Nous appelâmes un *sereno ;* nous lui indiquâmes la maison où s'étaient réfugiés les agresseurs. Mais il se trouvait que c'était celle d'un brigadier de l'armée : la maison d'un officier supérieur est sacrée pour un *sereno,* et nous dûmes convenir que sans doute nous nous étions trompés.

Si, à neuf heures du soir, on est exposé à recevoir des pierres, à minuit on courrait grand risque d'être dévalisé. Grenade, comme Malaga, comme Valence, est pleine de mendiants et de vagabonds. Il y a quelques années, un Anglais, le capitaine Armstrong, est arrêté un soir, dans une rue de Grenade, par un bandit armé d'un bâton, qui lui demande sa montre. L'Anglais, sans répondre, tire de sa poche, au lieu de la montre, un revolver, et couche en joue son homme. Les rôles étaient changés. Le capitaine, froidement, lui ordonne d'ôter sa cape, puis sa veste, puis ses culottes et le reste, s'empare du tout, et envoie son voleur, nu comme Adam, se promener au clair de lune. Sous le ciel de l'Andalousie, le châtiment n'était pas bien sévère.

Ces petites aventures nous ont dégoûtés de la ville. Nous restons sur notre colline, près du palais des rois maures, tout peuplé de poétiques souvenirs; nous restons à notre petit hôtel, où nous trouvons une société aimable, avec laquelle nos relations deviennent chaque jour plus intimes. Nous formons là comme un petit monde à part. Le soir, après la promenade, nous nous asseyons dans la cour de l'hôtel, sous un berceau de pampre. L'air est si doux, si tiède, que nous y restons jusqu'à onze heures ou minuit, causant, fumant ou prenant le thé. Quelquefois notre ami Sch*** va décrocher la guitare de Mariano, et nous chante à demi-voix des airs italiens, ou nous parle de sa chère Sicile, que l'Andalousie lui rappelle sous bien des rapports.

Il fallut enfin songer au départ. Nous avions été si mécontents de l'entreprise de diligences qui nous avait laissés en pleine nuit dans la venta *de los Arazolès*, que nous voulûmes nous adresser à une autre compagnie, qu'on nous dit être mieux organisée. Nous dîmes une seconde fois adieu à l'hôtel Ortiz et à ses hôtes : Mariano nous accompagna jusqu'au bureau de la diligence, et nous recommanda au mayoral, qui était de ses amis. Cette fois, nous partions dans de bonnes conditions, et tout nous faisait croire que nous arriverions sans encombre. Mais il faut croire qu'il y avait un sortilége sur nous, et que nous avions rencontré quelque gitano qui avait le mauvais œil. Non-seulement nous ne devions pas arriver, mais il était dit que nous ne partirions pas ce jour-là; et cette fois l'aventure, qui n'avait été que plaisante à la venta, allait tourner à la tragédie.

Les bagages étaient chargés, les mules étaient attelées; on n'attendait plus que le coup de quatre heures pour faire monter les voyageurs en voiture et partir. J'étais encore dans le bureau de poste. Nos deux compagnons de voyage, M. de L*** et M. du S**, étaient dans la rue, avec Mariano, causant au milieu d'un groupe. Il y avait là, comme c'est l'ordinaire au moment du départ d'une diligence, grand nombre de curieux, d'oisifs, de promeneurs. Tout à coup j'entends un coup de pistolet. Je m'élance vers la porte, pensant que ce sont des Espagnols qui se battent. A quelques pas, au milieu du groupe où se trouvaient nos amis, je vois un homme qui s'affaisse pâle et défaillant, ses vêtements tachés de sang. On s'empresse, on le relève, on le porte dans une maison voisine. Mariano accourt, et m'apprend ce qui vient d'arriver. Ce n'est point une rixe. En examinant un revolver, M. de L*** a fait involontairement partir le coup; la balle a frappé au ventre un pauvre mayoral. On craint que la blessure ne soit grave.

« Rentrez, me dit-il, et surtout que ces dames ne se montrent pas. » Il y avait un peu d'émotion dans la foule. En ce pays-ci, les esprits s'échauffent aisément, surtout contre les étrangers. Mariano m'a avoué depuis qu'il avait eu un moment d'inquiétude, au moins pour M. de L*** : il eût suffi d'un soupçon, d'une parole imprudente pour qu'on lui fît un mauvais parti. Les Andalous ont la main légère, et un coup de couteau est

si vite donné! Heureusement, dès le premier instant,
il fut évident pour tout le monde qu'il n'y avait là
qu'un malheur, un accident, tout au plus une imprudence.

Cependant on emportait le blessé à l'hopital. La
garde civile arrivait; on arrêtait M. de L***, et on l'em-
menait en prison. Quand ce sont des Espagnols qui ont
échangé des coups de fusil ou de *navaja,* la garde
arrive ordinairement trop tard, après que le coupable s'est esquivé. Mais lorsqu'il s'agit d'un étranger,
oh! c'est bien différent : il y a une justice en Espagne!

On comprend, au milieu de tout cela, notre émotion,
nos anxiétés. De partir en de telles conjonctures, il n'y
fallait plus songer : nous ne pouvions pas laisser notre
malheureux compagnon dans une pareille situation.
Je donne ordre de décharger nos bagages; Mariano
fait appeler une voiture, et nous retournons à notre
hôtel.

Quelques minutes après, M. du S** et moi, accompagnés de Mariano, qui nous sert d'interprète, nous
nous mettons en campagne pour tâcher de tirer
d'affaire notre compatriote. Je m'enquiers s'il y a à
Grenade un consul de France; on me dit, à mon grand
étonnement, qu'il n'y en a point. Nous allons chez le
capitaine général, qui est le magistrat compétent pour
tous les faits concernant les étrangers. Impossible de
le voir; après quatre heures ses bureaux sont fermés.
Nous nous rendons à la prison. Le geôlier refuse de
nous laisser entrer : le juge, dit-il, interroge en ce
moment le prévenu. Nous revenons au bout d'une

demi-heure : il est trop tard; le règlement ne permet plus d'admettre les visiteurs. Nous entendons enfin ce qu'il veut dire, et, moyennant un douro, la porte s'ouvre.

C'est quelque chose de sombre, de sinistre et d'infect que cette prison. Des murs crasseux et suintants, des corridors noirs et humides; tout au fond, au bout d'une voûte basse et obscure, dans une cour pavée, derrière une double barricade formée de solives reliées par des barres de fer, une vingtaine de gueux en guenilles, à la mine patibulaire, qui venaient se coller la figure aux barreaux, et nous regardaient avec des yeux hagards, comme des bêtes fauves dans une cage. Le personnel de la prison me paraissait plus effrayant encore que la prison elle-même. Fort heureusement pour notre ami, on ne l'avait pas mis avec ces brigands. Le concierge, flairant une riche proie, l'avait gracieusement installé dans la meilleure chambre du logis; un affreux galetas, mais où du moins il était seul. Nous le trouvâmes là, fort triste, fort agité, moins inquiet de lui-même que du blessé. Dans la soirée, plusieurs des jeunes Anglais et Américains qui étaient à l'hôtel Ortiz vinrent aussi le voir, lui offrant leurs bons offices et jusqu'à leur bourse. Ces témoignages de sympathie de la part d'étrangers que nous connaissions depuis huit jours à peine, nous touchèrent très-vivement.

Le soir, vers dix heures, comme je venais de rentrer chez moi, on m'annonça une visite à laquelle j'étais loin de m'attendre : c'était le juge qui avait interrogé M. de L*** et fait les premiers actes d'instruction. Ce juge était

un grand homme maigre, d'une cinquantaine d'années,
les cheveux ras et grisonnants, de petits yeux gris en-
foncés sous d'épais sourcils, le nez pointu, la bouche
pincée et dure ; une figure moitié renard et moitié loup.

Il venait, disait-il, de la part de notre compatriote, nous
engager à ne point retarder davantage notre départ ; sa
détention pouvait se prolonger ; l'affaire était grave, la
blessure profonde ; les médecins craignaient une péri-
tonite ; l'homme pouvait en mourir, et alors la peine,

même au cas d'une simple imprudence, pouvait être sévère. Il ne pensait pas toutefois que cela pût dépasser sept à huit mois de prison... Au surplus, cela ne le regardait point, l'affaire était de la compétence du capitaine général; à moins cependant que le prévenu ne déclarât opter pour sa juridiction, ce qui serait plus expéditif et épargnerait bien des lenteurs. Tout cela dit avec les formules solennelles et emphatiques qui sont habituelles aux Espagnols, et d'un air mielleux et obséquieux qui m'inspirait peu de confiance. Je remerciai froidement, et je répondis que je m'entendrais avec notre compatriote sur ce qu'il y aurait à faire.

J'entrevoyais bien, à travers les phrases de ce vieux loup-cervier, l'intention de nous effrayer et probablement de nous arracher de l'argent. Il était clair que sa visite n'avait d'autre but que d'attirer à lui l'affaire, qui régulièrement allait au capitaine général. Mais, d'un autre côté, je n'étais pas sans inquiétude sur les suites possibles de l'événement, et j'avais hâte de voir M. de L*** tiré des griffes de la justice espagnole. La blessure, après tout, pouvait être dangereuse; elle pouvait être mortelle. Dans cette incertitude, il me semblait que ce qui importait avant tout, c'était d'obtenir, coûte que coûte, et dans le plus bref délai, sa mise en liberté provisoire. Car, une fois hors de prison, si l'affaire prenait une mauvaise tournure, si l'homme succombait et qu'une condamnation fût à craindre, on pouvait s'esquiver : avec un guide sûr, en prenant par la montagne, rien de plus facile que de gagner Gibraltar. C'était aussi l'avis de Mariano, qui se faisait fort, en cas de besoin, de procurer les moyens de fuite et s'offrait à accompagner lui-même M. de L***.

Le lendemain, de bonne heure, nous retournâmes chez le capitaine général. Mais ce fut vainement que nous insistâmes pour le voir : il présidait un conseil de guerre; le conseil devait durer toute la journée; il nous serait impossible d'avoir audience ce jour-là. Le lendemain, qui était dimanche, le capitaine général serait encore invisible. Il fallait attendre au lundi. Deux jours de retard pouvaient aggraver singulièrement la situation. Les médecins de l'hôpital, soit ignorance, soit calcul, refusaient de s'expliquer. La balle était-elle restée dans la blessure? Ils n'en savaient rien, et demandaient cinq ou six jours pour émettre un avis.

Ne sachant que faire, et en désespoir de cause, nous allons trouver notre vieux juge. Avec lui, il était évident que c'était une affaire d'argent à traiter, et rien de plus. Nous lui demandons quelle caution il faudrait verser pour obtenir l'élargissement du prévenu. Il parle de 1500 douros[1]. C'était monstrueux. Nous nous récrions; nous marchandons. Il se rabat à 1000 douros. Nous en offrons 500. Il refuse, et nous nous en allons, comme des acheteurs à qui on surfait un chapeau ou une paire de bottes. Il ne fallait pas se le dissimuler, en effet : quelle que fût la somme remise entre ses mains à titre de caution, on courait terriblement risque de n'en ravoir jamais rien.

---

[1] Environ 7000 francs (le douro d'Espagne vaut 5 fr. 26 c.).

A ce moment j'appris, ce que j'avais ignoré jusque-là, qu'il y avait à Grenade un vice-consul de France. J'y cours. C'était un banquier espagnol, circonstance que je jugeai tout de suite peu favorable. Je lui présente mes lettres de recommandation ; je lui raconte l'affaire, le coup de pistolet, l'arrestation de notre compagnon de voyage, et notre embarras. Il m'écoute poliment, mais froidement. Dès la veille au soir il avait appris l'événement ; mais il ne s'en était pas autrement ému ni préoccupé. Sur ma prière, cependant, il daigna me promettre de voir le juge. Une heure après, en effet, il me faisait savoir que le juge se contentait de la caution de 500 douros [1].

Il n'y avait guère apparence que nous pussions avoir de meilleures conditions ; et il me semblait que le vice-consul nous avait rendu, en obtenant cette réduction, un certain service. J'ai su depuis que ce chiffre de 500 douros est le maximum de ce que la loi autorise le juge à exiger dans les cas les plus graves. C'est à cela que se réduisit l'intervention en notre faveur de l'agent consulaire de France. Mais quoi ! j'ai dit qu'il était Espagnol...

Restait une difficulté : il fallait trouver les fonds, il fallait les trouver tout de suite, et en espèces sonnantes. Le gouvernement paie ses créanciers avec du papier ; mais quand on consigne une somme en justice, il faut qu'elle soit versée *en metalico*. Nos bourses étaient à sec ; le séjour prolongé à Grenade avait épuisé nos

[1] Environ 2,600 francs.

ressources : je n'avais de lettres de crédit que sur Malaga. Le vice-consul s'était bien mis à ma disposition, *todo a la disposicion de Usted,* selon la formule espagnole; mais on sait ce que cela vaut : on vous offre tout, à la condition que vous ne demanderez rien. Ortiz, le propriétaire de notre hôtel, un brave homme, celui-là, et plein de cœur, offre inutilement sa garantie hypothécaire : le *metalico* est rare; notre consul-banquier nous affirme qu'il ne possède pas un doublon. Enfin Ortiz a des amis qui, sur sa signature, nous prêtent la somme dont nous avons besoin. Une heure après, M. de L*** était mis en liberté, sous la condition de rester à Grenade jusqu'à la terminaison de l'affaire, et de se présenter deux fois par semaine devant le juge.

J'ai voulu raconter cette aventure dans tous ses détails, parce qu'elle m'a paru caractéristique et de nature à mettre en lumière par plus d'un côté les procédés et la moralité de la magistrature espagnole. Il faut dire ici que le juge de Grenade n'est pas un fonctionnaire subalterne; c'est un magistrat d'un ordre élevé; son autorité est considérable : il juge seul, en premier ressort, les affaires civiles et criminelles de toute la province. Il n'y a au-dessus de lui que l'*audiencia,* ou cour d'appel.

Il est probable que si un concours singulier de circonstances fâcheuses ne nous avait pas empêchés de voir le capitaine général, nous nous en serions tirés avec lui à meilleur compte. Une sorte de fatalité obstinée nous livra aux exactions de cette espèce de Grippeminaud. De la somme versée pour sa caution,

M. de L***, je crois, n'a jamais revu un maravédis.
Une petite partie a été remise au blessé à titre d'indemnité : j'oubliais de dire, en effet, que la blessure se
trouva n'être qu'une égratignure, et qu'au bout de
quatre à cinq jours le mayoral avait repris son service. Le reste de l'argent a passé en frais de justice,

partagés entre le juge et son *escribano*, autre animal
de proie qui chassait de conserve avec lui[1].

Comment s'étonner qu'il n'y ait plus de sens moral
chez un peuple, quand la justice est tombée si bas?
Comment s'étonner aussi que les étrangers s'éloignent

[1] J'ai su depuis que, grâce à d'actives démarches, M. de L*** avait été
assez heureux pour se faire rendre une partie de la somme déposée par
lui : ce qui, au dire du consul de Malaga, serait un fait à peu près sans
exemple.

d'un pays où ils ne trouvent ni protection pour leurs personnes, ni sûreté pour leurs intérêts; où ils ne rencontrent chez les représentants de l'autorité ni probité ni justice; dans les populations, ni sympathie, ni bienveillance? De tous les Français que j'ai vus en Espagne, hommes de toute classe et de toute position, qu'ils y fussent depuis deux ans ou depuis vingt, il n'en est pas un à qui je n'aie entendu exprimer l'ardent désir de quitter ce pays.

Tout étranger ici est mal vu; il paie tout plus cher; il trouve partout, quoi qu'il fasse, des difficultés et des obstacles. L'Espagne doit aux étrangers tous les progrès qu'elle a faits : au lieu de bon vouloir et de concours ils n'ont rencontré partout que méfiance, jalousie, hostilité sourde. L'orgueil national souffre de leur supériorité. On aimerait mieux ne voir aucune amélioration se faire, que de la devoir aux étrangers, et d'être obligé d'avouer que la noble Espagne n'est pas à la tête de l'Europe. Aujourd'hui que les chemins de fer sont construits, par exemple, on accable d'ennuis et de déboires les ingénieurs, les mécaniciens, les administrateurs anglais ou français; on les force presque tous à quitter la place : ce sont des Espagnols qui les remplacent, la plupart d'une incapacité qui n'a d'égale que leur suffisance; sans études sérieuses, sans expérience pratique, et souvent, quand ils ont des brevets, les ayant achetés à beaux deniers comptants. Dieu sait ce que deviendront de telles entreprises entre de telles mains!

Les Espagnols ont été un grand peuple; mais de leurs vertus antiques je cherche ce qui reste.

Ils sont toujours sobres, cela est vrai : de Pampelune à Cadix vous ne verrez pas un ivrogne. Mais tous les peuples du Midi sont sobres. Les Arabes, les Turcs même, les Italiens sont sobres. Sous ce ciel de feu, la sobriété n'est pas une vertu, elle est une nécessité, une loi du climat, à laquelle on ne désobéit pas impunément. Tout homme intempérant est d'avance condamné à mort.

Ils ont peu de besoins; ils n'ont nul souci du bien-être matériel; et on les a loués d'être en cela des philosophes. Cette belle philosophie est malheureusement, pour plus de moitié, faite de paresse et de mépris du travail. Il faut dire aussi que s'ils n'ont pas le goût de ce que nous appelons le *comfort*, ils ont le goût effréné du luxe, le luxe d'apparat, celui de la toilette et des ajustements. L'objet est autre; mais la passion est la même. Tel Espagnol qui n'a pas de chemise, se promènera majestueusement drapé dans une cape qui lui a coûté deux cents francs. Tel autre qui n'a pas de quoi dîner, étale sur son gilet une magnifique chaîne d'or. Ce goût pour la toilette, pour le clinquant, pour les bijoux, pour les dorures, ils le poussent à l'excès le plus extravagant. Naturellement les femmes sont, en cela, en première ligne; mais les hommes n'en sont guère moins atteints : ils ont les doigts chargés de bagues; ils portent des chaînes d'or d'une grosseur ridicule, ciselées, guillochées, ornées de pierreries et de breloques, comme en portent chez nous les marchands d'orviétan. Si ce n'était qu'affaire de goût, ce ne serait rien; mais ils s'y ruinent.

Un de nos amis (c'était le spirituel artiste dont le crayon, à chaque page de ce livre, fait revivre l'Espagne avec tant de finesse et de vérité) alla un jour commander à un tailleur de Malaga des culottes de cuir à boutons brillants, comme en portent les paysans de cette province. L'ouvrier auquel on l'avait adressé

habitait une espèce de bouge obscur et infect; il était vêtu comme un mendiant; ses enfants, à la mine malingre, n'avaient sur le corps que des guenilles; sa femme, malade, gisait sur un grabat. Trois jours après, comme notre ami était chez lui, entre un monsieur élégamment habillé et frisé, portant une redingote noire, des bottes vernies et un feutre à la mode. Il eut peine à le reconnaître : c'était son tailleur qui lui rapportait les culottes commandées. Cet homme avait à

peine du pain pour ses enfants; mais à la ville il était
vêtu comme un seigneur.

Un ancien voyageur français raconte ceci : « Un
« cordonnier s'approche d'une femme qui vendait du

« saumon. « Sans doute, lui dit-elle, Votre Grâce en
« demande parce qu'elle le croit bon marché; mais elle
« se trompe, il vaut un écu la livre. » Le cordonnier,
« indigné, lui répond : « S'il avait été à bon marché, il
« ne m'en aurait fallu qu'une livre; puisqu'il est cher,

« j'en veux trois. » Aussitôt il lui a donné trois écus ;
« et, enfonçant son petit chapeau après avoir relevé
« sa moustache par rodomontade, il a relevé la pointe
« de sa formidable épée jusqu'à l'épaule, et nous a
« regardés fièrement, voyant bien que nous écoutions
« son colloque, et que nous étions étrangers. La beauté
« de la chose, c'est que peut-être cet homme si glo-
« rieux n'a rien au monde que ces trois écus-là, que
« c'est le gain de toute sa semaine, et que demain
« lui, sa femme et ses petits enfants jeûneront plus
« rigoureusement qu'au pain et à l'eau. Mais telle est
« l'humeur de ces gens-ci : il y en a plusieurs qui
« prennent les pieds d'un chapon, et les font pendre
« par-dessous leur manteau, comme s'ils avaient effec-
« tivement un chapon, et ils n'en ont que les pieds. »
Depuis que Mme d'Aulnoy a écrit cela, et sauf que les
cordonniers ne portent plus l'épée, les choses n'ont
pas changé.

Ils sont aussi fanfarons qu'il y a deux siècles. Sont-ils
aussi braves ? Il y a des gens, et qui prétendent les bien
connaître, qui en doutent. Je ne saurais, quant à moi,
partager cette opinion. Un peuple ne change pas ainsi
de tempérament, et cette race est naturellement hardie
et vaillante. Ils nous l'ont bien prouvé pendant la guerre
de l'indépendance, à Saragosse et ailleurs. Mais ce
qu'on ne peut nier, c'est qu'un étrange abâtardissement
semble s'être produit dans les classes les plus élevées
de la nation : on en a eu l'an dernier un triste exemple,
lors de l'invasion du choléra en Espagne : il ne se peut
rien imaginer de plus honteux que la lâcheté, la déser-

tion universelle, le sauve-qui-peut général des riches,
des fonctionnaires de tout ordre, des ministres même
et de toute la cour.

Je ne crois pas davantage ce que j'entends souvent
répéter : que l'Espagne est un pays en décomposition,
un peuple usé et perdu sans ressource. Non, ce sont
là des exagérations de journeaux. Les Espagnols sont
un peuple non pas usé, mais engourdi, paralysé par le
despotisme, par l'ignorance, par la superstition, par
l'isolement systématique où on l'a tenu depuis deux
siècles. Il a été écrasé et comme étouffé sous une cloche
de plomb : qu'on lui rende l'air et la lumière, et vous
verrez la vie déborder en lui. Les hautes branches
sont pourries; mais le tronc est sain encore, vigoureux,
plein d'une séve puissante, même un peu âpre, et qui
n'a besoin que de culture. L'avenir de l'Espagne est là;
il est dans le peuple, surtout dans le peuple des provinces du nord, race plus énergique, ayant plus de
ressort et plus d'élévation morale. Même dans le sud,
où la race est plus molle, et la moralité plus abaissée,
c'est encore le peuple qui est l'élément le plus vivace
et le plus sain; c'est là qu'on retrouve le plus de trace
des vieilles et fortes qualités de la nation.

Le malheur de l'Espagne, c'est de n'avoir pas eu,
quand elle est entrée dans la voie des réformes sociales
et politiques, un tiers état intelligent, éclairé, énergique, capable de faire chez elle un 89, et de gouverner
le pays à la place d'une monarchie décrépite et d'une
aristocratie ignorante. Faute de cet élément, à la fois
progressif et conservateur, elle se débat depuis cin-

quante ans dans les convulsions de la guerre civile,
déchirée par des réactions sanglantes, passant des
excès de la révolution à ceux de l'absolutisme, dévorée
tour à tour par tous les vainqueurs, s'enfonçant chaque
jour davantage dans la décadence et la ruine.

Quand je suis allé en Espagne, le mouvement tenté
par le général Prim venait d'échouer; mais on s'attendait à de nouveaux et prochains ébranlements. L'insurrection couve toujours sous la cendre dans cet infortuné
pays : elle y est passée à l'état chronique, ou, si on veut,
intermittent. Tous les ans ou tous les six mois, plus ou
moins, il faut s'attendre à une révolution. Huit jours
avant mon arrivée à Malaga, il avait failli y avoir un
pronunciamiento; et le jour où j'en partais, on embar-
quait pour Bilbao le régiment qui y tenait garnison, et
dont on n'était pas sûr. Madrid pendant ce temps-là
s'agitait sourdement; et au mois de juin suivant
éclatait dans cette capitale une des plus redoutables
insurrections militaires qu'elle ait vues.

Insurrections militaires, révolutions de caserne,
coups d'État de prétoriens, rivalités de généraux qui
montent à l'assaut du ministère et s'enlèvent le pouvoir
à la baïonnette : voilà, depuis de longues années, la
lamentable histoire de l'Espagne. Ce ne sont pas des
partis politiques qui luttent pour le triomphe de certains principes; ce sont, partout et toujours, sous des
drapeaux divers, les mêmes ambitions égoïstes, les
mêmes ardentes convoitises, les mêmes appétits insa-
tiables. Les libéraux renversent les réactionnaires, les
progressistes renversent les libéraux; au fond, rien

n'est changé : il n'y a qu'une révolution de plus, et de l'argent de moins dans les caisses de l'État.

On a calculé que depuis 1834, époque de l'avénement d'Isabelle, jusqu'en 1862, il y a eu en Espagne quatre constitutions, vingt-huit parlements, quarante-sept premiers ministres et cinq cent vingt-neuf ministres à portefeuille, dont soixante-huit de l'intérieur. En moyenne, chaque ministre de l'intérieur n'a duré que six mois. Depuis dix ans, les ministres des finances ne sont pas restés, en moyenne, plus de deux mois en fonctions.

Que résulte-t-il de cette effrayante mobilité du pouvoir? que tous les jours les finances sont plus obérées, le crédit plus épuisé, le désordre plus profond. Aussi le peuple, écrasé d'impôts, en est-il venu à ne plus s'intéresser aux luttes de ces ambitieux faméliques, qui ne se succèdent qu'à ses dépens. Il est comme le renard de la fable ; il n'aspire qu'au repos, et dirait volontiers à ceux qui veulent le débarrasser de ses gouvernants :

> Laisse-les, je te prie, achever leur repas.
> Ces animaux sont soûls. Une troupe nouvelle
> Viendrait fondre sur moi, plus âpre et plus cruelle.
> . . . .
> Plus telles gens sont pleins, moins ils sont importuns.

CHAPITRE XI

NFIN le charme est rompu! Nous
avons pu quitter Grenade, et nous
voici (Dieu en soit loué!) revenus
sains et saufs à Malaga. Non pas tous;
notre petite caravane, si unie depuis
Andujar, s'est notablement réduite.
M. Sch*** a pris par Jaen le chemin de Madrid, et l'infortuné M. de L*** est resté, enrageant et maugréant,

sous la griffe du juge de Grenade. Il ne nous reste que M. du S**, qui, jusqu'à la fin, nous demeurera un fidèle et aimable compagnon.

Le bateau sur lequel nous prenons passage pour Alicante appartient à la compagnie Lopez : cette compagnie passe pour avoir d'excellents paquebots, les meilleurs de tous ceux qui font le service de la côte; réputation peu méritée, autant que j'ai pu en juger par celui où nous nous embarquons. Les installations sont incommodes, les cabines étroites, la propreté douteuse, le service mal fait. Il y a une seule chambre un peu large; c'est la chambre des dames, mais elle est occupée par une famille espagnole composée de cinq ou six enfants; et l'odeur qui s'en échappe, quand on ouvre la porte, ôte l'envie d'y entrer.

Nous partons par un beau temps, le 27 avril, à dix heures du matin. Mais bientôt une brise de l'est assez forte s'élève et contrarie notre marche. La mer devient houleuse et dure; le roulis est assez violent. Nous sommes tous plus ou moins éprouvés par le mal de mer. Seul, M. du S** résiste, et tient courageusement sa place à la table du capitaine : mauvaise table, d'ailleurs, et mal faite pour raffermir des cœurs chancelants.

Nous marchons lentement. Si le vent n'était pas contraire, nous devrions faire le trajet en vingt-quatre heures : il paraît que nous en mettrons trente-six, ou même quarante. Un passager m'apprend que depuis quelque temps la compagnie, par des réductions successives de traitement, a obligé tous ses mécaniciens

français à s'en aller, et les a remplacés par des Espagnols; elle leur abandonne, comme indemnités, les
économies faites sur le charbon. Je ne sais pas si notre
mécanicien économise le combustible; mais nous allons
avec une lenteur désespérante.

Le 28, au soir, nous passons devant Carthagène. Le
paquebot n'y fait pas escale, et je le regrette vivement.
Nous sommes si fatigués, que je me ferais débarquer
ici. Il y a un chemin de fer qui va de Carthagène à
Murcie; et de cette dernière ville à Alicante le trajet
est facile. Au lieu de cela, nous avons encore en perspective six à huit heures de roulis et de mal de mer.

Carthagène est dans une situation admirable. Son
port est le plus beau, le plus sûr de toute l'Espagne;
et il faudrait peu de chose pour en faire un des plus
beaux du monde. Deux hautes montagnes qui ne
laissent entre elles qu'un étroit goulet en défendent
l'entrée, et le protégent contre les grands vents. Des
flottes entières y manœuvreraient à l'aise; et la mer y
est toujours calme comme un lac.

Autrefois riche, commerçante et populeuse, Carthagène n'a plus rien de son ancienne splendeur. « Elle
« est, dit un écrivain espagnol, l'image frappante de
« notre décadence et de notre abaissement. Son port
« était autrefois rempli de navires qui venaient de
« toutes les mers; son commerce embrassait l'an-
« cien et le nouveau monde. Les travaux de son
« arsenal occupaient la moitié de sa population. Tout
« cela a disparu : la marine est ruinée, les fortunes
« particulières anéanties; et la ville des Scipions

« conserve à peine quelques vestiges de sa grandeur
« passée [1]. »

Carthagène est le point de la Péninsule le plus rap-
proché de l'Algérie. Un bateau à vapeur peut aller en
six heures d'ici à Oran. Aujourd'hui que la voie ferrée
se prolonge sans interruption jusqu'à Paris, on peut
gagner par là notre colonie, avec une navigation bien
courte.

C'est de là que partit, en 1509, l'expédition dirigée
par le cardinal Ximenès contre les Maures d'Oran;
expédition hardie et généreuse, qui fut une des gloires
de son administration. Oran était alors, comme Alger,
un repaire de pirates : ils infestaient la Méditerranée,
causaient des dommages considérables au commerce
de toutes les nations chrétiennes, surtout à celui de
l'Espagne, et poussaient l'audace jusqu'à venir piller
les côtes de l'Andalousie. Le cardinal résolut de détruire
ce nid de brigands. Il prit à sa charge tous les frais de
l'expédition; ce qui, malgré l'opulence de l'archevêché
de Tolède, n'était pas un médiocre fardeau. Il fit plus :
quoique âgé de soixante-douze ans, il se mit de sa
personne à la tête de l'entreprise, et en régla tous les
détails.

La flotte était composée de dix gros galions armés en
guerre, et de quatre-vingts vaisseaux de charge. L'armée comptait huit cents lances, sans y comprendre
les autres troupes réglées de cavalerie et d'infanterie
levées aux dépens du cardinal, et grand nombre de

[1] Madoz, *Diccionario geografico de Espana.*

volontaires. Le Vénitien Jérôme Vianelli conduisait la flotte; le comte Pedro de Navarre commandait l'armée.

« Ximenès étant monté, au bruit des acclamations
« de toute l'armée, sur le grand galion d'Espagne qui
« servait d'amiral à toute la flotte, on leva l'ancre.
« Toute l'armée sortit du port de Carthagène et mit à
« la voile le mercredi, 16ᵉ de mai, avec un vent favo-
« rable. Le lendemain, qui était la fête de l'Ascension,
« on découvrit les côtes d'Afrique, et on entra le
« plus heureusement du monde dans le port de
« Masalquivir... »

L'armée, ayant débarqué sans obstacle, marcha sur la ville. « Avant que l'on en vînt aux mains, Ximenès,
« revêtu de ses ornements pontificaux, monta à cheval,
« accompagné des ecclésiastiques et des religieux qui
« l'avaient suivi. Il était précédé d'un religieux de
« Saint-François, nommé Ferdinand, qui portait
« devant lui la croix archiépiscopale, et qui avait une
« épée à son côté par-dessus son sac, aussi bien que les
« autres prêtres et religieux. Ce spectacle bizarre et
« nouveau ne laissa pas que de faire rire toute l'armée,
« malgré la crainte et la vénération qu'inspirait le
« cardinal. Ce fut en cet équipage que Ximenès se
« rendit à la tête de l'armée, et harangua les chefs et
« les soldats [1]. »

Oran fut pris. Trois cents esclaves chrétiens furent rendus à la liberté; et cette victoire entraîna la sou-

____

[1] Mariana, liv. XXIX.

mission d'Alger, de Tunis et de Tripoli. On montre à l'*Armeria real* de Madrid le bouclier et le casque que portait Ximenès à l'attaque d'Oran. Cette armure est d'un poids extraordinaire : le casque pèse vingt livres, le bouclier cinquante, la cuirasse quatre-vingts. Il faudrait un homme vigoureux pour porter sans fléchir le harnais de guerre de ce vieux moine au front pâle, aux yeux caves, et qui semblait exténué par les macérations.

Dans la nuit, vers deux heures, nous sommes enfin devant Alicante. Mais le port est fermé; nous ne pourrons descendre à terre qu'au jour. En attendant, on essaie de dormir : impossible; il faut plus de deux heures à notre équipage pour s'amarrer convenablement et parvenir à jeter l'ancre. Pendant ce temps-là, je me mets en quête pour tâcher de trouver au moins de quoi refaire nos estomacs fatigués par deux jours de mal de mer. Mais le cuisinier est couché; il n'y a qu'un marmiton qui veille, et qui ne peut rien me donner : tout est serré sous clef, jusqu'au pain et au vin; et quant à déranger de son sommeil un maître-coq espagnol, c'est chose trop grave, que ne se permettrait point un subordonné.

Alicante, avec ses maisons blanches ou peintes, a une physionomie moitié italienne, moitié arabe. La ville est petite, assise au pied d'une montagne de craie, aux formes bizarres, calcinée par le soleil. Vue de près, elle n'a pas grand caractère; et pourtant elle me semble plus propre et plus gaie que Malaga. La *fonda del Vapor,* où nous descendons, est tenue par un Italien

qui nous reçoit avec une cordialité expansive. Ce brave
homme nous comblé de toutes sortes d'attentions et
de prévenances : il nous fait servir un déjeuner qui en
toute circonstance eût été fort apprécié, mais qui, après
la traversée que nous venons de faire, nous est particulièrement agréable et réjouissant. Il veut enfin
nous conduire lui-même à Elché et nous servir de
cicerone.

Il n'y a rien, en effet, à voir à Alicante; mais auprès
d'Alicante, à quelques lieues sur la route de Murcie, il
faut aller voir Elché. Elché est certainement une des
villes les plus originales et les plus pittoresques de
l'Espagne.

On suit en sortant d'Alicante une route poudreuse,
qui traverse des campagnes arides. Le sol pierreux se
couvre à peine, çà et là, de quelques maigres orges.
Mais bientôt l'aspect du pays change : la terre, plus
riche, est chargée de moissons; aux oliviers succèdent
les caroubiers gigantesques, les figuiers, les amandiers
et les vignes. Quelques palmiers élèvent leur tête
légère dans la plaine; ils se groupent, comme des
arbres familiers et amis de l'homme, autour des habitations. Leur nombre augmente peu à peu; ils bordent
les champs et la route. Quelques instants encore, et
vous êtes en Orient.

Une forêt, une véritable forêt de palmiers s'étend
devant vous (il y en a, dit-on, de trente à quarante
mille); non point de ces palmiers grêles et rachitiques
comme on en voit en Italie et en Provence, pauvres
exilés qui semblent frissonner et dépérir sous un ciel

trop dur pour eux ; mais des arbres vigoureux et puissants, dont le tronc, droit comme une colonne, porte à quarante, à soixante pieds de hauteur leur ondoyant panache, et dont les files alignées sur les plantations forment des nefs majestueuses. Au milieu de cette

forêt, imaginez une petite ville dont toutes les maisons ont gardé fidèlement le caractère arabe, les fenêtres étroites, les toits en terrasses. Il n'y manque que les aiguilles effilées des minarets : encore l'église d'Elché est-elle surmontée d'une coupole revêtue de tuiles vernies, qui lui donne un faux air de mosquée. Le ciel, qui est d'un bleu cru, la chaleur, qui vers deux heures est devenue intense, ajoutent à l'illusion, et quand, du haut de la tour de l'église, je contemplais ce paysage tout africain, encadré par de petites montagnes de pierre calcaire, aux flancs nus et brûlés, coupées carrément au sommet, je me croyais par moments reporté sur les bords du Nil.

On peut dire, sans exagération, qu'il n'y a, ni en Espagne, ni en Europe, rien de semblable à ce pays d'Elché. C'est véritablement une ville d'Afrique, transportée de toutes pièces, comme par un coup de baguette, de ce côté-ci de la Méditerranée. L'effet est saisissant, si bien qu'on ait été prévenu. Je m'attendais à une espèce de ville arabe en miniature, à une jolie décoration d'opéra, comme les petits villages chinois de la Nord-Hollande. Ce n'est point cela; c'est la végétation même, et le sol et le ciel de l'Orient. Quand vous aurez vu Elché, vous pourrez dire que vous avez vu une oasis du Sahara.

La ville vit en grande partie de ses palmiers. Non-seulement ils lui fournissent des dattes; mais les feuilles, qu'on lie en faisceaux sur l'arbre pour les faire blanchir et qu'on tresse ensuite de mille manières pendant la saison d'hiver, sont vendues pour faire des palmes pascales et font l'objet d'un commerce considérable. On en voit dans toute l'Espagne, presque aux balcons de toutes les maisons : ces palmes bénites passent pour avoir la vertu d'écarter le tonnerre.

Sous la conduite de notre complaisant hôtelier, nous avons fait une promenade dans la forêt. Elle est semée de champs de blé et de maïs, de jardins remplis de grenadiers et d'orangers, où des rigoles distribuent de toutes parts des eaux abondantes. On nous a fait goûter aux dattes : elles sont moins bonnes que celles d'Algérie, mais valent à peu près celles d'Égypte. Un jeune garçon était allé nous les cueillir sur l'arbre même. Cette périlleuse ascension se fait d'une façon toute simple et fort originale. L'homme passe autour de

lui une corde d'aloès qui enveloppe en même temps le tronc du palmier : le dos appuyé à cette corde, il s'arc-boute contre l'arbre avec les pieds, et, profitant des saillies que présente sa surface, grimpe le long de ce tronc vertical avec l'agilité d'un chat sauvage.

La plupart des voyageurs, après avoir vu Alicante et Elché, prennent leur route vers le nord et vont visiter Valence. Ils ont tort. Si vous m'en croyez, vous louerez un voiturin, et vous vous rendrez à Murcie en passant

par Orihuela. C'est une petite excursion qui ne vous laissera regretter ni votre temps ni votre peine.

On peut aller jusqu'à Murcie par la route de terre. Mais l'Indicateur du chemin de fer de Carthagène portant qu'il y a une station à Orihuela, je fais marché avec notre voiturier pour nous conduire à cette station. Nous quittions Alicante le lendemain à cinq heures du matin. Le soleil se leva comme nous franchissions les premières collines en arrière de la ville. La mer et les montagnes étaient toutes roses; il y avait dans le ciel et sur les eaux, et sur les cimes voilées d'une brume légère, des harmonies de ton et des teintes fondues d'une douceur et d'un charme inexprimables.

Nous traversons de nouveau Elché; et pendant que les chevaux soufflent, nous parcourons une partie de la ville que nous n'avons pas vue la veille. Elle est bornée à l'ouest par un ravin large et profond : ce ravin est le lit d'un torrent, en ce moment à sec, mais qui roule l'hiver des eaux terribles. Le pont très-élevé qui le franchit, emporté plusieurs fois, a été reconstruit au siècle dernier sur un plan monumental. Sur les bords escarpés du ravin, se dressent des massifs de nopals, couverts de leurs fleurs jaunes et de leurs figures rougeâtres; des groupes de palmiers les couronnent, dominant de vieilles murailles ruinées et se penchant çà et là sur le lit du torrent. J'aime le palmier : il me fait rêver, il me rappelle l'Orient, ses grands spectacles, ses ruines mélancoliques. Il a une élégance et une majesté incomparables. Son tronc puissant, qui monte d'un seul jet vers le ciel, a visiblement servi de

modèle à la puissante colonne des temples égyptiens,
et son panache qui retombe a fourni le type du large
chapiteau évasé. Le palmier n'a sans doute ni la fraîcheur des feuillages nouveaux dont se revêtent à chaque
printemps nos arbres des climats tempérés, ni leur
mobilité qui ondule au moindre souffle : mais quelle
noblesse et quelle grâce! quelle variété même dans
ses groupes, dans ses attitudes, surtout au bord des
fleuves et des fontaines, lorsque, se courbant sur les
eaux, il relève fièrement sa tête légère! Mais son
caractère propre, c'est la gravité : il est grave comme
les peuples de l'Orient; il est en harmonie avec le ciel
de l'Orient, avec ses solennels paysages et ses tranquilles horizons; il y a en lui comme un parfum de la
poésie biblique et un souvenir des anciens âges.

Au delà d'Elché, la grande route cesse; nous entrons
dans un chemin de traverse, un vrai chemin espagnol,
qui va à travers champs, à peine tracé, et se souciant
fort peu des inégalités du terrain. Mais le pays est des
plus intéressants. Nous sommes sur de hauts plateaux :
l'horizon, très-étendu, est borné de hautes montagnes,
de la forme la plus gracieuse et de la plus charmante
couleur. Les montagnes d'Espagne sont généralement
dépouillées de végétation : de près, ce sont des rochers
brûlés, des escarpements arides, des sommets affreusement nus, déchirés, ravinés. Mais de loin la lumière de
ce beau ciel leur fait comme un vêtement magique, elle
voile leur nudité d'une gaze transparente, glacée du
bleu le plus doux, du rose le plus tendre, veinée par
endroits d'opale ou d'aventurine.

A un certain moment, nous voyons sur notre gauche
étinceler comme une lame d'argent la surface d'un petit
lac. Le chemin est bordé de haies de grenadiers; leurs
fleurs de pourpre brillent dans la verdure luisante. Les
vignes alternent avec les champs de blé : les orges
sont déjà mûres, et l'on commence à les couper. Nous

voyons encore des palmiers; non plus en forêt comme
à Elché, mais en groupes, en bouquets rassemblés
autour des fermes et des villages. Ces villages ont tous
un caractère arabe très-marqué : leurs petites églises
carrées, surmontées d'une coupole, ressemblent à des
chapelles mauresques.

A l'extrémité de cette longue plaine, une chaîne de
montagnes de couleur cuivrée semble nous barrer la

route. Au pied est assise la petite ville de Callosa de
Segura : les ruines pittoresques d'un château arabe la
dominent; sa coupole et son clocher, léger comme un
minaret, s'élancent des masses de verdure où elle est
comme enfouie. Je n'ai rien vu en Espagne de plus

vivement coloré que ce petit coin de paysage. Une
tribu de gitanos campait sur le bord de la route : les
hommes faisaient la sieste; les enfants, nus et noirs
comme de petits mauricauds, se roulaient dans la
poussière, tandis que les femmes préparaient le repas
près des feux allumés.

La route franchit la *sierra* par une étroite coupure;
et tout à coup, au sortir de la gorge, on voit se déployer
devant soi une large et opulente vallée : c'est la plaine

d'Orihuela, la *Huerta* de Murcie. Pour la fertilité et la richesse on peut la comparer à la Lombardie; la végétation y est plus variée, plus luxuriante encore que dans la Vega de Grenade. Les blés ont déjà trois pieds de haut; des figuiers, grands comme des chênes, se mêlent dans les champs aux plantations de grenadiers et d'orangers; les mûriers blancs annoncent l'industrie de la soie; les vignes se suspendent en guirlandes aux ormeaux; dans les jardins, les arbres de nos climats tempérés, pruniers, pêchers, amandiers, confondent leurs fleurs avec les fleurs des contrées méridionales. A droite de la route qui longe la montagne, les pentes rocheuses sont hérissées d'aloès et de cactus; et çà et là quelques palmiers s'élèvent du milieu des jardins. Ce mélange des arbres du Nord et de ceux du Midi a quelque chose de charmant et d'étrange. La *Huerta* de Valence est, dit-on, aussi riche que celle de Murcie : elle n'a pas ce caractère singulier et original, ce contraste de deux natures, de deux flores si différentes.

Orihuela, qui a eu du temps des Maures une grande importance, a peu de vie aujourd'hui, malgré la prodigieuse fertilité de sa campagne. En passant, nous demandons à l'aubergiste où se trouve la gare du chemin de fer : il nous répond d'un air ébahi que nous en sommes à plus de deux heures. Nous croyons que l'hôtelier se moque de nous, et veut nous garder à dîner : la station d'Orihuela ne peut pas être à deux heures d'Orihuela. Cependant nous proposons à notre voiturier de nous mener directement à Murcie, dont

le clocher se voit à l'horizon. Il préfère nous conduire
à la station, comme il était convenu, et nous voilà
repartis. Tout va à merveille, d'abord; nous suivons
un joli petit chemin qui passe à travers des jardins;
les orangers et les rosiers embaument l'air. Mais
bientôt ce n'est plus même un chemin de traverse,
c'est un chemin d'exploitation, étroit, cahoteux, défoncé. On monte, on descend, on penche, on se relève;
on manque dix fois de verser. Nous sommes en plein
champ. De loin en loin se montrent quelques maisons
de paysans : elles sont basses, couvertes en roseaux,
et par leur forme rappellent un peu les cases des
nègres sur les plantations.

Cependant nous marchons depuis près d'une heure;
nos chevaux n'en peuvent plus, et veulent entrer dans
toutes les maisons qui se présentent; le cocher commence à s'inquiéter. Il interroge les paysans que nous
rencontrons; mais tous répondent imperturbablement
que nous sommes dans le bon chemin. Peu à peu le
pays change d'aspect : nous avons traversé dans sa
largeur toute la plaine; nous sommes au pied des
montagnes qui la bordent au sud. Le clocher de Murcie
semble s'éloigner de plus en plus; on dirait que nous
lui tournons le dos. Mais de chemin de fer et de station, pas apparence. Le voiturier est aux abois, et nous
commençons à nous demander, tout en riant de l'a-
venture, comment elle finira.

A ce moment, la Providence nous apparaît sous la
forme d'une tartane, aux tentures écarlates, aux
rideaux jonquille, décorée des peintures les plus fan-

tastiques. Cette voiture primitive, traînée par une mule vigoureuse, nous a rejoints et devancés : c'est l'omnibus du chemin de fer. Il n'y a pas de voyageurs; mais puisqu'il y a un omnibus, nous en concluons qu'il faut bien qu'il y ait une station. Nous partons à la suite de l'étrange véhicule, et nous recommençons notre course à travers champs. Dans chaque masure nous croyons voir une gare; mais en approchant l'illusion s'évanouit comme un mirage. Le voiturier commence à perdre patience, chose rare chez un Espagnol. Mais il n'y a pas à dire, il faut avancer; ni lui ni nous ne pouvons coucher dans ce désert. La machine jaune et rouge va toujours devant nous, comme le cheval de de la ballade. Enfin, après une autre heure de cette course haletante, nous distinguons un poteau, une petite maison blanche; nous gravissons un remblai; la voie ferrée s'étend devant nous; nous sommes à la station d'Orihuela : le nom est bien écrit en gros caractères, sur le pignon du bâtiment. Dix minutes après, nous étions à Murcie. Nous y aurions été une heure plutôt si, au lieu de prendre le chemin de fer, nous avions tout simplement suivi la grande route : fiez-vous donc aux Indicateurs espagnols !

L'arrivée à Murcie est très-gaie. A la gare, des femmes, des enfants, nous offrent d'énormes bouquets de fleurs et de petits paniers de fraises. Dans la cour sont rangées en bataille des tartanes aux couleurs bariolées, pareilles à celle qui nous a guidés tout à l'heure : c'est la voiture du pays. La ville est tout entourée de promenades, de jardins, de l'aspect le plus riant. L'avenue qu'on suit en sortant de la gare est plantée de magnifiques ormeaux; tout dans ce pays a un air d'abondance et de fécondité. C'est vraiment une terre promise.

Des groupes nombreux de paysans reviennent de la ville, où ils ont porté leurs denrées à dos d'âne ou de mulet. Ces paysans ont un costume fort pittoresque; c'est le même à peu près que celui des Valenciens : de larges caleçons de toile flottant et tombant jusqu'au genou, le gilet de velours vert ou bleu, la ceinture rouge, les manches de chemise blanches, la jambe nue, les pieds chaussés d'*alpargatas* ou souliers de cordes. Ils jettent par là-dessus une mante à rayures de couleurs vives. Ce costume, si bien approprié au climat, vient visiblement des Maures. Les femmes ont aussi gardé dans cette province, plus qu'en toute autre contrée de l'Espagne, leur ancien costume national : elles ont encore la jupe à volants, le mouchoir de couleur voyante, le grand peigne posé sur le côté de la tête.

Murcie est une assez jolie ville, mais un peu triste. Il lui manque ce qui manque à la plupart des villes espagnoles, l'animation, la vie. Il n'y a un peu de mouvement que sur les quais, où se tient le marché, où s'établissent en plein vent les marchands de mantes, d'alpargates, de sparterie; ou bien encore, tout près de là, du côté de la fonda des *Arrieros,* où se réunissent les muletiers du pays. Partout ailleurs la ville est calme et silencieuse. Ces cités, qui ont été si populeuses et si riches, elles semblent aujourd'hui à demi dépeuplées; elles sont trop grandes pour le nombre de leurs habi-

tants. Et encore ce peu d'habitants qui leur restent semblent endormis dans une indifférence paresseuse. L'industrie, le commerce, l'agriculture même languissent. La terre donne beaucoup; mais elle pourrait donner bien davantage. Aussi, malgré sa fertilité, le paysan est-il pauvre, et Murcie n'est plus que l'ombre de ce qu'elle a été. Le chemin de fer qui la relie d'un côté à Carthagène, de l'autre à Madrid, va-t-il y porter un peu d'activité, développer la production, encourager un peu le progrès? Il faut l'espérer. Mais il est clair que la création des chemins de fer n'a point produit en Espagne les résultats merveilleux qu'ils ont fait naître ailleurs; et la raison en est simple. On a commencé en Espagne par où l'on finissait dans les autres pays: l'Espagne a des voies ferrées, et elle n'a ni grandes routes ni chemins. Elle ressemble à un homme à qui on a donné un habit noir, et qui n'a pas de chemise; le luxe lui est venu avant qu'elle eût le nécessaire. Sans doute, à la longue, les habitudes se modifieront, l'activité s'éveillera, sous l'excitation de ce puissant instrument de la civilisation moderne; car, on l'a dit avec raison, les idées circulent sur les rails en même temps que les marchandises. Mais combien d'années il faudra pour que cette révolution s'accomplisse, Dieu seul le sait!

De Murcie j'avais projeté de me rendre à Valence; mais il y faut renoncer; le temps nous manque : nos aventures de Grenade nous ont fait perdre une dizaine de jours.

Ce qui diminue nos regrets, c'est que Valence est

une ville toute moderne; elle n'a aucun monument ancien et digne d'attention; à peine quelques vestiges de constructions de l'époque arabe.

Les souvenirs de Valence sont moins dans Valence même que dans l'histoire et dans la poésie. Ce fut, après Grenade, la ville dont les Maures disputèrent avec le plus d'opiniâtreté la possession aux chrétiens, et dont ils pleurèrent le plus la perte. « Valence, l'honneur et « la joie des Maures, dit la complainte arabe; la ville « aux fortes murailles, dont les blancs créneaux « brillent au loin sous le soleil. »

Dans la légende, dans la poésie populaire espagnole, c'est le théâtre principal des exploits du Cid. C'est lui qui le premier l'a conquise sur les rois maures; il y a trouvé d'immenses trésors; elle est devenue « sa ville », il y a fixé sa demeure, et de là sa renommée s'est répandue jusqu'aux confins de l'Orient, et le soudan lui envoie un ambassadeur chargé de présents, absolument comme Haroun-al-Raschid à l'empereur Charlemagne. « L'Arabe se mit en route, et en peu de « temps parvint jusqu'à Valence, où il demanda per- « mission au Cid de lui parler en personne. Le Cid « sortit pour le recevoir, et quand le Maure fut en sa « présence, il trembla devant lui. Et comme il hésitait, « dans son trouble, à faire son message, le Cid lui prit « la main, et lui dit : « Tu es le bienvenu, Maure, tu es « le bienvenu dans ma ville de Valence. Si ton roi « était chrétien, j'irais pour le voir dans son pays. » « Avec ces discours et d'autres semblables, ils allèrent « tous deux à la ville, où les habitants firent une grande

« fête. Le Cid lui montra sa maison, ses filles et
« Chimène; de quoi le Maure fut ébloui en voyant
« tant de richesses. »

Et quand il a rendu son âme à Dieu, « le bon Cid,
qu'on nommait de Bivar, » l'armée des infidèles marchant contre Valence, ses serviteurs taisent sa mort,
et pour donner courage aux chrétiens se servent d'un
pieux stratagème : ils revêtent le corps du Cid de son
armure, ils l'attachent sur son beau cheval Babieça,
deux d'entre eux le soutenant de chaque côté; dans la
main droite ils lui mettent son épée, la Tizona. Ainsi
armé en guerre, il est conduit au milieu des siens;
sa vue seule frappe les musulmans de terreur, et tout
mort qu'il est, le Cid gagne encore une bataille [1].

[1] *Romancero del Cid.*

CHAPITRE XII

N quittant Murcie on chemine encore pendant quelque temps au travers des jardins et de riches cultures. Mais bientôt on sort de la Huerta; les orangers disparaissent, en nous jetant leurs pénétrants parfums comme un dernier adieu de ce pays du soleil. Nous allons, en effet, vers le nord, et demain nous verrons couler au pied des montagnes neigeuses les froides eaux du Tage.

Au delà de Lorqui, située dans une vallée fertile, le chemin de fer s'élève sur des plateaux rocheux et dénudés, et traverse de grandes plaines fortement ondulées, coupées çà et là de marécages. L'aspect de ce pays est désolé. Autour de nous, des collines basses, crayeuses, quelquefois profondément déchirées par les eaux ; à l'horizon des montagnes décharnées, quelques champs d'orges ou de blés ; ni arbres, ni habitations. On fait plusieurs lieues sans voir un visage humain, sans rencontrer une ferme ou un village.

On se demande comment on a eu l'étrange idée de faire passer un chemin de fer à travers ces solitudes. Un Français employé au chemin d'Alicante, et qui se trouve dans le même wagon que nous, me l'explique. Il y avait un tracé tout indiqué pour joindre Carthagène et Murcie à la ligne d'Alicante, ouverte la première : c'était de passer par Orihuela, au travers ou sur la lisière de la Huerta, et d'aller s'embrancher sur cette voie à la hauteur de Novelda. On abrégeait par là le parcours, et on diminuait la dépense de plus de moitié ; on traversait une des contrées les plus peuplées et les plus productives de l'Espagne ; et en y développant l'activité agricole et commerciale, on assurait à la compagnie un trafic qui ne pouvait que s'accroître de jour en jour. C'était le seul projet raisonnable ; il était à la fois indiqué par le bon sens et commandé par l'intérêt général. Mais il se rencontra qu'un des ministres d'alors possédait une terre considérable au beau milieu de ce désert que nous traversons, du côté de Hellin. La compagnie sut que la concession ne lui serait accordée qu'à la condition que

la voie passerait par Hellin. Et voilà comme quoi au
tracé le plus court et le plus avantageux on substitua
un tracé plus long, où il n'y a ni voyageurs ni marchandises. Mais le ministre va en chemin de fer à son
hacienda.

La compagnie ne ferait pas seulement ses frais sur

cette ligne, si par bonheur elle n'avait trouvé, dans une
espèce de jonc qu'on appelle le sparte, un objet de
trafic qui est devenu considérable depuis quelques
années. Le sparte a été de tout temps employé en
Espagne à faire des nattes ; mais ce n'est pas cette
petite industrie locale qui suffirait à en consommer de
si grandes quantités. On en fait du papier, et depuis
la crise du coton cette application nouvelle lui a donné

une valeur inattendue. Le sparte croît spontanément dans ces montagnes, et la paresse espagnole n'a, comme on dit, qu'à se baisser pour en prendre.

Ces plaines ne sont pourtant pas naturellement stériles, et n'ont pas toujours été un désert. Les vallées qui les coupent en diverses directions sont d'une fertilité extrême; les plateaux même seraient le plus souvent susceptibles de culture; mais les arbres ont été détruits partout, et le sol s'est desséché. Aujourd'hui la population est insuffisante, les capitaux font défaut, l'industrie et la sécurité manquent. Je ne sais rien de plus attristant que la vue de ces mornes campagnes. C'est l'image mélancolique de l'Espagne : un sol fécond et un peuple énergique, auxquels manque également la culture.

Quand on voit ce qu'est aujourd'hui l'Espagne, et qu'on se rappelle ce qu'elle a été, on ne peut s'empêcher de se demander quelles causes ont pu amener une telle décadence, quels fléaux se sont abattus sur ce beau pays.

Au commencement du XVIᵉ siècle, l'Espagne faisait trembler l'Europe. Son infanterie était la première du monde. Ses vaisseaux étaient assez nombreux pour transporter devant Tunis une armée de trente mille hommes. Son commerce florissait. Sur toutes les rives de la Méditerranée on recherchait les soies de Séville, les cuirs de Cordoue, les draps de Ségovie, les lames de Tolède. Prépondérante en Allemagne, maîtresse de l'Italie et des Pays-Bas, victorieuse de la France, riche déjà des trésors du nouveau monde, où elle a fondé deux empires, elle semble marcher à la domination universelle. La gloire des lettres et des arts vient rehausser encore chez elle celle de la politique et des armes. Cervantès écrit son immortel chef-d'œuvre; Lope de Vega va naître; et pendant un siècle encore le génie espagnol, fécondé par cette grande époque, va jeter un admirable éclat.

Deux cents ans plus tard, au commencement du XVIIIe siècle, regardez cette puissante Espagne : vous ne la reconnaîtrez plus! Elle a perdu l'Italie, la Hollande et les Indes orientales. Sa population, qui s'était élevée sous les Maures jusqu'à vingt millions, est tombée à six. Ses plus belles provinces sont désertes : « L'alouette qui veut traverser la Castille, disaient les paysans, doit porter son grain. » L'industrie et le commerce sont anéantis; les manufactures ruinées. Les arts, les lettres ont péri comme le reste. Elle n'a plus ni finances, ni armée, ni marine. Avec les mines du nouveau monde, elle est obligée de recourir à des souscriptions pour se défendre et pour vivre. Après avoir eu les plus redoutables armées du continent, elle peut à peine tenir vingt mille hommes sur pied. Six galères à demi pourries, dans le port de Carthagène, composent toute sa flotte; et pour son service des Indes, elle est réduite à emprunter quelques vaisseaux à des navigateurs génois.

Les historiens rapportent que Charles II, ce dernier et misérable rejeton d'une grande race qui allait s'éteindre en lui, était né si débile qu'à quatre ans il avait encore besoin de sa nourrice, et que, ses jambes ne pouvant le soutenir, il fallait qu'elle le portât sur ses bras. Toute sa vie malade et languissant, marié deux fois sans avoir d'enfants, vieillard à trente-neuf ans et se sentant mourir, on raconte qu'il se fit conduire à l'Escurial, fit ouvrir devant lui les tombeaux de ses ancêtres, exhuma son père, sa mère, sa première femme, et baisa leurs os en pleurant et en murmurant ces paroles : « Déjà nous ne sommes plus rien!... » Ce pauvre roi, n'était-ce pas la vivante et lamentable personnification de l'Espagne décrépite? et ne semblerait-il pas qu'elle n'eût plus qu'à se coucher avec lui dans la tombe?

On a, pour expliquer cette effrayante décadence, rappelé les guerres sanglantes, les expéditions ruineuses de Charles-Quint et de Philippe II. Mais l'Angleterre n'a-t-elle pas eu ses guerres civiles, et l'Allemagne ses guerres de religion? L'Italie n'a-t-elle pas été pendant des siècles le champ de bataille et la proie de l'Europe? La France n'a-t-elle pas été plus d'une fois épuisée d'hommes et d'argent par l'ambition guerroyante de ses rois?

Il y a eu d'autres causes. L'expulsion violente des Juifs, des Maures et des Maurisques a enlevé à l'Espagne des populations nombreuses et actives. Il est difficile d'en préciser le chiffre. Selon les historiens les plus autorisés, de Ferdinand le Catholique à Philippe III, dans l'espace de cent vingt ans, elle perdit environ trois millions d'habitants. On ne porte pas à moins de cent mille le nombre de familles qui émigrèrent pour échapper aux recherches de l'inquisition.

La découverte du nouveau monde fut une autre cause de dépopulation. La fièvre de l'or, l'esprit de colonisation et d'aventures, firent tourner toutes les têtes : un nombre incalculable d'émigrants passèrent les mers.

Le Mexique et le Pérou, qui semblaient devoir enrichir à jamais l'Espagne, la ruinèrent. Au lieu de demander à ces fertiles contrées leurs productions naturelles, qui sont la vraie richesse des colonies, elle ne leur demanda que leur or. Cet or, que les galions apportaient par tonnes dans ses ports, la fit riche, en effet, pour un temps : pendant un siècle à peu près, grâce aux mines des Indes, l'Espagne fut la puissance la plus opulente du monde. Mais les mines commencèrent à s'épuiser, et on s'aperçut que ce fleuve d'or qui avait coulé sur la Péninsule, en y passant, l'avait stérilisée. L'industrie, l'agriculture, le commerce même, tout avait été abandonné pour les mines d'Amérique.

Les mines d'or et d'argent, pour un peuple dont l'industrie n'est pas déjà puissante, sont le plus funeste présent que puisse lui faire la fortune : elles représentent, en effet, la richesse sans le travail, elles dégoûtent les hommes des occupations vraiment productives, elles tuent l'activité vraiment féconde, elles développent la mendicité. L'Espagnol, qui est naturellement hautain et paresseux et qui regarde le travail manuel comme indigne de lui, a trouvé dans les mines du Pérou un fatal encouragement à ce défaut national.

J'ai lu je ne sais où que, pendant l'exposition universelle de Londres, où la foule admirait le fameux diamant de l'Inde appelé Koh-i-noor, c'est-à-dire la Montagne de Lumière, on exposa un dessin qui représentait un énorme bloc de charbon de terre, avec cette légende : « Le grand Koh-i-noor de l'Angleterre. » La caricature avait raison. L'Angleterre est plus riche avec sa houille que l'Inde avec ses diamants. Si l'Espagne avait exploité ses mines de fer, de cuivre et de charbon au lieu d'épuiser le Pérou, elle serait moins pauvre qu'elle ne l'est. Mais, le croirait-on? les rois d'Espagne allèrent, après la découverte de l'Amérique, jusqu'à interdire, sauf des cas de concession privilégiée, l'exploitation des mines de la métropole!

A ces causes de décadence on peut en ajouter encore d'autres : la main-morte qui frappait tous les biens du clergé et des communes; les nombreux majorats de la noblesse; enfin les dévastations périodiques causées par la migration des troupeaux (*la mesta*), qui ont rendu impossible la renaissance de l'agriculture dans les provinces du Centre.

Mais quand on a énuméré toutes ces causes, dont quelques-unes ne sont pas particulières à l'Espagne, tout n'est pas expliqué. Il y a un fait général dont elles ne rendent pas compte, c'est la déchéance morale de la société espagnole. On se demande toujours comment l'Espagne a pu perdre à ce point son activité, son génie politique et guerrier, ses aptitudes pour les arts et les lettres; comment elle a rétrogradé dans la civilisation, quand toutes les nations avançaient; comment enfin l'abaissement intellectuel et moral s'est produit chez elle en même temps que l'abaissement matériel et politique. A cela il n'y a qu'une explication, c'est le despotisme ; non pas seulement le despotisme politique, mais un despotisme qui était à la fois politique et religieux, une sorte de despotisme oriental, opprimant les esprits aussi bien que les corps, qui, depuis Philippe II, fut remis aux mains des rois d'Espagne.

Sous un tel régime, non-seulement toute vie politique s'est éteinte, mais toute indépendance individuelle a disparu, toute initiative a été étouffée, tout mouvement s'est arrêté ; la vie morale a été comme paralysée. La terreur a tellement pesé sur les âmes, que le ressort en a été en quelque sorte brisé, et que les intelligences ont été comme frappées de stérilité.

Depuis un demi-siècle, ce régime oppressif a à peu près cessé. Aussi voyez : déjà, malgré l'anarchie, le génie espagnol semble s'être ranimé. La guerre de l'indépendance a secoué son long sommeil, et, sous l'outrage du joug étranger, le patriotisme exalté lui a servi d'inspiration. Rentrée dans le courant européen, l'Espagne a pris part, quoique de loin, à ce brillant mouvement littéraire qui a marqué la première moitié de ce siècle. De nobles esprits, de féconds et aimables talents ont fait luire sur elle comme l'aurore d'une gloire nouvelle. Elle a eu des historiens, des orateurs comme le duc de Rivas, Martinez de la Rosa, Donoso Cortès ; des poëtes comme José de Larra et Zorilla ; des romanciers comme Fernand Caballero ; des philosophes chrétiens comme Jacques Balmès. L'imitation française se montre trop chez eux, sans doute; mais il y a un fond d'originalité, il y a surtout un sentiment national profond et énergique. C'est un peuple qui se réveille et qui cherche sa voie. Qu'on lui donne l'ordre, la paix, la liberté, et, doué comme il est, il saura retrouver sa prospérité et peut-être sa gloire passées.

Vers huit heures du soir, le train s'arrête à une petite station appelée Chinchilla : c'est là que le chemin de Murcie s'embranche à celui d'Alicante; nous devons y attendre le train qui vient de cette dernière ville. La gare où nous cherchons un refuge est une ignoble baraque. On a pour tous siéges des bancs étroits et sales, qui en garnissent le pourtour. Cette espèce de grange est encombrée d'une foule de paysans, de muletiers, de soldats, de femmes, d'enfants, tout cela couché pêle-mêle par terre et sur les bancs, parmi les sacs et les bagages. De toute cette cohue se dégagent des parfums qui n'ont rien de commun avec ceux des jardins de Murcie. Mais la bise du soir est aigre dans ces grandes plaines; et, bon gré, mal gré, il faut chercher un abri dans ce caravansérail.

Pendant que nous attendons le train qui est en retard, le Français qui a voyagé avec nous depuis Murcie nous raconte une horrible aventure arrivée l'automne dernier tout près d'ici, à Albacète. C'était en octobre, au moment où le choléra sévissait avec violence à Barcelone et à Valence. La peur troublait tous les esprits; on fuyait de toutes parts, et les imaginations populaires fermentaient, comme il arrive, sous la

DESPACHO

menace du fléau. Un médecin bavarois, le docteur Hoffmann, se trouvait à Valence : il voyageait avec sa femme. Ni l'un ni l'autre ne parlait l'espagnol. Voulant se rendre à Alicante par le chemin de fer, ils vinrent coucher à Albacète. Dans la nuit, la femme du docteur tomba malade. Cette femme était atteinte d'une affection nerveuse, dont les accès périodiques la jetaient dans de violentes convulsions, suivies d'une sorte d'état cataleptique.

Quand on la vit en proie à ces convulsions, tout de suite on crut à une attaque de choléra. L'hôtelier, uniquement préoccupé du dommage qu'un pareil événement peut causer à sa maison, commence par mettre les voyageurs dehors. Personne ne consent à leur donner ni gîte, ni secours. Bientôt, autour de cette femme froide, livide, sans mouvement, la foule s'amasse ; la panique se répand : plus de doute qu'elle ne soit morte du choléra. De peur que le choléra ne se propage, on veut l'ensevelir sur l'heure : on creuse une fosse, et on s'apprête à l'y mettre.

Le malheureux docteur essaie de faire comprendre à ces gens effarés que sa femme n'est pas morte, qu'elle est en léthargie ; mais il parle allemand, et personne ne l'entend. Fou de douleur, il se débat, il s'attache au corps de cette infortunée ; il s'arrache les cheveux de désespoir. Malgré ses cris, ses efforts, ses larmes, sa femme est emportée et enterrée vivante. Pour lui, on le regarde comme pris de folie furieuse ; on le mène à l'hôpital, et on l'enferme dans un cabanon. Le lendemain, on l'y trouva mort.

Leurs effets, leurs bagages avaient été pillés et volés ;
si bien que des deux voyageurs il ne restait littéralement pas trace. Au bout de quelques semaines, leurs
parents, leurs amis, ne recevant pas de nouvelles
d'eux, s'alarmèrent. On alla aux renseignements sans
rien apprendre : après Valence, on perdait leurs traces.
Qu'étaient-ils devenus depuis? nul ne le savait. Le roi
de Bavière, qui s'intéressait au docteur Hoffmann, fit
faire des recherches plus exactes par son ambassade
à Madrid. Des autorités espagnoles on ne put rien
savoir : elles ignoraient, ou feignaient d'ignorer tout.
Ce n'est que par les agents de l'administration française
du chemin de fer qu'on parvint à connaître la triste
vérité.

Enfin le train d'Alicante est arrivé, et nous partons.
On marche lentement ; le chemin monte toujours : d'Alicante à Madrid, il franchit une rampe de sept à huit
cents mètres. Du reste, autant qu'une nuit claire permet
d'en juger, le pays est toujours aussi nu, aussi désolé.
J'entends dire que sur la ligne d'Aranjuez à Valence
on fait deux cents kilomètres sans voir un arbre ; les
premiers qui consolent l'œil du voyageur sont deux
palmiers qui se montrent dans le désert aux approches
d'Almanza, et qu'on signale de loin comme une vigie
en mer.

A cinq heures du matin, nous nous arrêtons à Aranjuez, pour y attendre le train de Madrid qui va à Tolède.
Aranjuez ressemble à Versailles, à peu près comme
Madrid ressemble à Paris : de grandes rues tirées au
cordeau, et où l'herbe pousse ; de grandes maisons,

plates et basses, qui sont pour la plupart des hôtels
garnis. La ville est déserte les trois quarts de l'année;
elle ne s'anime que l'été, lorsque la cour y réside. Alors
tous les hôtels se remplissent, toutes les maisons se
louent, et la haute société de Madrid, fuyant les chaleurs suffocantes de la capitale, vient ici chercher un
peu d'ombre et de fraîcheur.

Le château est une lourde construction sans caractère. Les jardins, imités de ceux de Le Nôtre, n'ont de
remarquable que leur belle végétation, qui rappelle
tout à fait celle de nos climats, et par cela même est
d'autant plus admirée des Espagnols. Le Tage les traverse : il n'a rien ici de majestueux; ce n'est encore
qu'un gros torrent; ses eaux, qui sont, dit-on, pendant
l'été transparentes et vertes, sont en ce moment jaunâtres et troublées par les pluies du printemps.

En une heure on est à Tolède. Tolède est sur une
montagne, ou plutôt sur un massif de collines abruptes,
qui s'élève comme un promontoire, et que le Tage,
rapide et profond, entoure de trois côtés. D'en bas, la
ville présente un aspect très-pittoresque, étageant sur
la pente le reste de ses vieilles murailles, ses tours
moitié mauresques, moitié gothiques, les flèches
innombrables de ses églises et les murs rouges de
son Alcazar.

On franchit le pont d'Alcantara, qui jette sur le Tage
une arche gigantesque. On passe sous une porte monumentale, la *Puerta del Sol,* admirable morceau d'architecture arabe; et par une route qui s'élève en lacet
sur les flancs de la colline, on pénètre dans les rues

étroites et tortueuses de la ville. Là vous sentez que vous êtes au cœur même de la vieille Espagne. Tolède a été tour à tour capitale des rois visigoths, des rois arabes et des rois espagnols. Ces trois dominations successives y ont laissé leur empreinte; mais la dernière bien plus fortement que les deux autres. Ce qui domine ici, c'est le caractère sombre et dur du moyen

âge, un mélange de l'esprit ecclésiastique et de l'esprit guerrier. Ville épiscopale et royale, ayant longtemps porté le double diadème du souverain politique et du primat des Espagnes, Tolède, qui ressemble au dehors à une forteresse, est au dedans un amas de palais, d'églises, de couvents. Ses rues obscures, montueuses, sont bordées de hautes et massives maisons d'un aspect triste et sévère, solides comme des citadelles, percées de rares fenêtres que garnissent des grilles formi-

dables : les larges portails sont flanqués de colonnes
de granit, et surmontés d'écussons sculptés dans la
pierre; les battants des lourdes portes de chêne sont
historiés d'énormes clous en fer forgé, à tête de diamant. Les toits en auvent font saillie sur la rue, avec

leurs poutrelles découpées et peintes, et ajoutent
encore à la sombre physionomie de cette ville, qui
semble n'avoir pas changé depuis des siècles. C'est une
ville du XIVe siècle, ville du passé, ville morte. Aussi
est-elle triste, de la tristesse des tombeaux : n'est-ce

point le tombeau de la vieille Espagne? Là où, dit-on, vivaient du temps des Maures 200,000 habitants, on en compte aujourd'hui 15,000 à peine. Les rues sont silencieuses, les maisons vides et muettes, les palais fermés : partout des ruines. Nulle part la vie moderne n'a refleuri sur ces débris des vieux âges. Il semble qu'on erre dans un musée d'antiquités; avec cette différence que les monuments, les restes historiques accumulés dans ce musée, et que le voyageur recherche curieusement, dédaignés par leurs possesseurs actuels, gisent dans un déplorable abandon, couverts de poussière, noircis de fumée, se dégradant tous les jours davantage, et voués, pour quelques-uns, à une destruction prochaine.

Cela est vrai particulièrement des morceaux d'architecture arabe qui subsistent encore. Nous avons visité un vieux palais mauresque dont plusieurs salles sont ornées dans le style de l'Alhambra : c'est aujourd'hui une masure louée à un menuisier; de l'une des chambres il a fait sa cuisine, de l'autre son atelier, tout encombré de planches et de toiles d'araignées. Cela attriste de voir ces dentelles charmantes souillées et déchirées par des mains barbares.

Au surplus, ce qui reste à Tolède des monuments arabes est assez peu de chose. On y attache peu d'intérêt, surtout quand on a déjà vu Séville et Grenade. Il faut faire une exception pour la synagogue, qu'on a transformée en église, sous le nom de *Santa-Maria-la-Blanca*. Cette synagogue, qui date, à ce qu'on croit, des premiers temps de la domination arabe, est un

édifice extrêmement original et curieux. Il se compose
de trois nefs d'arcades mauresques en fer à cheval,
soutenues par des piliers hexagones. Ces piliers se ter-
minent par des chapiteaux de feuillage, qui sont tous
variés. La nef principale, plus haute que les deux
autres, supporte une galerie figurée, formée d'arcades
à trèfle séparées par des colonnettes.

La cathédrale est célèbre. A mon goût, on l'a beaucoup trop vantée. Quoique d'un bon style, elle n'a ni
la hardiesse et la grandeur de la cathédrale de Séville,
ni même le caractère imposant de la Seo de Saragosse.
Les voûtes sont étroites et basses, surtout cèlles des
nefs latérales. Ce qui, aux yeux des Espagnols, et même
de beaucoup d'étrangers, a fait le mérite de cette
église, c'est la richesse des sculptures et des ornements de toute sorte dont elle est décorée, et, si on
peut dire, encombrée. Il faut convenir que c'est prodigieux ; malheureusement le mauvais goût n'est
pas, la plupart du temps, moins prodigieux que la
richesse.

Ainsi le chœur est tout un édifice de marbre, fouillé,
sculpté, orné de bas-reliefs d'un travail et d'un fini
merveilleux, peuplé d'innombrables statues, revêtu du
haut en bas d'ogives, de colonnettes, de flammes, de
guirlandes, de fleurons. A l'intérieur, il est garni de
stalles en bois sculpté, qui sont fort belles. Derrière
l'autel s'élève un gigantesque rétable qu'on vous invite
à admirer : immense machine toute couverte de dorure
et de clinquant, toute surchargée de marbres et de
peintures avec une profusion de saints et d'anges, de

gloires et de rayons, qui en fait un chef-d'œuvre de mauvais goût et de décoration théâtrale.

Une chapelle, remarquable par son aspect simple et sévère, est consacrée au culte mozarabe, et à ce titre mérite une mention. On sait qu'on a appelé Mozarabes, en Espagne, les chrétiens qui, restés dans le pays après la conquête et ayant accepté la domination arabe, continuèrent sous le sceptre des kalifes à exercer librement leur religion. Naturellement ils avaient gardé le rit en usage du temps des Visigoths. Revenus sous l'autorité des rois espagnols, ils demeurèrent attachés à ces usages, qui leur étaient devenus chers par leur ancienneté même, à ces traditions contemporaines des premiers siècles chrétiens, et que leur fidélité à la foi de leurs pères avait comme consacrées. Tous les efforts pour leur faire adopter le rit romain furent inutiles. Il y eut des émeutes dans Tolède à cette occasion. Le cardinal Ximenès comprit ce qu'il y avait de respectable dans cet attachement des Mozarabes à leur liturgie : quand il devint archevêque de Tolède, il voulut, pour assurer la perpétuité de ce vieux rit national, qu'une chapelle particulière lui fût affectée dans son église métropolitaine. Il fit plus; il institua un chapitre spécialement chargé du service de cette chapelle, et qui devait officier selon le rit mozarabe. Aujourd'hui encore, le service religieux s'y célèbre conformément à ce rit ancien.

Au fond de cette chapelle est une grande fresque, fort pauvre au point de vue de l'art, intéressante au point de vue historique, qui représente la prise d'Oran par le célèbre cardinal. Le paysage est de fantaisie; mais pour le reste, le peintre s'est exactement conformé au récit des historiens. Sur la droite, au bas de la colline, au centre de l'armée chrétienne, on voit Ximenès à cheval, revêtu de sa robe rouge, coiffé de son chapeau rouge. On porte devant lui l'étendard de la croix.

Tout ici est plein de la mémoire du grand cardinal. Dans la salle capitulaire nous venons de voir son portrait, placé à sa date dans la série chronologique des archevêques de Tolède : toile médiocre, qui ne donne guère idée du personnage.

C'était un terrible homme que ce Ximenès de Cisneros, qui, de simple cordelier, devint archevêque de Tolède, primat d'Espagne, grand chancelier de Castille, inquisiteur général, cardinal, confesseur de la reine Isabelle, ministre de Ferdinand le Catholique et régent du royaume pour Charles-Quint; moine austère, politique profond, esprit puissant, volonté de fer, âme inflexible et indomptable; une des plus grandes figures de l'histoire moderne, un des types les plus élevés et les plus nobles du caractère espagnol.

Il était né à Torrelaguna, petite ville de la Castille, d'une famille obscure. De bonne heure, sa science et ses austérités le rendirent célèbre. Le génie espagnol portait alors dans la dévotion monastique la même fougue passionnée que dans la guerre : il semble que des deux côtés ce soit la même soif de grandeur idéale, la même exaltation héroïque. Quand Ximenès meurt, Ignace de Loyola va paraître, et sainte Thérèse est déjà née.

Sur l'indication de l'archevêque de Grenade, Isabelle choisit Ximenès pour confesseur. On raconte que quand il parut à la cour avec ce corps exténué par le jeûne, ce front pâle, ces yeux caves et ardents, on crut voir un de ces anachorètes qui sortaient parfois de la Thébaïde pour faire rougir le vieux monde de sa mollesse et de sa corruption. Il fallut un ordre du pape

pour l'obliger d'accepter l'archevêché de Tolède, et de vivre avec la pompe qu'exige cette haute position. Mais, dans ces grandeurs qu'on lui imposait, il gardait les pratiques austères du simple religieux. Sous la robe de soie et de pourpre, il portait le cilice et le froc de Saint-François. Dans ses appartements ornés de riches tentures, il couchait sur le plancher et n'avait qu'une bûche pour oreiller.

Avec cela, une grandeur hautaine, une intrépidité de cœur qui imposaient à tous. Un jour, dit-on, comme il traversait une place pendant un combat de taureaux, l'animal furieux fut lâché, et blessa quelques-uns des siens sans lui faire hâter le pas. Ferdinand lui dut de garder la Castille, et Charles-Quint d'être roi d'Espagne. Devant cette volonté tenace et ce fier courage, les grands tremblèrent; et il ne se vantait point quand, montrant son cordon de Saint-François, il disait : « Voilà qui suffit pour brider l'orgueil des nobles de Castille. »

Ximenès refréna la turbulence ambitieuse des grands; mais il faut dire qu'il prépara aussi les voies au pouvoir absolu des rois, en commençant à détruire dans le pays les franchises provinciales.

A peine était-il mort, que Charles-Quint, continuant son œuvre, écrasait les communes comme le grand cardinal avait écrasé les nobles. Tolède avait joué le principal rôle dans leur résistance, légale d'abord, armée ensuite. Un de ses enfants, don Juan de Padilla, fut le héros de cette insurrection des *comuneros*, et le premier martyr de cette grande cause des libertés castillanes. Vaincu et pris à Villalar, il mourut sous la hache du bourreau. Avant de mourir, il envoya à sa femme, doña Maria Pacheco, les reliques qu'il portait au cou, et écrivit sa fameuse lettre à la ville de Tolède :

« A toi la couronne de l'Espagne et la lumière du « monde; à toi, qui fus libre dès le temps des Goths, « qui as versé ton sang pour assurer ta liberté et « celle des cités voisines; ton fils légitime, Juan de « Padilla, te fait savoir que par le sang de son corps tes

« anciennes victoires vont être rafraîchies et renouve-
« lées. Si le sort n'a pas permis que mes exploits
« comptassent parmi ceux qui t'ont rendue illustre, la
« faute en est à ma mauvaise fortune, non à ma bonne
« volonté. Je tiens plus au souvenir que je te laisse
« qu'à ma vie ; et je vois avec joie que c'est le moindre
« de tes enfants qui souffrira aujourd'hui la mort pour
« toi. Tu en as nourri dans ton sein d'autres qui me
« vengeront. Je te recommande mon âme, comme à la
« patronne de la chrétienté. Je ne parle pas de mon
« corps, puisqu'il n'est plus à moi... »

Le plus remarquable monument de Tolède, sans
contredit, est le cloître de Saint-Jean-des-Rois.
L'église, bâtie par Isabelle, est ornée de sculptures
d'une merveilleuse délicatesse ; mais on les a prodi-
guées à l'excès. Le chevet en est littéralement tapissé ;
ce ne sont que pyramides dentelées, ogives couvertes
d'arabesques, galeries découpées à jour. Les détails
sont charmants, l'ensemble manque de sobriété et de
goût. On ne peut adresser ce reproche au cloître, qui
est un morceau d'architecture de tout point admirable.
Plus grand et plus orné que celui de Pampelune, il est
d'un gothique très-fleuri, mais d'un style encore très-
pur. Malheureusement la guerre de l'indépendance,
puis les guerres civiles, l'ont en partie ruiné : une des
quatre galeries est à demi écroulée. Les matériaux
gisent à terre ; il faudrait bien peu de temps et bien peu
d'argent pour restaurer ce beau monument. Le gouvernement espagnol, à ce qu'il paraît, n'a ni le temps,
ni l'argent.

Sur la partie la plus élevée de la ville, et attirant de toutes parts le regard, se dresse une immense ruine, qui a cette belle couleur d'un rouge doré que donne seul aux ruines le soleil du Midi. C'est l'Alcazar de Charles-Quint. Brûlé en 1710, dans la guerre de la Succession, rebâti par Charles III, il fut une seconde fois détruit par les flammes dans la guerre de l'indépendance. Il n'en reste que les murailles indestructibles, flanquées aux quatre angles de tours carrées. On a projeté souvent de le restaurer pour en faire une école militaire. Pour ma part, je ne le souhaite point : il est bien plus beau ainsi, dominant la vieille ville sombre de la masse imposante de ses murs entr'ouverts et lézardés, à travers lesquels le soleil couchant jette tous les soirs comme les lueurs d'un nouvel incendie.

Nous avons passé deux jours à Tolède. Pour un antiquaire, deux mois suffiraient à peine ; mais les profanes se contentent à moins. Dans une seconde visite à la cathédrale, j'ai admiré ses vitraux, qui sont les plus beaux que j'aie vus en Espagne, et une fresque de Luca Giordano qui couvre tout le plafond de la sacristie : œuvre immense, d'une belle composition et d'une belle couleur, encore bien qu'un peu molle. Mais, je l'avoue, j'ai passé rapidement devant les richesses du trésor ; la grande *custodia,* ses diamants et ses orféveries m'ont peu intéressé, et je n'ai jeté qu'un regard assez indifférent sur les quatre-vingt-cinq mille perles qui, dit-on, ornent le manteau de la Vierge.

Non-seulement Tolède est triste, mais nous trouvons

que Tolède est un séjour glacial. Venus en une nuit de
Murcie, nous sommes à la lettre tombés de l'été dans
l'hiver. Les chemins de fer vous font de ces surprises,
et celle-ci ne nous est rien moins qu'agréable. Le
climat de Tolède est un des plus rudes de l'Espagne :
climat excessif, tantôt froid, tantôt brûlant, comme
celui de Madrid. Le thermomètre y monte l'été à 40 degrés; il descend quelquefois l'hiver à 15 degrés de froid.
Quoique nous soyons aux premiers jours de mai, l'air
est glacé. La neige se montre tout près de nous, sur
les flancs du Guadarrama, et la bise mordante qui a
passé sur cette neige nous fait grelotter sous nos man-
teaux. Où est Grenade et son printemps éternel? où
sont les palmiers d'Elché et les brises embaumées des
jardins d'Orihuela?

CHAPITRE XIII

RETOUR A MADRID — LE MUSÉE

ADRID ne me plaît pas beaucoup plus à la seconde visite qu'à la première. Pourtant la saison est plus avancée, les arbres ont des feuilles, et le Prado brille de tout son éclat. Je trouve que Madrid a tous les inconvénients et les ennuis d'une capitale : la foule bruyante et remuante, l'agitation stérile et l'encombrement dans certaines rues, sur certaines places où se rassemblent les oisifs : ajoutez la cherté extrême de toutes choses ; il fait plus cher vivre ici qu'à Paris. Avec cela Madrid n'a rien de ce qu'ont ordinairement les capitales comme compensation ; rien de grand, rien de monumental ou seulement d'attrayant. De petites places, de petites fontaines, de petits jardins plantés de maigres arbres. En fait d'édifices publics, de lourdes bâtisses sans caractère et sans style. Sur la Puerta del Sol, par exemple, le ministère de l'intérieur, *el palacio de la gobernacion*, a l'air d'une caserne. Dans une des grandes rues voisines, le palais du Congrès n'est qu'une mesquine contrefaçon de notre chambre des députés. Pas une des églises de Madrid ne mérite qu'on y jette un coup d'œil ; elles sont aussi dénuées de style et de goût à l'intérieur que de majesté au dehors. Tout cela est moderne et d'une platitude achevée. J'ai parlé ailleurs des statues qui décorent le Prado : aujour- d'hui, en descendant la rue d'Alcala, j'ai vu, dans une espèce de petit square grand comme la main, entre trois touffes de verdure, une statue de bronze juchée sur un haut piédestal, si haut qu'on peut à peine la voir : l'inscription m'apprend qu'elle représente Miguel de Cervantes Saavedra, et qu'elle a été érigée en 1835. L'inscription n'est pas de trop ; personne, dans ce bellâtre habillé en courtisan de Philippe II, ne reconnaîtrait le profond et ingénieux auteur de *Don Quichotte*. A lui faire attendre si longtemps une statue, à ce pauvre grand homme, on eût dû au moins la faire meilleure.

La reine vient de partir pour Aranjuez. Les esprits

sont inquiets et agités dans Madrid. La situation politique et financière du pays est de plus en plus menaçante. On me dit qu'on a craint il y a quelques semaines, un mouvement insurrectionnel dans Madrid même. L'armée n'est pas sûre; on déplace sans cesse les régiments. Pour tout le monde, l'avenir est gros d'orages : le mal est immense, la corruption générale, le gouvernement méprisé, la dynastie même dépopularisée. Les choses ne peuvent aller longtemps ainsi : une révolution nouvelle et prochaine est inévitable, et tout le monde s'accorde à croire qu'elle sera plus grave et plus profonde que les précédentes. Mais les révolutions détruisent, elles ne fondent pas. D'où viendra le remède à tant de maux? Où trouver en Espagne un homme politique, un parti sérieux, des citoyens honnêtes, éclairés, animés d'un vrai patriotisme?

Laissons les affaires de l'État, si vous m'en croyez; laissons, sur la Puerta del Sol et dans la Carrera San-Geronimo, leur rendez-vous ordinaire, les politiques de café discuter en groupes animés les actes de M. O'Donnell ou les chances de M. Prim; allons au musée : là du moins nous sommes sûrs de voir de belles choses et d'entrer en commerce avec de grands et nobles génies. Rien ne repose l'esprit et ne le console du spectacle des choses humaines comme de se réfugier dans ces hautes et sereines régions de l'art.

On a dit que le musée de Madrid est le plus riche du monde, et il n'y a là rien d'exagéré. Au point de vue des origines et de l'histoire de l'art, le Louvre est plus complet; mais comme réunion de chefs-d'œuvre, je ne crois pas que, même en Italie, on puisse trouver rien de pareil. Je ne parle pas de l'école espagnole : Velasquez et Murillo ne peuvent être appréciés qu'ici. Mais les écoles italiennes, l'école flamande, l'école hollandaise sont représentées par un nombre extraordinaire de toiles, et de toiles du premier ordre. Raphaël en a dix; Titien en a quarante. Rubens, Van Dyck, Teniers brillent là de presque autant d'éclat qu'à Anvers et à Amsterdam. Cela s'explique quand on songe qu'au XVIᵉ siècle la monarchie espagnole était maîtresse d'une partie de l'Italie, des Flandres et de la Hollande; que Charles-Quint, Philippe II, Philippe IV, les uns par amour des arts, les autres par vanité ou par tradition, se piquèrent d'acquérir de tous côtés les œuvres des grands peintres contemporains; enfin que les trésors de l'Amérique leur fournirent, pendant longtemps, les moyens de satisfaire ce goût vraiment royal.

Donnons le pas aux Espagnols : la politesse l'exige, puisque nous sommes chez eux. Aussi bien, en entrant dans la galerie principale, nous serons tout de suite et de plain-pied au milieu de leurs grands artistes.

On va tout droit à Velasquez; car c'est le moins connu de tous; il n'est qu'à Madrid.

Il faut que je l'avoue : Velasquez au premier coup d'œil m'a laissé un peu froid. Il ne vous saisit pas comme Murillo. Il vous étonne d'abord plus qu'il ne vous charme. Sa couleur vous déroute; vous n'y trouvez rien de ce que vous avez vu ailleurs, et de ce

que vous pensiez voir : elle semble terne et sans éclat.
Mais attendez un peu; regardez quelque temps cette
peinture, et bientôt vous sentirez sa puissance secrète;
vous comprendrez qu'il y a là un peintre de premier
ordre et un génie original.

Velasquez, en effet, a une place à part parmi les
grands peintres, et même parmi les grands coloristes.
Ce n'est point un amant de la ligne pure; le style ne
le préoccupe guère, et il faut convenir qu'il manque
complétement d'idéal. Ce n'est pas même un de ces
coloristes à l'imagination brillante qui prodiguent les
riches tentures, les armures étincelantes, les architec-
tures grandioses. Il n'est pas non plus un de ceux qui
ont demandé aux contrastes violents, aux fortes oppo-
sitions des clartés et des ombres, la puissance de leurs
effets et la magie de leurs tableaux. Non; il semble
que Velasquez ait dédaigné ces prestiges et ces procédés. Il n'ajoute rien à la nature : il la prend telle
qu'elle est, et telle qu'elle est la reproduit sur la
toile. La vérité, c'est son seul idéal et sa seule
magie.

Ce n'est pourtant pas un réaliste, au sens qu'on
donne de nos jours à ce mot. Velasquez est vrai, il
n'est pas vulgaire. C'est par excellence le peintre de
la réalité; mais cette réalité, il sait lui donner le mouvement et la vie; il y met l'empreinte de son génie.

Voyez ses *Buveurs,* par exemple. Ce n'est, au fond,
qu'un tableau flamand. Il représente des buveurs qui,
dans une cérémonie grotesque, reçoivent un novice dans
leur confrérie. Au milieu, sur un tonneau, est assis un

jeune homme nu jusqu'à la ceinture, couronné de pampres, figurant le dieu du vin. Le récipiendaire, une sorte de soudard en casaque jaune, la dague au dos, est à genoux : il baisse sa tête, sur laquelle le jeune Bacchus pose une couronne de vigne. Un buveur à la face joviale, au rire large et épanoui, présente au nouveau venu une écuelle pleine de vin. Quatre ou cinq autres, dans le fond, espèce de truands en guenilles et à la trogne rouge, applaudissent de la voix et du geste.

Il n'y avait pas là, ce semble, même pour un coloriste, matière à produire de grands effets. Et pourtant, avec cette scène de cabaret, Velasquez a fait un chef-d'œuvre. Tous ces personnages ont un tel relief, le jeune homme assis sur le tonneau est d'une couleur si franche et si vraie, son voisin qui présente la coupe rit au spectateur d'un rire si ouvert et si communicatif; toutes ces figures avinées sont si frappantes, si vivantes, que le sujet est oublié et l'admiration forcée. Ce qui est merveilleux surtout, c'est le jeune homme nu. La lumière tombe en plein sur les bras et le torse, et ce corps blanc se détache des tons neutres qui l'entourent avec un éclat et une puissance extraordinaires. Ce n'est pas de la couleur, c'est de la chair. Personne n'a peint la chair comme cet homme-là. A côté de lui, les autres peintres, je dis les premiers parmi les coloristes, semblent avoir fait des chairs de convention. Tout près de cet étonnant tableau des *Buveurs,* il y a une très-belle toile de Rubens représentant *Andromède délivrée par Persée :* la figure nue d'Andromède est de la meilleure manière du peintre et d'une admirable couleur. Eh bien! quand on regarde alternativement les deux tableaux, cette Andromède, à côté du jeune homme de Velasquez, fait l'effet d'une belle académie peinte, à côté d'un corps en chair et en os.

Il y a un autre tableau de Velasquez qui est peut-être encore supérieur à celui-là : c'est celui qu'on appelle le *Tableau des Lances* ou la *Reddition de Breda*. Ici encore le sujet n'est rien : sujet officiel, c'est-à-dire ce qu'il y a au monde de plus froid, de plus dénué d'intérêt. Au fond, un grand paysage, une plaine verdoyante, et dans le lointain la ville. Au premier plan, deux groupes d'hommes armés, à gauche les Flamands, à droite les Espagnols. Au milieu, dans l'espace qu'ils laissent libre, le gouverneur de Breda présentant humblement les clefs de la ville au marquis de Spinola, qui, par courtoisie, est descendu de cheval et a fait quelques pas au-devant de lui. L'expression du général espagnol est spirituelle et douce, le geste charmant, d'une politesse gracieuse et noble.

Mais ce qu'on ne peut dire, ce qu'aucune parole ne peut rendre, c'est la largeur de la scène, c'est l'aisance avec laquelle quarante personnages secondaires sont groupés autour des deux personnages principaux; c'est l'art prodigieux avec lequel toutes ces figures se pressent sans se confondre, s'échelonnent en quelque sorte sur des plans différents et reculent dans la toile. On sent qu'entre elles il y a de l'espace, et que l'air circule.

On a dit de Velasquez qu'il a su peindre l'air; et le mot est juste. Il n'y a ici nul effet violent de couleur : la croupe moirée du cheval de Spinola fait seule repous-

soir au premier plan; mais la gamme générale du
tableau est dans les tons gris-clair. Tout est dans la
clarté : une lumière diffuse et perlée enveloppe et
semble revêtir tous les objets. Comment l'artiste a-t-il
pu maintenir toutes ces valeurs égales, sans les neu-
traliser l'une par l'autre et sans nuire à l'effet d'ensemble? C'est son secret, et il l'a emporté avec lui.
Il y a là un tour de force, un prodige de l'art à faire à
jamais le désespoir de tous ceux qui manient un
pinceau.

Seul peut-être Rembrandt, cet incomparable magicien, a atteint une telle puissance de relief et d'illusion.
Dans sa *Leçon d'anatomie,* qu'on voit à la Haye, il est
arrivé, sans l'emploi de ses procédés habituels de
clair-obscur, à un effet analogue. Mais Rembrandt pas
plus que Velasquez n'a eu de rivaux et d'imitateurs.
Chacun d'eux est unique dans son genre. Velasquez
avait visité deux fois l'Italie, et beaucoup étudié les
Vénitiens. Il avait aussi connu Rubens, puisqu'il
n'avait que trente ans quand Rubens vint à Madrid.
Mais il n'a imité ni Rubens, ni les Vénitiens, ni personne. C'est une des originalités les plus extraordinaires qu'offre l'histoire de l'art.

Je ne puis parler de toutes ses grandes compositions.
Les mêmes qualités se retrouvent à des degrés divers
dans son tableau des *Infantes,* et surtout dans celui
des *Fileuses,* où les hommes du métier admirent une
femme, vue de dos, en pleine lumière, qui est un prodige d'exécution. Mais de ces toiles, quelques-unes ne
sont que des tableaux d'intérieur; d'autres, comme

Velasquez. — *Philippe IV jeune.*

son *Apollon*, ont, avec un grand mérite de peinture,
un manque de style qui nous étonne et nous choque.

Où Velasquez a mis peut-être le plus de style, c'est
dans ses portraits. Là encore sa peinture n'a rien qui
séduise : l'aspect en est sévère et presque froid. Mais
quelle vigueur ! quelle vérité ! quelle vie ! Considérez
pendant un peu de temps ces têtes pâles et fières :
elles vous regardent, elles vont se mouvoir, elles vont
parler.

Il avait pourtant bien souvent de tristes modèles ! Si
ce n'étaient des Velasquez, qui ne se lasserait de retrouver à chaque pas, reproduit à satiété, dans les galeries de Madrid, l'éternel portrait de ce Philippe IV, qui
fut (disons-le du moins à son honneur) le protecteur et
l'ami du peintre : face plate et morose, à l'œil éteint,
aux grosses lèvres, à la lourde mâchoire autrichienne.

Quelle crânerie charmante dans ce jeune infant, en
habit de chasse, la casquette sur l'oreille et le mous-
quet à la main ! Quel mouvement dans cet autre lancé
au galop de son poney ! Surtout quelle noblesse, quelle
fierté, quelle largeur magistrale dans ce grand portrait
équestre du duc d'Olivarès ! Et puis tournez-vous, regardez ces fous de cour, ces comédiens, ces mendiants.
Où trouver plus de comique et de verve, un trait plus
fin, une touche plus spirituelle ?

On s'arrête devant un charmant paysage : c'est une
allée des jardins d'Aranjuez. Dans le fond, le soleil se
couche derrière une futaie de beaux arbres, qui des-
sinent leurs silhouettes élégantes sur un ciel légèrement
orangé. Sur le devant, d'autres arbres minces et clair-

semés, où s'enroulent des lierres et se balancent des
guirlandes de lianes. Cela est doux, tranquille, har-

Velasquez. — *Le prince Balthazar Charles.*

monieux, léger de ton. On a, en regardant ces beaux
ombrages, comme l'impression du calme et de la fraîcheur du soir. Le nom de Velasquez est écrit au-dessus

de ce tableau. Cette toile et une ou deux autres prouvent qu'il eût porté, s'il l'eût voulu, le même génie dans

Velasquez. — *Couronnement de la Vierge.*

l'interprétation de la nature que dans celle de la figure humaine.

Dans tous les genres où il s’est essayé, il a excellé : un seul excepté peut-être, le genre religieux. Ses vierges, ses saints, peu nombreux d’ailleurs, sont médiocres. Cela devait être. Velasquez peint la nature, et rien autre. Il manque d’idéal et de sentiment. Il y a plus; ses qualités ici deviennent presque des défauts. Voyez le meilleur de ses tableaux de sainteté, son *Christ en croix*. Certes, c’est une puissante peinture; mais ce Christ est trop vrai, trop réel : il est si vrai et si réel, qu’il en est effrayant. Le moment qu’a choisi le peintre, ce n’est pas celui de la mort même, celui où la vie, exhalée à peine, laisse encore sur la dépouille terrestre comme un pâle reflet et un dernier parfum. Non; son Christ a rendu l’âme depuis quelque temps déjà : il n’y a plus là que la mort inerte et déjà froide. Ces chairs exsangues et d’une blancheur bleuâtre; cette roideur cadavérique, ces cheveux imbibés de sang, qui se sont abattus et collés sur le front, et qui couvrent comme un voile sinistre la moitié de la face : tout cela, jusqu’au bois de la croix, dont les nœuds et les veines peuvent se compter, tout cela est d’une vérité poignante, j’en conviens; mais rien de tout cela n’est religieux ni divin. Il y a là les affres de la mort; il n’y a pas le mystère de la Rédemption : je vois le cadavre d’un supplicié; je ne vois point le corps d’un Dieu.

De Velasquez à Murillo, il y a un monde. Il est difficile de trouver deux grands peintres, deux grands coloristes plus dissemblables. Ils furent pourtant contemporains, étant nés tous deux à Séville, Velasquez

en 1599, Murillo en 1618. Velasquez était déjà dans
tout l'éclat de sa gloire et dans toute sa faveur à la cour
de Philippe IV, quand son jeune compatriote, pauvre,
inconnu, sans protecteur et sans guide, mais plein
d'enthousiasme et de passion pour l'art, vint à Madrid.
Velasquez l'accueillit, le patronna, lui ouvrit son atelier
et les riches collections de l'Escurial. C'est sous cette
direction que se forma Murillo; car il n'alla jamais en
Italie. On peut s'étonner que, dans de telles conditions, il ait gardé si entière son originalité propre.

Chacun, selon ses goûts, ses théories ou sa tournure
d'esprit, peut préférer Murillo à Velasquez, ou Velasquez
à Murillo. Ce qui est peu raisonnable, c'est de vouloir
établir entre eux un parallèle, et de prétendre donner
à l'un ou à l'autre la supériorité. Leurs qualités sont
tellement diverses, qu'il n'y a pas entre eux de mesure
commune.

Pour celui-ci, il n'y a pas besoin d'y regarder à deux
fois pour le comprendre et le goûter. Rien de plus
clair et de plus séduisant que sa peinture. Rien de plus
doux à l'œil, de plus harmonieux, de plus velouté que
son coloris. Il n'a pas toujours la force; mais il a le
charme, il a la grâce souveraine, cette grâce un peu
molle, mais pénétrante, que les Italiens appellent
morbidezza. Il n'a pas toujours le style, et l'idéal lui
fait défaut, comme à tous les peintres de l'école espagnole; mais il a, à sa façon, bien de la poésie, et souvent bien du sentiment.

En France, nous ne connaissons guère Murillo que
par ses *Conceptions* et son *Petit Mendiant* du Louvre,

et nous nous imaginons volontiers qu'il n'a fait que des
Conceptions et des *Mendiants*. De *Mendiant*, je n'en ai
pas vu un seul de lui en Espagne; et je ne sais s'il en a
fait d'autres que celui qui est à Paris. Quoi qu'il en
soit, il faut venir à Madrid pour avoir une idée de la
variété de sa manière. Ses petites toiles ne sont pas
les moins remarquables. La première qui s'offre aux
regards en entrant dans la grande galerie, est une
Rébecca à la fontaine. N'y cherchez pas la couleur
biblique; mais c'est naïf de sentiment; les attitudes
sont gracieuses, le coloris riche, la touche vigoureuse.
Tout à côté est le *Martyre de saint André :* petite toile,
large composition. Le saint, attaché à la croix, regarde
le ciel qui s'entr'ouvre; du milieu des nuées radieuses,
un groupe d'anges lui présente la palme; son visage
transfiguré rayonne d'une joie céleste. Sur le premier plan, à droite et à gauche, sont des groupes
d'hommes, de femmes et d'enfants, d'un mouvement,
d'une vie, d'un naturel admirables. Ce tableau, qui n'a
que quelques pieds carrés, est, à mon avis, un des
chefs-d'œuvre du peintre. Je conseille à ceux qui lui
refusent le sentiment religieux de l'aller voir.

On peut faire la même remarque à propos d'une
Conception placée un peu plus loin. Elle est beaucoup
plus petite que celle de Paris, et selon moi bien pré-
férable. Non pas que la tête de la Vierge soit d'un
caractère plus élevé et plus idéal : Murillo, pour toutes
ses vierges, reproduit en général le même type, qui
est le type andalou, un peu mou et manquant un peu
de noblesse. Mais il a mis sur ce visage une expression

vraiment touchante, un mélange confus et charmant
de tremblement et de joie, d'humilité et d'adoration;
le front semble éclairé d'un rayon surnaturel; les

Murillo. — *Saint Jean-Baptiste enfant.*

yeux se lèvent au ciel pleins de reconnaissance et
d'amour.

Quant à l'exécution, elle a cet éclat, ce moelleux, ce

prestige qui n'appartiennent qu'à Murillo. Les anges sont ravissants. Nul ne sait comme lui, autour des radieuses madones dont les pieds posent sur le croissant d'argent, suspendre, dans la lumière blonde et nacrée, ces groupes de petits anges qui leur font comme une guirlande de fleurs. Il affectionne ce sujet, et il faut dire qu'il y excelle. Ce qu'il y met d'élégance, de variété, de fécondité, est merveilleux : ces têtes charmantes semblent éclore d'elles-mêmes sous son pinceau. Elles n'ont pas la beauté sévère et pensive des anges de Raphaël; elles ont la grâce et la naïveté enfantines.

Murillo est le peintre des enfants. Le *Saint Jean-Baptiste enfant* et les *Enfants à la coquille* sont, dans ce genre, des œuvres hors ligne. Dans le premier, quelle beauté grave et douce sur ce front pur, dans ces grands yeux vivants et parlants! Dans le second, quelle expression souriante et naïve chez l'Enfant divin, qui se penche doucement vers le petit saint Jean, et approche de ses lèvres la coquille pleine d'eau! La gravure a popularisé ces tableaux; mais en perdant leur coloris ils perdent une partie de leur charme. Rien ne peut donner une idée de cette couleur. Les Espagnols disent de Murillo que ses chairs sont peintes avec du lait et du sang mêlés ensemble, *con leche y sangre*. Ce sont des teintes veloutées, ce sont des transparences et des reflets qui font que les ombres ne sont en quelque sorte que des lumières adoucies, que des couleurs atténuées.

Le grand style, la beauté idéale manquent, je l'ai

déjà dit, à Murillo, dans la peinture religieuse. Ainsi ses *Bergers adorant le berceau de Bethléem* sont d'une superbe facture ; mais ce sont des bergers espagnols dans la chaumière d'une belle paysanne d'Andalousie. Sa *Sainte Famille au petit chien* est, comme peinture, d'une solidité et d'une vigueur qu'on ne lui soupçonnerait pas ; mais ce n'est, à bien dire, qu'une scène d'intérieur chez d'honnêtes artisans. Admirables tableaux, mais qui n'ont de religieux que le titre. Il est vrai qu'on en peut dire autant de bien des tableaux célèbres de l'école flamande, et même des écoles italiennes.

Une fois cependant Murillo s'est élevé jusqu'au grand style. Sa *Vierge au Rosaire* n'a pas la pureté tout idéale des vierges de Raphaël ; mais elle a de la grandeur, de la majesté. Ce n'est plus le type de l'Andalouse ; c'est une beauté sévère, presque romaine. La couleur, forte et chaude, est en harmonie avec la fermeté de la ligne.

Voilà de grandes œuvres. Et pourtant, on le sait, Murillo n'est pas là tout entier : il y a à Séville son *Saint Thomas,* son *Saint Antoine de Padoue ;* il y a à Madrid même, à l'Académie de peinture, sa *Sainte Élisabeth de Hongrie,* que plusieurs estiment être son chef-d'œuvre. Il a mérité d'être appelé le Corrége espagnol. Velasquez est puissant, mais il est un peu froid ; il étonne, mais il ne charme guère et n'émeut jamais. Murillo séduit, captive et émeut quelquefois ; il a moins de vérité peut-être, il a plus de poésie.

Ribera est le troisième nom de la grande trinité de

l'art espagnol. Quand nous parlons de lui en France, nous ne nous le figurons que comme le peintre des martyrs et des supplices hideux; nous le voyons toujours étalant sur la toile des membres saignants, des entrailles palpitantes, mettant, en un mot, son idéal dans l'horreur. Ce Ribera, le seul que nous connaissions, on le retrouve bien en Espagne. On voit à Séville, dans le palais du duc de Montpensier, un *Caton d'Utique* déchirant ses entrailles qui est le sublime de ce genre sombre et violent. Au musée de Madrid, un *Prométhée* déchiré par le vautour appartient encore à cette manière, qui paraît avoir été sa première. Mais il y a un autre Ribera, qui, sans être d'un réalisme aussi outré, demeure un coloriste admirable, et s'élève bien plus haut dans l'art : rude et puissant génie, qui, malgré ses longs séjours en Italie, est resté profondément espagnol, et supporte sans pâlir le voisinage de ses deux illustres émules.

Le *Saint Pierre délivré par l'Ange* et le *Jacob endormi* offrent les plus grandes qualités du maître : sa fougue emportée et sauvage s'est tournée ici en force contenue, en vigueur et en éclat. Le *Jacob* manque de noblesse, il est vrai; mais comme il dort bien! Et quelle lumière resplendit sur cette mâle figure qui se détache de l'ombre!

Dans le *Martyre de saint Barthélemy,* rien qui blesse les yeux; point de détails horribles. La figure du saint est pleine de sérénité et de grandeur. On sent qu'ici le peintre est en pleine possession de lui-même : les effets de couleur ne sont plus pour lui que l'accessoire; il

cherche l'expression, et il l'atteint. Le principal personnage, ce n'est plus le bourreau, c'est le saint; au
lieu d'effrayer les yeux, il parle à l'âme.

Je voudrais noter aussi une toute petite toile représentant une *Madeleine*. Une vraie Madeleine, celle-là;
non pas une de ces belles filles du Corrége ou du Titien,

Ribera. — *Échelle de Jacob*.

fraîches et roses, voilant mal leurs formes voluptueuses
sous les flots de leur chevelure dorée; ou comme celles
du Guide, levant prétentieusement au ciel leurs yeux
chargés de mélancolie et de douce langueur : pécheresses, je le veux bien; mais pécheresses qui ne se
sont jamais repenties. La *Madeleine* de Ribera est tout
autre : elle a été belle, elle l'est encore; mais sa beauté

à demi flétrie n'en atteste que mieux son repentir : ses yeux sont rougis par les larmes, ses joues pâlies portent la trace de ses austérités.

J'ai parlé si longuement des chefs de l'école espagnole, que je n'ose plus m'arrêter à ses peintres de second ordre; ni à Moralès, que ses compatriotes ont surnommé le Divin; ni à Alonzo Cano, qu'ils ont un peu ambitieusement comparé à Michel-Ange. Je ne parlerai même pas de Zurbaran, quoique celui-là mérite une place à part et au premier rang : le musée de Madrid ne possède de lui que deux tableaux. C'est assez pour donner une idée de sa manière fine et sobre, ingénieuse et brillante; ce n'est pas assez pour apprécier son œuvre. Je veux dire seulement un mot d'un peintre peu connu, et qui mérite de l'être : c'est Joanès, qu'on pourrait appeler le Pérugin de l'Espagne. Il avait voyagé en Italie et étudié dans l'école romaine. La ligne, chez lui, est un peu roide; la composition a cette simplicité naïve qui caractérise le premier essor de l'art : Joanès ouvre, en effet, en Espagne le cycle de la grande peinture. Mais, pour l'expression et la couleur, c'est lui qui se rapproche le plus des maîtres italiens. Ses principaux ouvrages sont, outre un *Ecce Homo* et une *Cène* d'un très-beau caractère, une série de tableaux représentant la vie de saint Étienne. Toutes ces compositions sont empreintes d'un sentiment religieux très-profond et très-élevé. C'était, dit-on, un homme d'une foi vive, et l'on raconte qu'il communiait toujours avant de commencer un tableau important. De tous les peintres espagnols, Joanès est

peut-être celui qui a porté dans l'art les tendances les
plus spiritualistes, qui s'est le plus efforcé de le pousser
vers les hauteurs de l'idéal.

Quand on se promène dans cette galerie espagnole,
si riche d'ailleurs et d'une originalité si forte, on est
frappé d'une chose : c'est son caractère austère et
presque exclusivement religieux. Si l'on excepte Velasquez, qui fut peintre de cour, et une partie de
l'œuvre de Ribera, que peut revendiquer l'Italie,
tous les autres peintres espagnols n'ont guère traité
que des sujets de sainteté. Dans cette vaste collection
de Madrid, comme dans celle de Séville, à peine trou-
vez-vous un sujet profane, une composition empruntée
à l'histoire ancienne ou à l'histoire moderne, encore
moins à la mythologie grecque. Je ne crois pas que
jamais peintre espagnol ait fait une Vénus. Aucune
scène voluptueuse, ni même inspirée de la poésie
antique. Point de nudités; pas même de celles que
l'art sait revêtir de sa chasteté idéale.

L'histoire explique cette singularité. Pendant longtemps l'Église a été la meilleure et presque la seule
patronne de la peinture en Espagne. La noblesse espagnole ne montra jamais ni goût ni générosité pour les
arts; en quoi elle fut très-inférieure à cette noblesse
italienne, si éclairée et si libérale. Murillo, par exemple,
qui passa sa vie à Séville, n'a jamais travaillé que pour
des églises et des couvents. On comprend dès lors
comment l'esprit de la Renaissance, tout imprégné de
la poésie antique et du paganisme grec, ne pénétra
point en Espagne. Il était naturellement peu en har-

monie avec le génie espagnol : l'eût-il été davantage, l'austérité ecclésiastique l'aurait repoussé. En Espagne, et même en dehors des églises, les souverains étaient, en fait de peinture, d'un rigorisme extrême. Luca Giordano fut chargé, à l'Escurial, de couvrir de draperies décentes quelques saintes trop peu vêtues échappées au pinceau hardi du Titien. Trop renfermé en lui-même, l'art espagnol n'a jamais pris le grand essor de l'art italien : il lui a manqué, de même qu'à l'art flamand, l'étude de l'antique et le sentiment de la beauté idéale que cette étude développe et féconde. La poésie antique, l'art antique, ce sont là les sources éternelles de la beauté : le sentiment chrétien peut y ajouter ses hautes et sublimes inspirations; mais il ne dispense personne, même les plus puissants génies, d'y puiser.

Je ne dirai que quelques mots des tableaux italiens et flamands qui sont au musée de Madrid. Ces écoles sont connues; et puis, comment faire pour se retrouver au milieu de tant de richesses? Il faut choisir, et se borner à montrer du doigt en courant quelques chefs-d'œuvre.

Raphaël règne ici en souverain comme à Rome, comme à Florence. Deux *Saintes Familles,* qui se disputent presque également l'admiration, la *Perle* et la *Vierge au Poisson;* une *Visitation,* et le *Spasimo :* voilà ses principales toiles.

Ce *Spasimo,* dont la gravure est fort connue, est, à mon gré, une des plus grandes œuvres du maître. Mal-

heureusement le tableau, qui était sur bois, a beaucoup
souffert : on l'a restauré; et la couleur semble avoir
perdu de son harmonie première, et pris un ton rougeâtre qui nuit tout d'abord à l'effet. Mais, au second
coup d'œil, la grandeur de la scène vous saisit. Jésus
est tombé sur la voie douloureuse, baigné de sang et
de sueur. Sa mère s'approche, et, le visage inondé de
larmes, tendant les bras vers lui, tombe à demi pamée
entre les bras des saintes femmes, tandis que l'auguste
victime lève vers elle un regard plein d'une résignation
sublime. Il est impossible de mettre sur un visage
humain à la fois plus de majesté et de douleur, une
expression plus noble et en même temps plus déchi-
rante. Que Raphaël ait laissé des œuvres qui l'emportent encore sur celle-là au point de vue de l'art
pur, cela se peut, et je n'en sais rien : ce que je crois
pouvoir dire, c'est qu'il n'a rien fait de plus grand et
de plus pathétique, ni qui soit empreint d'un sentiment
religieux aussi pénétrant et aussi élevé.

La *Visitation* doit appartenir à la première manière
du peintre. On reconnaît l'élève du Pérugin dans le
choix du sujet et la façon dont il est traité. La Vierge,
timide, les yeux à demi baissés, reçoit les félicitations
de sainte Élisabeth. Il y a sur son doux visage, dans
son geste d'une naïveté charmante, une grâce confuse
et chaste, une candeur, un mélange de joie pieuse
et de respectueuse adoration. Quelle délicatesse!
quelle finesse de nuances! quelle âme et quel génie
de peintre!

Autour de ces œuvres maîtresses se groupent par

centaines des toiles que partout ailleurs on admirerait longuement. D'André del Sarto, outre une belle Vierge, il y a un magnifique portrait de sa femme : jolie tête, fine et dure, avec un demi-sourire de coquette sans cœur. C'est bien là la femme dont l'influence malfaisante perdit le pauvre artiste. Du Corrège, une *Madeleine* éclatante de grâce et de beauté profanes, avec des cheveux d'or et une robe de brocart. De Giorgione, une *Sainte Famille* superbe, mais peu divine. De l'Albane, une *Toilette de Vénus* ravissante de finesse, de délicatesse, de fraîcheur. Et que sais-je ? Des Luini, des Bassano, des Bellini, des Sébastien del Piombo... De leurs noms seuls on remplirait des pages.

Mais voici les grands Vénitiens; et à moins d'aller à Venise même, vous ne serez jamais à pareille fête. C'est un éblouissement, et force vous est bien de vous arrêter.

Titien a ici quarante toiles, et quelques-uns des plus beaux portraits qu'il ait faits. Ami de Charles-Quint, qui le combla de faveurs et de témoignages d'estime, il l'a peint nombre de fois, à tous les âges, dans tous les costumes. La galerie de Madrid, outre un grand portrait équestre de l'Empereur, en possède un autre où il est représenté en pied. Je préfère de beaucoup celui-ci.

Charles-Quint est debout, en habit de cour, toque noire, manteau blanc, pourpoint de drap d'or. Sa main gauche s'appuie sur la tête d'un grand levrier d'Afrique, qui fut son favori. Il y a dans toute la personne de l'élégance et de la noblesse. La tête est fine et froide; l'œil spirituel, mais à demi voilé. Sous la grâce un peu étudiée et le demi-sourire, on sent l'habileté rusée du politique. Il y a sur le front rejeté en arrière tout l'orgueil autrichien, et dans cette mâchoire inférieure avancée, toute la ténacité flamande.

En face du père est le fils. Titien a peint Philippe II jeune, à dix-huit ou vingt ans. Le prince est aussi en habit de cour; il a la taille mince, élancée, avec quelque roideur. Les cheveux sont blonds et ras, le teint pâle; les yeux saillants, froids et durs. Le trait marquant de cette physionomie, c'est la bouche, qui est épaisse et sensuelle, impérieuse et dédaigneuse. Le front est beau; mais il n'y a rien de jeune dans cette figure : l'expression est triste et hautaine. C'est un masque de marbre.

On peut voir, à la galerie de Madrid, nn autre portrait de Philippe II, non pas de Titien, mais de Pantoja, qui représente le roi à l'âge de quarante ans environ. Le portrait de Pantoja ne manque pas de finesse : le peintre semble avoir voulu adoucir son terrible modèle; il a mis sur ses lèvres une espèce de sourire, qui, malgré tout, n'a rien de rassurant. Mais c'est bien toujours, sous les formes plus lourdes de l'âge, la même figure de marbre ou de cire, le même regard terne et froid. Il faut noter seulement quelques détails caractéristiques : Philippe II tient à la main un rosaire à gros grains; il est coiffé d'un bonnet de velours noir. Devant cette figure blafarde, toute vêtue de noir, on se demande si c'est un roi, un moine ou un inquisiteur qu'on regarde.

Deux grandes toiles du Titien attirent de loin les

regards. Ce sont deux de ces toiles qu'on est convenu d'appeler des *Vénus,* et qui représentent de belles femmes nues, couchées sur un lit de repos. Peintures dorées, lumineuses, où éclate le génie voluptueux et un peu païen de la Renaissance, et qui doivent être, je m'imagine, fort étonnées de se trouver égarées parmi les peintures austères ou ascétiques de l'école espagnole. De fait, il n'y a pas longtemps qu'elles sont à cette place. Achetées par Philippe IV, elles étaient restées jusqu'à la fin du siècle dernier enfermées sous triple clef, comme des objets obscènes. Il n'a fallu rien moins que deux ou trois révolutions pour faire reparaître au jour ces chefs-d'œuvre.

Laissez-moi noter encore une *Salomé portant la tête de saint Jean-Baptiste.* Ce n'est qu'une étude à mi-corps, mais splendide. La tête est légèrement penchée en arrière; les bras se soulèvent pour porter le sanglant trophée. Quelle élégance! quelle fière tournure! quelle lumière sur ces bras, qu'on dirait faits d'un marbre doré par le soleil!

Tout à côté est une vaste composition allégorique qui fut peinte par Titien, en mémoire de la victoire de Lépante. On sait que la victoire de Lépante fut gagnée en 1572. Or Titien était né vers 1477 : il avait donc, quand il peignit ce tableau, quatre-vingt-quinze ans accomplis. A la vigueur de la touche, à l'éclat du coloris, on dirait l'œuvre d'un jeune homme. Quels hommes que ces artistes de la Renaissance, les Titien, les Vinci, les Michel-Ange! Génies de feu, dans des corps de fer!

J'en passe, et des meilleurs... Je ne fais que men-
tionner, de Paul Véronèse, une *Suzanne,* et surtout un
Jésus enfant parmi les Docteurs; belle composition,
dont les têtes ont de la noblesse, et où le peintre a
déployé toutes les splendeurs de sa palette; — de
Tintoret, quelques portraits d'une incroyable énergie;

Rembrandt. — *La reine Artémise.*

et un *Combat de mer,* plein de furie, où se trouve une
figure de femme que je crois voir encore, la tête renversée, les cheveux épars et entremêlés de perles,
d'une beauté étrange, extraordinaire.

L'école flamande et l'école hollandaise ne sont pas
moins bien représentées à Madrid que les écoles italiennes. Rembrandt n'a qu'un portrait, mais digne de
lui, c'est tout dire. Van Dyck, outre quelques petits
tableaux d'église, a quatre ou cinq portraits, qui sont

certainement parmi ses plus beaux. De Rubens, il
faut noter aussi quelques portraits magnifiques, et,
parmi un nombre énorme de toiles de toute grandeur,
des tableaux de chevalet qui valent ses plus grandes
compositions. Ce sont des kermesses, des danses de
village, d'une verve, d'une gaieté, d'un mouvement,
d'une couleur admirables; ce sont des nymphes et des
satyres; c'est surtout son *Jardin d'amour*, représentant une réunion de jeunes hommes et de jeunes
femmes, assis ou folâtrant sous de beaux ombrages.
Rubens a mis là, avec sa couleur éblouissante, quelque
chose de la grâce de l'Albane.

Et que dire des petits Flamands? Des Teniers, des
Breughel, des Wouwermans, des Ruysdael? Le premier, à lui seul, compte à Madrid soixante-seize
tableaux, parmi lesquels plusieurs sont des plus im-
portants et des plus charmants qu'il ait faits. J'ai remarqué trois *Tentations de saint Antoine*, sujet favori
du peintre, et où s'est déployée de la façon la plus
bizarre son imagination bouffonne; de grands tableaux
d'intérieur d'un fini merveilleux; des kermesses et des
fêtes de village; enfin une série de scènes comiques,
les *Singes sculpteurs*, les *Singes amateurs*, de l'expression la plus spirituelle et de la touche la plus fine. Un
de nos contemporains, Decamps, semble s'être inspiré de ces petits chefs-d'œuvre dans une de ses toiles
les plus populaires.

Je n'ai pas même nommé notre école française. Il
serait impardonnable de l'oublier cependant; car si sa
place n'est pas large au musée de Madrid, on peut dire

qu'elle y est noblement remplie. Deux noms seuls la
représentent : Poussin et Claude Lorrain. Le premier
a ici quelques toiles excellentes (*la Chasse de Méléagre*,
entre autres, et *Un jeune Guerrier couronné par la*

Ribera. — *Saint Paul, ermite.*

Victoire); excellentes, non de couleur sans doute, mais
de composition, et du plus grand style. Le second a
cinq ou six paysages qui sont incomparables; deux
entre autres, dans le salon Isabelle, représentant un
lever et un coucher de soleil. Le Louvre n'a rien de

plus beau, et il n'y a pas de peinture au monde dont
celle-là ne puisse affronter le voisinage. Claude Lorrain
est le plus grand des paysagistes. D'autres ont saisi
heureusement certains aspects de la nature : Ruysdael
excelle à rendre la fraîcheur des forêts et des eaux;
Poussin la solennité, la majesté des grands horizons.
Claude, lui, a su exprimer toutes les harmonies de la
nature et toutes ses magnificences. Comme on a dit
que Velasquez a peint l'air, on pourrait dire qu'il a
peint la lumière : non une lumière de convention,
mais la lumière vraie, limpide et pure; et c'est par là
qu'il a exprimé mieux que personne la poésie suprême
de la nature.

CHAPITRE XIV

'Escurial est à une quinzaine
de lieues de Madrid. C'est aujourd'hui une des stations du
chemin de fer du Nord de l'Espagne. Comme notre projet est
de rentrer en France par cette
voie, ce sera notre première étape. La seconde sera
Avila, et la dernière Burgos.

La gare du chemin de fer est à la porte de Madrid,
dans la vallée du Manzanarès. On aperçoit de là le pont

27

de Tolède, monument lourd et surchargé d'ornements, qui doit, je pense, tout son renom parmi nous à la ballade de Victor Hugo. C'est de là aussi qu'il faut voir le palais royal, dont la façade principale regarde la vallée. Le premier coup d'œil est assez favorable; les lignes de l'édifice ne manquent pas de grandeur, et sa masse est imposante. Mais quand on y regarde de plus près, on trouve que cette architecture est maigre et de mauvaises proportions : les fenêtres sont les unes trop étroites, les autres trop basses; les pilastres sont étranglés. L'attique était autrefois surmonté de statues colossales; on les en a descendues, et on les a mises dans le petit jardin qui est derrière le palais : en quoi on a eu grand tort, car là-haut du moins on ne les voyait pas si bien.

A l'époque de l'année où nous sommes, la vallée du Manzanarès est fraîche et riante. Les bords du fleuve sont couverts d'arbres; les pentes des collines sont revêtues de quelque verdure. Mais, dès le mois de juin, cette parure printanière disparaît; le fleuve, ou, pour mieux dire, le torrent est à sec; la vallée n'est plus qu'un ravin semé de pierres et couvert de poussière. Grâce aux pluies qui ne sont tombées que trop abondamment ce printemps, je puis me flatter du moins, ce que ne peuvent pas dire tous les voyageurs, d'avoir vu de l'eau dans le Manzanarès.

A peine est-on sorti de cette petite vallée, qu'on entre dans le désert. De grandes plaines, légèrement ondulées, sans arbres, hérissées de roches parmi lesquelles poussent quelques touffes d'arbustes sauvages, s'étendent à perte de vue. A peine de loin en loin se montre quelque village, entouré de maigres cultures.

L'Escurial est au bout de cette plaine, assis sur les premières pentes du Guadarrama. On se demande comment un souverain a eu l'étrange idée de bâtir dans cette campagne désolée son habitation de plaisance. Il est vrai que ce souverain était Philippe II, et que ce lieu de plaisance devait être un couvent.

On sait que Philippe II fit élever ce colossal monument en mémoire de la bataille de Saint-Quentin, remportée par lui sur les Français, le 10 août 1557. Quand je dis par lui, je veux dire par son général Philibert-Emmanuel, duc de Savoie; car Philippe II n'a jamais, de sa personne, gagné une bataille. Il était pourtant sur le continent à ce moment, et à quatre lieues seulement du lieu où se livrait le combat; mais il n'avait point encore paru au camp. On dit qu'il se trouva un peu humilié de n'avoir pas assisté à une bataille livrée si près de lui. Ce n'est pas le vieux Charles-Quint, tout criblé de goutte qu'il était alors, qui se fût tenu si prudemment à l'écart. Mais il semble que des rares qualités du père la nature eût fait deux parts pour les distribuer à ses fils : don Juan d'Autriche avait hérité de sa brillante valeur; Philippe de son ambition et de son activité politiques, sinon de son génie. Ce qu'il y a de sûr, c'est que celui-ci était un pauvre guerrier. Il n'aimait ni les chevaux, ni les armes. Charles-Quint eut beau lui faire apprendre par des seigneurs flamands les exercices de la chevalerie, il n'en put faire un chevalier. Dans les joutes, il était

timide et maladroit. La seule fois qu'il parut, en
Flandre, dans un tournoi, il reçut sur la tête un coup
de lance qui le renversa : on l'emporta évanoui.

Le jour où fut gagnée la victoire de Saint-Quentin
était le jour de la fête de saint Laurent. Philippe voulut
que le monastère qu'il élevait prît le nom de Saint-
Laurent de l'Escurial; il voulut même, en l'honneur du
saint et pour rappeler l'instrument de son martyre, que
l'édifice eût la forme d'un gril. L'architecte Herrera, qui
était un homme de talent, dut se conformer à cette
fantaisie, peu propre assurément à inspirer le génie
d'un artiste. Il est parvenu cependant à exécuter ce
qu'un voyageur a spirituellement appelé « un rébus
d'architecture ». L'édifice a la forme d'un immense
parallélogramme de deux cents mètres environ de
côté; une multitude de galeries transversales qui se
croisent à angle droit, entre ces quatre galeries principales, représentent les barreaux du gril. Le manche
est formé par l'habitation royale, qui se rattache au
milieu de l'une des façades. Les pieds sont figurés par
quatre tours placées aux angles.

On a bien trop vanté, à mon avis, le palais de l'Escurial. Les Espagnols, exagérés en toutes leurs paroles,
l'appellent tout simplement la huitième merveille du
monde. Quoique la matière en soit belle (il est tout en
granit), l'aspect général est gris, terne et lourd. N'était
la coupole, on dirait d'une caserne ou d'une prison.
Cela est vaste sans être grand, énorme sans être imposant : un prodigieux entassement de pierres, voilà tout.
Au dehors, de hautes murailles toutes nues, percées

de petites fenêtres; au dedans, des cours étroites, dallées, entourées de cloîtres bas et humides; des corridors sombres qui se croisent à l'infini et n'ont pas même l'effet des longues perspectives. Des voûtes basses, en plein cintre, souvent même surbaissées; nul ornement; pas une colonne, pas une sculpture, pas une ciselure qui rompe la monotonie de ces interminables murailles grises : le granit nu, partout le granit, rien que du granit. Il tombe de ces voûtes comme un manteau de glace qui vous fige jusqu'aux moelles. L'âme même se sent refroidie et contristée; l'esprit est comme opprimé, écrasé sous ces pesantes masses. Le sentiment qu'on éprouve n'est ni celui du recueillement qui porte à la prière, ni celui du calme que les âmes fatiguées de la vie vont chercher dans le cloître : c'est le froid du sépulcre.

La chapelle elle-même a ce caractère triste. Elle a la forme d'une croix grecque. La coupole centrale s'appuie sur quatre énormes piliers carrés. Ici la sévérité des lignes donne à l'édifice un certain air de grandeur; mais la teinte grise du granit qui revêt toutes les parois, la nudité et la sécheresse du style, lui laissent malgré tout un aspect glacial.

Sous le grand autel est la chapelle funéraire des rois, qu'on appelle du nom passablement païen de Panthéon. Pour y descendre, chaque visiteur est muni d'une torche. On y arrive par un corridor pavé de marbre; les murailles, les voûtes sont revêtues de marbre. La chapelle, de forme octogone, est décorée avec plus de richesse encore : ce sont partout des incrustations de porphyre, de jaspe et d'agate. Les restes mortels des souverains espagnols sont enfermés dans des sarcophages de marbre ornés de ciselures d'or ; ces sarcophages sont rangés dans des niches étagées dans toute la hauteur de la chapelle. Tout cela est d'un luxe inouï, éblouissant sous l'éclat des torches. Ce sépulcre, dont l'orgueilleuse magnificence rappelle les tombeaux des anciens rois d'Égypte, fut commencé par Philippe II et achevé par ses successeurs. Antérieurement les rois d'Espagne avaient leurs tombes à Grenade. Philippe II voulut que l'Escurial devînt le lieu de sépulture de sa famille. En 1574 il y fit transférer le corps de son père, qui était resté, depuis sa mort, arrivée en 1558, au monastère de Yuste. En même temps il y fit apporter le cercueil de son aïeule, Jeanne la Folle, de sa première femme Marie de Portugal, de ses enfants et de ses sœurs. Cinq ans plus tard, don Juan d'Autriche venait y prendre place à côté de son glorieux père.

Les appartements royaux sont mesquins ; c'est une suite de salles étroites et basses, de chambres fanées et délabrées. La riche collection de tableaux qui les ornait autrefois a été transportée au musée de Madrid. Il n'y a de curieux, dans cette partie du palais, que le cabinet de travail et la chambre à coucher de Philippe II. Ce sont deux sombres cellules, larges de six pieds carrés, basses d'étage, dont les murailles sont toutes nues et qui s'ouvrent comme des alcôves sur une salle longue. Derrière le cabinet est un oratoire exigu, qui donne par une petite fenêtre sur le chœur de l'église : par là, le roi, sans se déranger, assistait à l'office divin. C'est là que, le 13 septembre 1598, à l'âge de soixante-dix ans, il mourut « usé par le plaisir et les affaires, accablé d'infirmités, tenaillé par la goutte, et depuis trois ans miné par une fièvre lente [1]. »

Le couvent de Saint-Laurent de l'Escurial avait été donné par Philippe II aux hiéronymites, un des ordres religieux les plus riches et les plus considérables de la Péninsule. Cet ordre, placé sous l'invocation de saint Jérôme et la règle de Saint-Augustin, s'occupait de science et d'agriculture. Charles-Quint l'avait eu en grande estime; c'est dans une de ses maisons, à Yuste, dans l'Estramadure, qu'il avait voulu se retirer et mourir. Philippe II avait continué à ces religieux la

1 M. Mignet, *Antonio Perez*, p. 261-268.

faveur dont ils avaient joui près de son père. Aujour-
d'hui le monastère est désert, le cloître est vide, l'église
est abandonnée. Et il faut le dire, ne fût-ce qu'au point
de vue de la poésie et des souvenirs, le monument y
perd. On aimerait à voir errer sous ces arcades silencieuses la robe blanche de quelque pieux cénobite.
Tel qu'il est, c'est un corps sans âme, c'est une ruine
triste et maussade. L'Espagne, comme on sait, a
supprimé, depuis 1834, tous les monastères d'hommes :
on n'a laissé subsister que les couvents de femmes, et,
par une exception de faveur, deux ou trois maisons de
missionnaires jésuites. Il pouvait y avoir des raisons
politiques de diminuer l'étendue des biens de main-
morte ; mais la suppression des ordres religieux est
tout autre chose : c'est en soi une atteinte à la liberté
de conscience ; c'est une violence révolutionnaire. Les
Espagnols, qui prétendent nous imiter, auraient pu
chercher de meilleurs exemples dans notre histoire.
Tel est le branle ordinaire des choses humaines : Philippe II a voulu gouverner l'Espagne comme un
couvent ; l'Espagne, trois siècles après Philippe II,
brûle les couvents et chasse les moines.

Un seul souvenir, un seul nom remplit les salles
désertes et les corridors sombres de ce gigantesque
palais : c'est le souvenir, c'est le nom de Philippe II.
Le monument est fait à l'image de l'homme ; il porte
son empreinte, et reproduit son caractère écrit sur
chacune des pierres. De même que Versailles représente fidèlement Louis XIV, l'Escurial représente
Philippe II. On a beau faire, en se promenant dans ces

longues galeries, cette sinistre figure vous poursuit et vous obsède. L'esprit ne peut s'en distraire.

On a voulu faire de Philippe II un grand roi, un grand politique; on l'a représenté comme le type du caractère espagnol, comme la plus haute personnification de la royauté espagnole. A mon avis, ce sont là autant de paradoxes.

C'est aux résultats de leur politique qu'on juge les rois; c'est l'événement qui donne la mesure de l'homme et dit la valeur du système. Or quiconque voudra à ce point de vue apprécier Philippe II, ne se fera pas de lui une haute idée.

Quand Charles-Quint, après trente années d'une activité prodigieuse, rassasié de gloire et accablé d'infirmités, descendit volontairement du trône pour aller chercher le repos dans la solitude de Yuste, son immense domination se partagea en deux : l'Empire resta à la branche allemande de la maison d'Autriche; la monarchie espagnole passa sur la tête de Philippe II. Mais, toute réduite qu'était par là cette dernière puissance, toute fatiguée qu'elle était déjà par le despotique génie du grand empereur, c'était encore la plus vaste, la plus riche et la plus redoutable monarchie de l'Europe.

Quarante ans plus tard, quand Philippe II expire, où en est l'Espagne? Elle a perdu la moitié des Pays-Bas; sa marine est affaiblie, ses finances épuisées. Les colossales entreprises qu'a faites Philippe II, presque toutes chimériques, ont été presque toutes malheureuses. Il a pris Tunis, et il en a été chassé l'année suivante. Ses attaques sur l'Irlande ont été repoussées : l'*invencible armada*, dispersée par la tempête, a été détruite par les vaisseaux anglais, qui sont venus impunément brûler et piller Cadix. Il a dépensé des sommes énormes pour soutenir en France la Ligue, et faire

asseoir sa fille sur le trône des Valois : la Ligue a été vaincue, et la France s'est donnée à Henri IV. La victoire de Lépante même a été stérile ; et, au commencement du xviiᵉ siècle, la prépondérance dans le système politique européen a passé de l'Espagne à la France.

Une autorité et un prestige immenses ; des armées jusque-là invincibles ; une flotte de mille vaisseaux ; des généraux comme le duc d'Albe, don Juan d'Autriche, le duc de Parme, Spinola; les mines du nouveau monde, qui lui envoyaient chaque année onze millions de piastres (plus de cent cinquante millions d'aujourd'hui) : voilà ce qui avait été donné à Philippe II; et, après quarante années du règne le plus absolu, Philippe II lègue, en mourant, à son pays une décadence qui ne s'arrêtera plus. Est-ce là l'histoire d'un grand roi et d'un grand politique?

Si on le compare à ses prédécesseurs, on le trouve inférieur à tous : il n'a ni l'habileté de Ferdinand, son aïeul, ni l'âme généreuse et chevaleresque d'Isabelle, ni le génie politique et les qualités brillantes de Charles-Quint. C'était un esprit étroit et lent, plus laborieux qu'étendu, plus appliqué que capable; à la fois hautain et timide, irrésolu et opiniâtre. Un contemporain a fait cette remarque, que Charles-Quint se conduisait en toutes choses d'après son propre jugement, et que Philippe II ne se dirigeait que d'après l'opinion des autres. Aussi ses hésitations étaient-elles infinies, et ses décisions presque toujours tardives.

Toute supériorité lui portait ombrage; et le soupçon seul suffisait pour perdre ceux qui se croyaient le plus assurés de sa faveur. Mais rien n'avertissait de sa colère et de sa vengeance. « Chez lui, dit énergique-
« ment un historien du temps, le sourire n'était pas
« loin du couteau [1]. »

---

[1] *Unos le llamaban prudente, otros severo, porque su riso y cuchillo eran confines.* — Cabrera, cité par Prescott.

Il se regardait comme investi ici-bas d'une mission providentielle. Maintenir à tout prix, dans ses États, l'unité politique et l'unité religieuse, c'était le rôle auquel il croyait que Dieu l'avait appelé. Ne doutant pas que la vie de ses sujets ne lui appartînt, il en disposa froidement, avec la plus effrayante tranquillité de conscience.

On admirerait cette force de conviction, cette énergie de volonté, si elles ne s'étaient traduites en d'effroyables immolations d'hommes. Mais l'énergie de conviction ne suffit point à absoudre les attentats contre l'humanité. C'étaient aussi des hommes convaincus qui, dans la nuit de la Saint-Barthélemy, et aux applaudissements de Philippe II, égorgeaient les protestants; Calvin était convaincu lorsqu'il faisait brûler Servet dans un auto-da-fé plus odieux encore que ceux de Torquemada; c'étaient des hommes également convaincus, ces autres fanatiques qui, deux siècles plus tard, sous prétexte de sauver la patrie, couvrirent la France d'échafauds. Toutes les tyrannies invoquent la même excuse.

Voilà l'homme dont on a voulu faire le type du caractère espagnol! Non, en vérité : c'est calomnier une grande nation. Du caractère espagnol il a eu l'orgueil, la cruauté; il n'en a eu ni le courage, ni la générosité, ni la noblesse et l'esprit chevaleresque. Il y a plus : nul homme au monde n'a contribué davantage à fausser le sens moral chez le peuple espagnol et à développer les instincts violents de sa nature, en lui inoculant le fanatisme.

Il y a eu des tyrans plus fougueux, plus sanguinaires peut-être; il n'y en a pas eu de plus odieux; car il était froid dans ses cruautés, sans colère, sans passion, et, pour atteindre son but, tous les moyens lui étaient bons. Dans cette âme de fer, nul sentiment humain n'avait survécu. Haineux et défiant, n'aimant personne et trompant tout le monde, astucieux et poursuivant la vengeance avec une obstination lente, implacable, et comptant pour rien la vie des hommes; ce qu'il y a de plus effrayant chez ce tyran, c'est que l'opiniâtreté de ses convictions et sa confiance en sa propre infaillibilité ont oblitéré en lui la conscience à ce point de la rendre inaccessible au remords. Il verse tranquillement le sang. « Tibère avait des remords, Philippe II n'en a pas [1]. »

Croirait-on que cet homme-là a été calomnié? On lui a imputé la mort de son fils don Carlos; et il paraît certain que la mort de don Carlos ne fut point le résultat d'un crime. « On ne prête qu'aux riches, » dit le proverbe.

C'est une lamentable histoire que celle de ce jeune homme, fils de tant de rois, héritier présomptif du plus brillant trône du monde, mourant à vingt-trois ans d'une mort désespérée, prisonnier d'État dans le palais de son père. Le secret de cette mystérieuse et tragique destinée a été longtemps ignoré. L'imagination des historiens et des poëtes s'est donné carrière en mille suppositions

<hr>

1 Ed. Laboulaye, *Études morales et politiques.*

étranges. Une sorte de légende poétique s'est formée autour du nom de don Carlos. On a fait de lui un personnage de roman. Les uns lui ont prêté un amour coupable pour sa belle-mère, Élisabeth de France, troisième femme de Philippe II ; les autres lui ont attribué des sentiments favorables aux protestants. Schiller, enfin, non content d'accepter la tradition de ses amours avec Élisabeth, a fait de lui un héros de générosité chevaleresque, et même, par un étrange anachronisme, une sorte de philosophe imbu d'idées de liberté et de réforme qui étaient certainement fort étrangères à un infant d'Espagne, petit-fils de Charles-Quint.

Tout cela est de la fiction. Des documonts incontestables, publiés depuis quelques années, ont permis de mettre enfin l'histoire à la place du roman.

Don Carlos, fils de Marie de Portugal, première femme de Philippe II, était né à Valladolid, le 9 juillet 1545. Débile et maladif, il montra dès l'enfance un caractère bizarre, une violence singulière, des instincts farouches et cruels. Une direction ferme et douce eût pu combattre ces dispositions ; mais son père ne lui montra jamais qu'un visage austère et dur. Des fièvres périodiques, et une chute à la suite de laquelle on dut lui faire l'opération du trépan, rendirent encore son humeur plus fantasque. Il avait des emportements terribles. On raconte de lui des traits qui décèlent à la fois une nature cruelle et une tête mal réglée. Enfant, il s'amusait à faire rôtir tout vivants des lièvres pris à la chasse. Devenu homme, il aimait à courir les rues la nuit, et, comme dit Brantôme, « à ribler le pavé, » et·à insulter les femmes. Dans une de ces courses nocturnes, il arriva qu'un pot d'eau lui fut jeté sur la tête par une fenêtre. Carlos, furieux, ordonna, en rentrant au palais, à ses gardes d'aller mettre le feu à la maison. L'officier qui reçut cet ordre, n'osant désobéir, vint rapporter au prince qu'il avait vu un prêtre entrer dans ce logis portant le saint Sacrement. Don Carlos recula devant un sacrilége.

« Moy estant en Espagne, dit Brantôme, il me fut « fait un conte de luy, que son cordonnier luy avoit « fait une paire de bottes très-mal faites ; il les fit mettre « en petites pièces, et fricasser comme tripes de bœuf, « et les luy fit manger toutes devant luy, en sa chambre, « de cette façon. »

Il y avait là visiblement un désordre mental. La folie était le mal héréditaire de la famille de don Carlos. Sa bisaïeule, la mère de Charles-Quint, a gardé dans l'histoire le nom de Jeanne la Folle. Sa tante, la princesse Jeanne, sœur de Philippe II, fut toute sa vie fantasque et bizarre. Dans ce maladif et frêle rejeton d'une race déjà usée, le même mal se manifestait sous des formes violentes.

Philippe, toujours froid et dur, même pour sa famille, avait essayé de dompter par une discipline sévère ce caractère irascible. Il n'avait réussi qu'à inspirer à son fils une crainte qui se tourna bientôt en aversion, puis en une haine profonde. Exaspéré par ces sévérités, entouré de surveillants et d'espions, ne sachant à qui se fier, se débattant en vain sous la main de fer de son père, l'infortuné jeune homme s'enfonçait chaque jour dans la démence et la fureur.

Plus d'une fois il avait conçu le projet de fuir hors d'Espagne. Une circonstance particulière vint raviver chez lui ce désir. Les Flandres commençaient à s'agiter sous le despotisme espagnol : l'annonce de l'établissement de l'inquisition y soulevait une résistance menaçante. Deux seigneurs influents, le marquis de Berghes et le baron de Montigny, avaient été envoyés en Espagne pour présenter à Philippe II de respectueuses remontrances. Montigny, instruit des dispositions et des projets de l'infant, parvint à nouer avec lui des relations secrètes. Mais Philippe II ne tarda pas à en être informé. Il vit le danger. Avec sa dissimulation et sa lenteur habituelles, il endormit Montigny par de belles paroles et le retint en Espagne. Puis tout à coup, au mois d'octobre 1567, il le fit arrrêter et enfermer dans le château de Ségovie.

Quant à don Carlos, le roi l'avait bercé quelque temps de l'espoir d'être envoyé aux Pays-Bas. Furieux de voir le duc d'Albe envoyé à sa place, l'infant songea alors sérieusement à s'enfuir. Le 17 janvier 1568, il avait commandé des chevaux de poste à l'Escurial; il s'était procuré une grosse somme d'argent; ses préparatifs étaient faits, quand, dans la nuit du 18, Philippe II, informé de tout heure par heure, résolut de s'assurer de lui. Un témoin oculaire, Cabrera, huissier de la chambre de don Carlos, nous a laissé le récit circonstancié de cette scène dramatique.

Il était onze heures du soir. Philippe sortit de son

cabinet, suivi de Ruy Gomez de Silva, du duc de Feria,
du prieur D. Antonio de Tolède, et de Luis Quijada. Il
était sans épée et sans gardes, et portait son costume
ordinaire. Devant lui marchait D. Diego de Acuña,
tenant à la main un flambeau; derrière venaient deux

huissiers du cabinet, munis de clous et de marteaux.
Le sombre cortége marchait silencieusement, étouffant
le bruit de ses pas sous les voûtes désertes du
palais. Arrivés à la porte de l'appartement du prince,
Ruy Gomez l'ouvrit avec sa clef de majordome. L'infant
était sur son lit, le dos tourné à la porte, s'entretenant
avec ses officiers. Philippe II, avant d'être vu, put

enlever l'épée et le poignard suspendus au chevet du lit. Quand don Carlos, se retournant, aperçut le visage sombre et sévère de son père, épouvanté il se jeta hors du lit en s'écriant : « Que veut Votre Majesté? ma liberté ou ma vie? — Ni l'une, ni l'autre, répondit le roi; demeurez calme. » Mais le prince, fou de terreur et de désespoir, n'entendait rien; il courut vers la cheminée, et voulut se précipiter dans le feu. Puis il se jeta aux pieds de son père, demandant la mort comme une grâce. Philippe, toujours impassible, lui ordonne de se remettre au lit, ajoutant : « Ce que je fais est pour votre bien. »

Sur un signe du roi, le comte de Lerme et Gomez entrèrent dans la garde-robe, et s'emparèrent des pistolets et des arquebuses du prince. Pendant ce temps les deux huissiers clouaient les fenêtres. Cela fait, Philippe fit venir les officiers chargés de la garde du palais, et leur dit : « Je vous charge de garder le prince d'Espagne. Vous exécuterez tous les ordres que vous donnera le duc de Feria, auquel je le confie. » Le duc de Feria était capitaine des gardes.

Cet étrange événement fut annoncé par Philippe II à l'Espagne et à l'Europe dans des termes d'une obscurité et d'un vague calculés. L'orgueil du père et du roi se refusant à faire connaître la simple vérité, on ne parla que de raisons d'État, de l'intérêt de l'Église et du royaume, qui avaient porté le roi « à sacrifier lui-même sa chair et son sang, dans la personne de son fils unique. » Seuls quelques confidents du roi, comme le duc d'Albe, furent mis dans le secret; et c'est par

cette correspondance, publiée depuis peu, que les
vraies causes de cet événement ont été enfin connues.
À peine laissa-t-on soupçonner aux ambassadeurs le
dérangement d'esprit de l'infant. A la cour, le bruit
courut qu'il avait conspiré contre son père : supposition
aussi peu fondée que toutes celles qui ont eu cours
depuis.

Don Carlos, confiné dans une des chambres de son
appartement, y fut soumis à une étroite captivité. Ses
fenêtres étaient clouées et garnies de barreaux. On avait
enlevé jusqu'aux chenets des cheminées, de crainte qu'il
n'attentât à sa vie. La viande qu'on lui servait était
coupée, et aucun couteau ne paraissait sur sa table.
Jour et nuit deux gentilshommes et deux domestiques
veillaient sur lui, avec défense de le perdre de vue un
seul instant. Deux hallebardiers, à chaque porte, avaient
ordre de ne laisser entrer personne que sur ordre du
roi. Aucun message du dehors ne pouvait lui parvenir :
il était isolé du monde extérieur.

On devine quels effets une telle séquestration pro-
duisit sur cette nature irascible et ce cerveau malade.
L'infant entra d'abord dans des accès de colère furieuse
contre son père, qui ne cessaient que pour faire place
à des accès de désespoir. Bientôt le défaut d'exercice et
les chaleurs de l'été rallumèrent la fièvre et augmen-
tèrent le délire. Des écarts de régime violents altérèrent
de plus en plus sa santé. Dévoré à la fois et par le feu
intérieur de la fièvre, et par les ardeurs d'un climat
brûlant, il se livrait à toutes sortes d'excès. Tantôt il
refusait toute nourriture, et tantôt il mangeait des

quantités énormes de fruits et s'abreuvait d'eau glacée. Il se promenait nu-pieds dans sa chambre inondée d'eau, et gardait continuellement dans son lit une bassinoire pleine de neige.

Un tel régime ne pouvait tarder à détruire une constitution débile. On a accusé Philippe II d'avoir empoisonné son fils; rien ne le prouve. Mais n'a-t-on pas laissé celui-ci accomplir un véritable suicide?

Vers la fin de juin la fièvre redoubla, et la dyssenterie éclata accompagnée de vomissements. Don Carlos mourut le 24 juillet 1568. Les détails qu'on rapporte de ses derniers moments prouvent qu'il vit approcher sa fin avec calme et une pleine possession de son intelligence : ce qui semble autoriser à croire que le mal dont il était atteint était plutôt une maladie nerveuse intermittente qu'une démence véritable.

Ainsi mourut le petit-fils de Charles-Quint : mort lamentable, où tous les contemporains soupçonnèrent un odieux drame domestique, où l'histoire s'est jusqu'ici obstinée à voir une vengeance atroce ou un acte de fanatisme de Philippe II. Il faut être juste pour tout le monde, même pour Philippe II. En s'opposant à la fuite de son fils, en le retenant prisonnier dans son palais, il usa du droit incontestable du père et du roi. Mais peut-être le malheureux don Carlos fut-il plus traité en criminel d'État qu'en malade. Si on ne le tua point, on le laissa se tuer; et on peut croire que sa mort fut autant un soulagement pour le roi qu'un chagrin pour le père. Quoi qu'il en soit, Philippe II, pour avoir voulu envelopper d'ombre cet événement, a

porté longtemps, aux yeux de la postérité, le poids
d'un crime de plus. C'est le premier châtiment des
tyrans, qu'on leur prête les crimes mêmes qu'ils n'ont
pas commis. On a dit souvent que don Carlos avait
été livré au grand inquisiteur. Llorente, qui a eu
entre les mains les archives du saint-office, n'y a rien
trouvé de relatif à l'infant. Ce qui a donné naissance
à ce bruit, c'est probablement le mot célèbre de Philippe II au luthérien Carlos de Sessa, qui, avant de
monter à l'échafaud, lui reprochait sa cruauté : « J'ap-
« porterais moi-même le bois pour brûler mon propre
« fils, s'il était aussi pervers que toi [1]. »

J'ai parlé tout à l'heure de Montigny, et rappelé son
arrestation. Sa fin fut plus tragique encore que celle de
don Carlos. C'est aussi là un épisode de l'histoire de
Philippe II, sur lequel des documents récemment
publiés ont jeté une lumière inattendue; mais, cette
fois, la vérité s'est trouvée plus horrible que l'histoire.

Florent de Montmorency, baron de Montigny, était
frère cadet du comte de Hoornes : ils étaient issus d'une
branche de la maison de Montmorency transplantée au
siècle précédent en Flandre. Montigny était un des
principaux seigneurs du pays : sa fidélité au roi n'avait
jamais été douteuse, non plus que son zèle pour la

---

[1] *Yo trahere la leña para quemar a mi hijo, si fuere tan malo como vos.*
Colmenarès. *Hist. de Segovia.* — Voyez sur ce tragique épisode le récent
ouvrage de M. Gachard, *don Carlos et Philippe II*, et celui de M. Charles
de Mouy.

foi catholique. Philippe II lui avait donné la croix de la Toison d'or, et l'avait nommé gouverneur de Tournai.

En 1566, la régente des Pays-Bas l'avait envoyé à Madrid pour porter au roi les vœux des députés. On lui avait donné pour collègue, dans cette dangereuse ambassade, le marquis de Berghes. Tous deux devaient demander l'abolition de l'inquisition, l'adoucissement des édits rendus contre les hérétiques, et la convocation des états généraux. Ils arrivèrent à Madrid le 17 juin 1566. Instruit par avance de l'objet de leur mission, Philippe II dissimula son irritation et les accueillit avec affabilité : ils ne tardèrent pas à comprendre que leurs efforts seraient vains, et qu'il n'y avait rien à espérer de la clémence du roi. Ils voulaient repartir ; Philippe II, d'accord avec le duc d'Albe, qui venait d'arriver dans les Flandres, les retint par de belles paroles et d'insidieuses promesses.

Mais bientôt les événements se précipitent, et rendent toute dissimulation inutile. Le 9 septembre 1567, le duc d'Albe faisait arrêter les comtes d'Egmont et de Hoornes, inaugurant par là le système de terreur qui allait couvrir de sang les Pays-Bas. Un mois après, Montigny est arrêté à Madrid, et enfermé dans l'Alcazar de Ségovie, lieu habituel de détention des prisonniers d'État. Le marquis de Berghes était mort peu de temps auparavant.

Plus d'une année se passe avant qu'on s'occupe de lui faire son procès. Étroitement sequestré, sans nouvelles du dehors, le malheureux prisonnier ignorait ce qu'on lui imputait; il ignorait quels événements se passaient aux Pays-Bas; il ignorait jusqu'à la mort funeste de son frère, décapité avec Egmont.

Enfin il fut décidé que, tout en restant détenu en Espagne, il serait jugé aux Pays-Bas par le tribunal institué pour connaître des crimes d'État : c'était dire qu'il serait jugé par le duc d'Albe. On lui imputait d'avoir tenu des propos *pernicieux* contre le roi; de s'être associé aux demandes des seigneurs contre l'autorité du roi; faits qui étaient qualifiés crimes de rébellion, de conspiration et de lèse-majesté. On a l'interrogatoire de Montigny; à lui seul il prouverait son innocence. Mais l'issue ne pouvait être douteuse.

Un peu plus d'un an après le dernier interrogatoire, le 4 mars 1570, un arrêt portant peine de mort fut prononcé à Bruxelles par le duc d'Albe. « Votre Majesté, écrit-il au roi, voudra sans doute que l'exécution ait lieu en Espagne, *car ici la chose serait difficile.* »

Philippe II fut de cet avis. Il craignit que cette mort ne ranimât dans les Pays-Bas l'agitation qui semblait se calmer. Il voulut donc que l'arrêt fût exécuté « avec aussi peu de bruit que possible ».

Un conseil fut tenu pour délibérer à ce sujet. Voici comment il est rendu compte de cette étrange délibération dans une relation confidentielle envoyée au duc d'Albe par ordre du roi, et annexée à une de ses dépêches : « Tous ont été d'accord qu'il n'était pas oppor-
« tun de recommencer à verser le sang, ni de donner
« lieu aux sentiments douloureux qu'auraient éprouvés

« non-seulement les parents et amis de Montigny,
« mais tous les naturels des Pays-Bas, dont le mécon-
« tentement et les murmures auraient été d'autant plus
« grands que, le coupable se trouvant en Espagne, on
« n'aurait pas manqué de prétendre qu'il avait été
« sacrifié sans pouvoir se défendre juridiquement. La
« majorité pensait donc qu'il convenait de lui faire
« prendre un mets ou une boisson empoisonnée, dont
« il mourût peu à peu, de sorte qu'il eût le temps,
« pendant sa maladie, d'arranger les affaires de son
« âme. Mais Sa Majesté a jugé qu'en suivant cette
« marche on ne ferait pas un acte de justice, et qu'il
« valait mieux qu'il subît en prison même le supplice
« du *garrote* (de l'étranglement), d'une manière assez
« secrète pour que personne n'en eût jamais connais-
« sance, et qu'on pût croire qu'il était mort de sa mort
« naturelle. La chose ayant été ainsi résolue, comme
« aussi que le mariage de Sa Majesté se ferait à Sé-
« govie, Sa Majesté a ordonné que ledit sieur de Mon-
« tigny fût transféré du château de cette ville à celui
« de Simancas [1]. »

En conséquence, Montigny est transporté dans la citadelle de Simancas; et, le 1er octobre, une cédule royale
datée de l'Escurial enjoint au gouverneur de cette citadelle de remettre le condamné à l'alcade de Valladolid,
chargé de faire exécuter la sentence.

Quelques jours à l'avance, Montigny, sous un pré-

---

[1] *Coleccion de documentos ineditos para la historia de Espana.* Madrid, 1844,

texte, est isolé : on lui retire ses domestiques; on ne lui permet plus de se promener dans le château; on le tient enfermé dans une chambre séparée.

Un médecin de la ville de Simancas est appelé dans la forteresse, et mis dans le secret. On répand le bruit que le prisonnier est malade, atteint d'une fièvre maligne. Le médecin vient plusieurs fois par jour, et fait

apporter ostensiblement des potions, des médicaments appropriés à la nature du mal annoncé. Il répète en ville que, selon toutes les apparences, Montigny sera emporté avant le septième jour.

Les choses ainsi préparées, et tout étant convenu à l'avance entre l'alcade de Valladolid et le gouverneur, qui s'étaient vus secrètement à cet effet, le samedi 14 octobre, entre neuf et dix heures du soir, l'alcade est introduit furtivement dans la citadelle, avec un greffier et (comme disent les instructions royales) « la personne dont il faudra se servir pour exécuter l'arrêt». Ils pénètrent dans la chambre où le prisonnier était couché. Le greffier lui lit la sentence, et l'alcade lui

annonce que le roi, « usant de clémence à son égard, » a adouci la peine en ordonnant que l'exécution n'aurait pas lieu en public.

Un prêtre fut introduit alors, et le condamné employa à se préparer à la mort toute la nuit du samedi et la journée du dimanche. Montigny remit à ce prêtre une petite chaîne et une bague pour sa femme. On lui permit de faire quelques dispositions dernières par lettre ou testament, mais à la condition expresse « qu'il s'exprimât comme un malade qui craint de mourir de sa maladie, et qu'il ne fût fait aucune mention de l'exécution. »

Enfin, dans la nuit du lundi, à deux heures du matin, « après qu'il se fut, dit la relation, recommandé à Dieu aussi longtemps qu'il le voulut, » le bourreau fit son office. Aussitôt après, l'alcade, le greffier et l'exécuteur repartirent pour Valladolid, où ils arrivèrent avant le lever du soleil. On avait menacé de mort ces deux derniers, s'ils ouvraient la bouche au sujet de ce qui s'était passé à Simancas. — Ne dirait-on pas des assassins qui se dérobent après avoir fait dans l'ombre un mauvais coup?

Suivant un usage fréquent, le corps fut enveloppé
d'un froc de moine, qui, étant serré au cou, cachait les
traces de la strangulation. Conformément aux instructions royales, qui avaient tout prévu, tout réglé dans
le plus grand détail et avec la plus étrange minutie, les
obsèques furent célébrées solennellement. « Une fois
« l'exécution faite et la mort rendue publique, avec
« toutes les précautions recommandées ci-dessus pour
« qu'on ne sache pas qu'elle a eu lieu par justice, on
« s'occupera de l'enterrement, qui se doit faire publi-
« quement, avec une pompe modérée, et dans l'ordre
« et la forme accoutumés pour les personnes de la
« qualité du condamné, avec grand'messe, vigiles et
« autres messes basses en nombre raisonnable. Il ne
« sera pas hors de propos d'habiller de deuil ses domes-
« tiques... ¹. »

Le gouvernement écrivit des dépêches officielles
dans lesquelles étaient racontées la prétendue maladie
et la mort naturelle de Montigny. Ces dépêches, envoyées au duc d'Albe, furent publiées par lui aux Pays-
Bas. Mais le roi lui avait fait remettre en même temps
la relation confidentielle. Lui-même lui écrivait, le
3 novembre : « La chose a si bien réussi que jusqu'à
« présent tout le monde croit que Montigny est mort
« de maladie. S'il est mort intérieurement dans des
« sentiments aussi chrétiens qu'il l'a manifesté, *il est*
« *à croire que Dieu a eu pitié de son âme.* »

Cette touchante sollicitude du bourreau pour le salut

---

¹ Instruction royale à l'alcade de Valladolid.

éternel de sa victime ne lui fait point perdre de vue les
conséquences temporelles de l'affaire. Sa dépêche au
duc d'Albe se termine par cette phrase significative :
« Il vous reste maintenant à faire juger la cause de
« Montigny comme s'il était mort de sa mort naturelle,
« ainsi qu'on a jugé celle du marquis de Berghes. »
(On comprend qu'il s'agit ici d'arriver, par un arrêt

public, à la confiscation des biens du condamné.)
« De cette façon, il me semble qu'on a atteint le but
« qu'on se proposait, puisqu'on a fait justice, et évité
« la rumeur et les fâcheux effets d'une exécution pu-
« blique. »
Philippe II, visiblement, est content de lui. Le secret
avait été bien gardé. L'instinct public néanmoins
soupçonna quelque chose : on crut vaguement à un
empoisonnement. Mais c'est seulement dans ces derniers temps que la vérité tout entière s'est fait jour,

par la publication des instructions secrètes et des
dépêches confidentielles. Tous ces documents avaient
été soigneusement réunis et conservés, par ordre du
roi, dans les archives de Simancas. Il semble qu'il ait
tenu à ce que la postérité n'ignorât rien de cette sombre
tragédie, et qu'elle lui sût gré de sa clémence, ou du
moins pût admirer son habileté.

CHAPITRE XV

Nous avons fait rencontre à l'Escurial de trois jeunes Portugais qui se rendent en France. La conversation s'est engagée, et nous avons visité avec eux le palais. Ils parlent le français avec une facilité remarquable. Notre langue, d'après ce qu'ils me disent, est d'un usage général en Portugal; elle fait partie de l'éducation libérale, et le gouvernement même l'a rendue obligatoire dans beaucoup de cas. Ces Portu-

29

gais se plaignent comme nous de la morgue des
Espagnols et de leurs façons peu hospitalières. Chose
singulière! les Portugais et les Espagnols appartiennent à la même race; leur origine est commune, leurs
langues sont sœurs : et pourtant ce sont aujourd'hui
deux peuples qui ne se ressemblent presque par aucun
côté. Caractère, mœurs, esprit, tout diffère entre eux.
Les Portugais n'ont ni la paresse ni l'outrecuidance
dédaigneuse des Espagnols. Ils sont actifs, laborieux;
leurs mœurs sont douces et bienveillantes. Ils ont
l'esprit ouvert aux idées modernes, le goût de l'instruction, le désir du progrès, l'amour de la liberté.
Il semble que le souvenir d'une conquête odieuse, le
ressentiment d'une oppression sanglante, aient armé
ce petit peuple et l'aient préservé des vices et des
malheurs de son grand voisin. Il a échappé, en recou-
vrant son indépendance, au despotisme qui a causé
la ruine de la monarchie espagnole. Aussi ne lui parlez
pas de s'annexer à l'Espagne. L'Espagne, qui a toujours d'elle-même une très-haute idée, caresse volontiers ce projet, persuadée qu'elle ferait au Portugal,

En le croquant, beaucoup d'honneur.

Mais le Portugal n'est point du tout d'humeur à se
laisser croquer; et il a bien raison. Dans ses modestes
frontières, il est libre et prospère; il est heureux et
tranquille. En s'alliant à l'Espagne, ou plutôt en se
laissant absorber par elle, il épouserait la banqueroute
et l'anarchie.

En quittant l'Escurial, on s'enfonce dans le Guadarrama. Cette partie de la route est très-pittoresque. Les
montagnes se couvrent de pins, d'érables, de chênes
verts. On monte, et bientôt un vaste horizon se

déploie devant vous; l'œil plonge dans de profondes
vallées, et au loin se dressent les cimes neigeuses de
la Sierra.

Cette contrée est une des plus rudes et des plus
sauvages de l'Espagne. Nous traversons la chaîne dans

sa partie la plus abaissée; mais vers l'est, la montagne
se hérisse de pics aigus, et se creuse en gorges
abruptes. La population est misérable et à demi sauvage. En plusieurs localités, ces pauvres gens, faute
de maisons et de cabanes, habitent des espèces de tanières creusées dans le sol, et pareilles à des repaires
de bêtes fauves. Les hommes sont grands, secs, d'un
type énergique. Ils ont les traits maigres et durs, le
regard défiant et farouche. La plupart du temps, ils
n'ont pour vêtement que des peaux de chèvres.

Avila est située sur le versant septentrional du Guadarrama : c'est la première ville de la Vieille-Castille.
Avant le chemin de fer, on ne la visitait guère. Perdue
dans les montagnes, elle était presque inaccessible; on
n'y arrivait qu'à dos de mulet, et par quels chemins!
On peut dire sans exagération que la voie ferrée, en
la touchant au passage, l'a comme exhumée et révélée
aux touristes. Et, en vérité, elle en valait la peine. Imaginez une ville du XIIIe siècle conservée, comme on dit
vulgairement, sous cloche. Son isolement lui a laissé
sa physionomie antique, son caractère du moyen
âge. Il semble que le temps n'ait pas coulé pour
elle : elle est ce qu'elle était au temps de saint Ferdinand.

Une haute muraille, percée de neuf portes, flanquée
de grosses tours, les unes carrées et de style arabe, les
autres rondes avec des créneaux droits, forme autour
d'elle une enceinte continue. Cet aspect de cité féodale
et guerrière, si vous entrez, vous le retrouvez partout.
La ville, toute de granit, est sombre, noire; les maisons

ont un air de forteresses; aux portes, aux angles, elles
ont leurs blasons seigneuriaux sculptés dans la pïerre.
Les fenêtres sont garnies de grilles massives. La cathédrale, austère et nue, moitié temple, moitié alcazar, est
couronnée de créneaux. A chaque pas on rencontre des

couvents, dont quelques-uns sont de somptueux édifices. On en comptait, il y a quarante ans, vingt-deux,
tant d'hommes que de femmes, dans une ville qui n'a
guère que quatre mille habitants.

Avila est la patrie de sainte Thérèse. Elle y naquit le
28 mars 1515, d'une famille noble et riche. Son père
se nommait Alphonse Sanchez de Cepedo. C'était un
temps de foi ardente et d'exaltation romanesque. La
chevalerie se mêlait à la religion, et dans toute l'Es-

pagne les âmes semblaient prises d'une soif d'héroïsme. A dix ans, Thérèse part un matin, avec son frère Rodéric, âgé de quatre ans, pour aller chercher le martyre chez les Maures. Ramenés au logis paternel, les deux fugitifs se font ermites dans le jardin de la maison.

Jeune fille, Thérèse aime ardemment le monde et la parure. Surtout elle dévore les romans de chevalerie, qui passionnaient alors toute l'Espagne. Elle passait les nuits, dit-elle, à les lire; elle en composa même un, de moitié avec son frère Rodéric.

A vingt ans, prise d'une terrible maladie nerveuse, torturée pendant trois années par la fièvre et la paralysie, elle prend la résolution de renoncer au monde et d'entrer en religion. Retombée une fois encore dans ses premiers entraînements, elle se donne enfin toute à Dieu. De ce moment, sa vie devient une vie héroïque. Elle s'impose pour mission la réforme du Carmel, où elle a pris le voile. Accablée d'infirmités, enfermée comme vagabonde, repoussée par les villes et par les prélats, elle ne se décourage de rien. Elle écrit à Philippe II. Elle lutte contre des obstacles de toute nature avec une persévérance, une foi, une sérénité d'âme que rien ne lasse; elle finit par réorganiser les carmélites d'Espagne en même temps que saint Jean de la Croix, inspiré par elle, réformait les couvents d'hommes du même ordre.

Nous avions eu la pensée de visiter en passant Ségovie. La station du chemin de fer la plus rapprochée de cette ville est San-Chidrian. Les cartes indiquent

que de ce point une route conduit à Ségovie. Mais nous commençons à avoir assez l'expérience de l'Espagne pour savoir quelle confiance il faut avoir dans les cartes et les Indicateurs de chemins de fer. Renseignements pris, il en résulte : 1º que la station de San-Chidrian n'est qu'une baraque en bois, plantée au milieu d'un

désert et où perchent mélancoliquement deux employés solitaires; 2º que la localité qui porte ce nom est à trois ou quatre kilomètres de la station, et que si on tient à ne pas abandonner ses bagages, il faut les porter sur son dos, attendu qu'aucun véhicule d'aucune sorte ne se trouve à la disposition des voyageurs; 3º que la susdite localité est un misérable hameau où l'on est exposé à mourir de faim, et où l'on ne trouve à louer (quand on en trouve) que d'abominables charrettes à rompre les os; 4º enfin que la route pour aller à Ségovie est des plus mauvaises, et dans la plus grande partie de son parcours traverse de grandes plaines de sable affreusement tristes. Tout cela nous a fait réfléchir; et, réflexion faite, nous avons renoncé à l'excursion de Ségovie. Quand on tient à faire ce voyage, le mieux est de louer une voiture à Madrid et de prendre la grande route de Saint-Ildefonse. — Ségovie par elle-même n'a rien de remarquable : riche et prospère autrefois, elle est aujourd'hui pauvre et silencieuse. La grande industrie qui l'avait rendue célèbre, et qu'elle semble avoir due aux Arabes, est quasi morte. Elle produisait autrefois vingt-cinq mille pièces de drap par année; elle n'en produit pas maintenant deux cents; elle occupait quatorze mille ouvriers, sa population totale est tombée à six mille âmes. Ce qu'on va voir à Ségovie, c'est son Alcazar, joli monument gothique bâti par Alphonse VI; malheureusement un incendie l'a détruit en partie, il y a quelques années; c'est surtout l'aqueduc, magnifique ouvrage des Romains, qui serait aussi tombé depuis longtemps en ruine si ses indestructibles matériaux ne défiaient à la fois le temps et l'incurie espagnole.

D'Avila à Burgos, on traverse la Vieille-Castille. C'est une terre fertile : même dans l'état déplorable où est tombée l'agriculture espagnole, et bien que de vastes espaces demeurent en friche, il y a peu de pays au monde qui produisent autant de blé, et du blé d'aussi bonne qualité. Mais il n'y a pas non plus de pays au monde qui soit d'un aspect plus morne et plus triste. De rares habitations; à perte de vue, une plaine rasée et nue; ni arbres, ni haies, ni buissons. Çà et là le sol se relève en collines basses, aux croupes arrondies et pelées; de distance en distance, au fond de petites vallées, un cours d'eau se dessine

par une ligne légère de grandes herbes ou de quelques saules. On chemine pendant des heures sans que le paysage change : c'est toujours le même vaste horizon, la même nudité, la même monotonie. Encore voyons-nous ce pays dans la saison la plus favorable et sous son aspect le plus riant : les jeunes blés, les prairies le couvrent presque partout d'un tapis de verdure. Mais, l'été, c'est un désert brûlant comme les sables d'Afrique; l'hiver, c'est une steppe glacée que dévaste le vent du nord.

Il n'a pas toujours été ainsi nu, et dépouillé. Du temps d'Alphonse XI, au commencement du XIVe siècle, il y avait en Castille des bois où le roi chassait l'ours et le sanglier. Il est vraisemblable que les longues guerres contre les Maures ont été une des causes qui ont amené le déboisement du pays. Quand on entrait en campagne, c'était, des deux côtés, en coupant les arbres, en incendiant les maisons. Aujourd'hui encore, en Algérie, la guerre ne se fait pas autrement. Mais une autre cause, plus active, vint bientôt s'ajouter à celle-là, et continua d'agir d'une façon désastreuse, quand la première avait depuis longtemps cessé. Je veux parler de la *mesta*. On a appelé de ce nom, en Espagne, le droit de vaine pâture réservé aux troupeaux de quelques grands seigneurs. Grâce à cet exorbitant privilége, qui était devenu une véritable institution sanctionnée par la loi, d'innombrables troupeaux de moutons dévastaient régulièrement deux fois par an les campagnes des deux Castilles, de l'Estramadure et de la Manche : au printemps, gagnant les montagnes pour y passer l'été; à l'automne, redescendant dans la plaine pour y demeurer l'hiver. Sous Charles-Quint et Philippe II, on n'estimait pas à moins de sept à huit millions le nombre de ces moutons nomades. Il est aisé de comprendre comment, non-seulement les bois, mais jusqu'aux arbrisseaux, ont dû disparaître sous la dent de ces animaux. C'était quelque chose de semblable aux sauterelles d'Égypte. Cette absurde et désastreuse institution n'a été abolie que vers 1825. Mais le mal subsiste, et il faudra des siècles pour le réparer. Ajoutez qu'aujourd'hui le préjugé des paysans l'entretient. Ils croient que les arbres nuiraient à leurs récoltes, qu'ils multiplieraient les oiseaux, et que les oiseaux mangeraient leur blé.

Nous sommes à Burgos à dix heures du soir.

Il y a peu de villes qui occupent dans l'histoire d'Espagne une place aussi importante que Burgos. Elle fut la première capitale de la jeune royauté nationale, sortie des montagnes des Asturies. Aussi s'appelait-elle elle-même avec orgueil *Caput Castillæ*, — *Madre de Reyes*, — *Restauradora de Reinos*.

Les monuments qui subsistent de sa gloire passée sont malheureusement peu de chose. Il n'y a plus que des ruines de son vieux château du temps des Maures, sombre donjon souillé de bien des crimes, témoin de bien des tragédies. Là, Alphonse dit le Sage fit mourir son frère Fadrique; et Sanche le brave, son frère don Juan. Là, Pierre le Cruel, âgé seulement de seize ans, ouvrit la longue série de ses crimes en faisant assassiner devant lui Garci Lasso de la Vega, ennemi de son ancien gouverneur Albuquerque. Garci Lasso est mandé au palais, un soir, à l'arrivée du roi. Il s'y rend dès le lendemain, malgré les avis officieux que la reine mère lui a fait donner. A peine en présence du roi, il est arrêté. « Alors Garci Lasso dit au roi : Sei-« gneur, que ce soit votre merci de me faire donner un

« prêtre pour me confesser. » Et il dit à Ruy Fernandez
« de Escobar : « Ruy Fernandez, mon ami, je vous prie
« d'aller à dona Léonore, ma femme, et de m'apporter
« un billet d'absolution du pape, qu'elle a. » Et Ruy
« Fernandez s'en excusa, disant qu'il ne le pouvait
« faire; et alors ils lui donnèrent un prêtre, qu'ils
« trouvèrent par aventure. Garci Lasso se retira vers
« un petit portail qui était dans le palais, sur la rue,
« et là commença à parler avec lui de pénitence. Et le
« prêtre disait depuis, qu'à cet instant il l'observait
« pour voir s'il avait quelque couteau, et qu'il ne lui en
« vit point... Quelques instants après, le roi ordonna
« aux huissiers qui gardaient le prisonnier, de le tuer.
« Ils le frappèrent de beaucoup de blessures, jusqu'à
« ce qu'il en mourût, continue le naïf chroniqueur. Et
« le roi ordonna qu'ils le jetassent dans la rue; et cela
« fut fait; et ce même jour, qui était un dimanche,
« comme le roi venait d'arriver dans la ville de Burgos,
« il y avait une course de taureaux sur la place, au
« lieu où gisait Lasso. On ne l'enleva point de là; et le
« roi vit comme le corps de Garci Lasso était couché
« par terre; et comme les taureaux passaient sur lui,
« il ordonna de le mettre sur un banc, et ainsi tout
« ce jour il resta là[1]. »

La cathédrale de Burgos est célèbre. Elle s'annonce
de loin par deux hautes flèches, percées à jour, hérissées de sculptures, et entourées d'une forêt de cloche-
tons d'une grande légèreté. Ce premier aspect est

---

[1] Ayala, *Cronica del rey Don Pedro*.

séduisant. Mais quand on approche, l'effet diminue.
Par une singularité qui heurte, ce me semble, toutes
les lois de l'architecture, les flèches, surchargées d'ornements un peu lourds, sont grêles comme construction, et manquent de corps. Il y a là je ne sais quel
défaut de proportion ou d'harmonie : il semble que
dans un monument la légèreté doit toujours s'allier à
une certaine solidité, à une certaine ampleur de formes,
qui est la condition première de l'art.

Quand vous entrez, c'est encore pis : la déception est
complète. Vous avez la mémoire pleine des descriptions
enthousiastes des voyageurs; vous avez rêvé une église
du plus beau style, une des merveilles de l'art chrétien
au moyen âge. Au lieu de cela, vous voyez un édifice
d'un style composite, ou plutôt bâtard, mélange désagréable du gothique fleuri et des formes de la renaissance. Le vaisseau manque de grandeur; la nef principale est médiocre; les deux nefs latérales sont écrasées.
Au milieu du transsept s'élève une coupole hardie; mais
ses piliers ronds surmontés de corniches, ses pilastres
gréco-romains, s'allient mal avec les voûtes en ogive.
Joignez à cela une profusion d'ornements, de moulures,
de sculptures, qui fatigue les yeux. Tout cela est riche ;
mais tout cela est d'un goût douteux. Somme toute, la
cathédrale de Burgos me semble, pour la majesté des
lignes, pour la beauté de l'ensemble, pour la pureté du
style, beaucoup au-dessous de celle de Séville, et même
de la Seo de Saragosse.

Après cela vous trouverez à admirer des détails charmants. Le grand autel, par exemple, est entouré exté-

rieurement de sculptures d'une richesse merveilleuse. Il y a là des prodiges de délicatesse, de fini, d'élégance.

Comme d'ordinaire, un chœur énorme obstrue la nef principale. L'effet est d'autant plus fâcheux, que l'église n'est pas très-grande. On dit que l'archevêque cardinal Puente, homme de goût, voulut un jour faire démolir cette affreuse construction, qui déshonore la cathédrale. Mais le chapitre opposa à ce projet révolutionnaire une résistance invincible. L'archevêque dut reculer.

Dans une des chapelles, on nous a montré ce fameux christ qui est fait d'une peau d'homme. Cette peau a absolument l'apparence du parchemin. On l'a parsemée de nombreuses taches de sang; et pour pousser jusqu'au bout l'imitation de la nature, on a mis sur la tête une perruque de vrais cheveux, et par-dessus une couronne de vraies épines. Autant une simple croix de bois au bord du chemin me paraît touchante, autant, je l'avoue, ce réalisme grossier me déplaît.

Sortons vite, si vous m'en croyez, et allons tout à côté voir une belle peinture qu'on attribue à Michel-Ange. C'est une *Vierge tenant l'Enfant Jésus sur ses genoux*. Est-elle réellement de Michel-Ange? je n'en sais rien; et la chose, à ce qu'il paraît, est douteuse. Ce qui est sûr, c'est qu'il y a là des qualités de premier ordre. On sent l'ongle du lion. Si le grand artiste florentin n'a pas tenu le pinceau, il a bien pu dessiner cette tête de vierge si fière et si noble, cet enfant d'une divinité si austère.

N'oublions rien. Il faut bien s'arrêter, en traversant

une des sacristies, devant ce vieux coffre de chêne tout
bardé de fer, tout vermoulu et à moitié tombé en poussière, qui est attaché à la muraille. A en croire la
légende, c'est le coffre que le Cid donna en gage, plein
de sable et de pierres, à deux juifs dont il avait emprunté
une grosse somme. Banni par le roi, le héros part; il

quitte son domaine de Bivar, accompagné de soixante
bannières. Mais il fallait nourrir ses compagnons. «Alors,
« dit la chronique, le Cid prit à part Martin Antolinez,
« son neveu, et l'envoya trouver à Burgos deux juifs,
« Rachel et Bidos, avec lesquels il avait coutume de
« trafiquer de son butin : il leur mandait qu'ils vinssent
« le trouver au camp. Cependant il fit prendre deux
« coffres grands et garnis de fer, munis chacun de trois

« serrures, et si lourds qu'à peine quatre hommes pou-
« vaient en soulever un, même vide. Et il les fit rem-
« plir de sable, et couvrir la surface d'or et de pierres
« précieuses. Et quand les juifs furent venus, il leur
« dit qu'il avait là quantité d'or, de perles et de pier-
« reries, et que, ne pouvant emporter ce grand avoir
« avec lui, il les priait de lui prêter sur ces deux coffres
« ce dont il avait besoin; ajoutant, avec des paroles
« amicales, que s'il ne les paie pas au bout de l'an, ils
« les vendront et recouvreront les intérêts. Et les juifs
« lui prêtèrent trois cents marcs d'or et trois cents
« d'argent [1]. »

Le *Poëme du Cid,* qui est le plus ancien monument
de la littérature espagnole, et qu'on croit contemporain
ou à peu près du *Campeador,* raconte l'anecdote à peu
près dans les mêmes termes; et il ne dit point que le
héros ait jamais rendu aux deux juifs l'argent qu'il
avait obtenu d'eux par cette supercherie. Il ne semble
pas même que le poëte ait supposé qu'on pût lui en
faire un reproche. En ce temps-là, rançonner un juif
était péché véniel; lui tirer de l'argent par ruse, était
de bonne guerre. Deux siècles plus tard, on voit encore
les députés des communes de Castille demander au roi
qu'il leur soit permis de faire banqueroute à leurs
créanciers juifs. Mais le sentiment populaire a voulu
cependant depuis absoudre son héros d'une déloyauté.
Le Romancero raconte que le Cid, quand il eut pris
Valence, ordonna qu'on reportât « aux deux honorés

[1] *Cronica del Cid,* chap. xc.

juifs » l'argent qu'ils lui avaient prêté. « Priez-les de
« vouloir bien me pardonner; car je n'ai fait cela que
« pressé par la nécessité. Mais, bien qu'ils pensent que
« ce qui est dans les coffres est de sable, l'or de ma
« parole y resta enfermé. » Ce dernier trait est visiblement moderne.

Dans Burgos, tout vous parle du Cid; vous en trouvez
le souvenir à chaque pas. Son fief héréditaire était,
selon la chronique, à Bivar ou Vivar; mais la tradition
a voulu le faire naître à Burgos. Il faut bien le croire,
puisque ainsi l'atteste une inscription mise sur un pilier,
à la place où, dit-on, fut sa maison.

> En este sitio estuvo la casa y nació el año de MXXVI
> Rodrigo Díaz de Vivar, llamado el Cid Campeador.

Il n'y a pas de plus grand nom que celui-là dans la
vieille Espagne; c'est le plus éclatant de ceux qu'a
consacrés la poésie héroïque du moyen âge. Mais sous
ce grand nom il y a une figure singulièrement com-
plexe; ou, pour mieux dire, il y a en réalité plusieurs
Cids, qu'il ne faut pas confondre. Le Cid de Guilhen
de Castro et de Corneille ne ressemble guère à celui
des vieilles romances, ni surtout à celui de l'histoire.

Celui de l'histoire est peu connu. La légende se mêle
tout de suite, sur ce sujet, à la chronique. Il est possible même (c'est un phénomène historique assez fréquent) que la tradition ait rassemblé sur un seul nom

des récits primitivement distincts, et attribué à un seul homme les hauts faits de plusieurs. Quoi qu'il en soit, ce Rodrigue de Bivar, appelé le *Cid*, c'est-à-dire seigneur, par les Arabes; appelé le *Campeador,* c'est-à-dire le Batailleur, par les Espagnols, nous apparaît dans ces temps obscurs comme un rude et indomptable soldat, violent, colérique, ne quittant point le harnais, ne vivant que pour la guerre et vivant de la guerre; vassal fort indépendant et fort hautain, ne craignant guère plus Dieu que le roi; assez indifférent d'ailleurs au drapeau sous lequel il se battait, pourvu qu'il trouvât occasion de donner de bons coups d'épée, et surtout de faire un riche butin. Il semble, en effet, chose qui n'était point rare à cette époque parmi les chrétiens, qu'il eût fait ses premières armes au service des rois arabes, d'où lui était venu le surnom qui lui est resté. Les chroniques arabes vantent ses exploits contre le comte de Barcelone et le fils de Ramire.

Quand le Cid veut entrer en campagne, des hérauts font appel à ceux qui désirent prendre les armes et le suivre. S'ils l'accompagnent, ils auront une part proportionnelle du butin; s'ils succombent, ils gagnent l'absolution en combattant les infidèles. L'armée est surtout employée aux *algaras,* ou incursions en pays ennemi. On n'attaque guère les villes, qui ne peuvent être prises que par famine. Après chaque combat, le butin est mis en commun et partagé. Le Cid reçoit pour sa part un cinquième; les cavaliers ont le double des piétons [1].

[1] Voyez le *Poëme du Cid.*

Ce Cid historique, dont les vieux monuments du XIᵉ et du XIIᵉ siècle nous ont conservé à peine quelques traits, on le retrouve déjà un peu adouci et agrandi dans les plus anciennes romances. La grossièreté des mœurs, la rudesse des caractères, l'indépendance altière du vassal vis-à-vis du roi, la naïveté de sentiment et de langage, mêlée à un héroïsme barbare, s'y montrent encore, bien que déjà les récits légendaires recouvrent le fond primitif de l'histoire. Mais le Cid est meilleur chrétien ; il est devenu le héros de l'indépendance nationale, le soldat de la patrie et de la foi, le grand vainqueur des Maures, qui tremblent à son nom.

L'imagination populaire continue son œuvre, et dès le XIVᵉ siècle, dans les dernières poésies du Romancero, le Cid n'est déjà plus un homme, c'est un type. La nation espagnole s'est, en quelque sorte, personnifiée dans ce héros légendaire. Elle l'a fait à son image embellie et idéalisée. Elle l'a doué de toutes les vertus ; elle en a fait le modèle des chevaliers chrétiens, fidèle à Dieu, à son roi, à sa dame, dévot à la Vierge et aux saints.

Enfin la poésie raffinée de la renaissance modifie encore et altère le personnage primitif. L'homme de guerre brutal et violent fait place à un hidalgo tout poétique, véritable idéal de noblesse et de générosité, de loyauté et d'honneur, de galanterie et de bravoure. C'est là le Cid que les poëtes dramatiques ont mis sur la scène, lui donnant un langage et des sentiments tout modernes, et, pour ajouter au pathétique, lui prêtant pour Chimène un amour dont il n'y a pas trace dans les vieux chants populaires.

De ces diverses figures confondues sous le même nom, la plus curieuse assurément, parce qu'elle est la plus vraie, c'est, sinon le Cid historique, dont on ne sait rien de bien positif, du moins le Cid des chroniques et des romances anciennes. Là du moins apparaît, à la place d'un personnage de convention, la physionomie originale d'un peuple et d'une époque.

Dans les romances, Rodrigue, avant le duel où il tue le comte, ne connaissait point Chimène. Cet amour mutuel, déjà né entre les deux jeunes gens, cette union projetée et tout à coup entravée par l'insulte faite à D. Diègue, ce combat héroïque que se livrent dans l'âme des deux amants la passion et le devoir, tout cela est de l'invention du poëte moderne : admirable invention, disons-le, car elle crée une des situations les plus belles et les plus pathétiques qui soient au théâtre, et elle nous rend seule supportable le dénouement.

Mais au XIIe siècle on n'avait pas ces délicatesses, et dans le Romancero, ni Rodrigue ni Chimène ne laissent voir des sentiments aussi nobles, selon notre manière actuelle de voir. Les hommes, en ce temps-là, ne mettaient pas l'honneur où nous le mettons. Pour Rodrigue, l'honneur consiste uniquement à tirer vengeance du comte et des siens; pour Chimène, à obtenir satisfaction du tort que Rodrigue lui a causé en tuant son père.

Écoutez la plainte que Chimène adresse au roi :

« O roi, je vis dans le chagrin. Chaque jour qui luit, je
« vois celui qui tua mon père, à cheval, tenant sur le
« poing un faucon. Pour me faire plus de peine, il le
« lance dans mon colombier. Avec le sang de mes
« colombes il a ensanglanté mes jupes... Il m'a tué un
« petit page jusque sous les pans de ma robe. — Un
« roi qui ne fait point justice ne devrait point régner,
« ni chevaucher à cheval, ni chausser des éperons
« d'or... »

De quoi Chimène se plaint-elle? Ce n'est pas de ce
que Rodrigue a tué le comte. Non; Rodrigue vengeait
l'injure faite à son père : c'était son devoir. Le combat
a été loyal, le sang a lavé l'outrage : Dieu a prononcé
par l'épée. Chimène se plaint des injures et des dommages qu'il fait à elle et à ses serviteurs : « Que si mon
« père outragea le sien, il a bien vengé son père, dit-
« elle, et il lui doit suffire qu'une mort ait payé son
« honneur... Ne souffrez pas, ô bon roi, qu'on m'in-
« sulte; car tout outrage que l'on me fait, on le fait à
« votre couronne. »

Le roi est bien embarrassé. Il voudrait rendre justice;
mais il n'ose. « Oh! que le Dieu du ciel me vienne en
« aide! Si je prends ou fais tuer le Cid, mes cortès se
« révolteront, et si je ne fais point justice, Dieu m'en
« demandera raison. »

Cependant la renommée de Rodrigue a grandi. Il a
vaincu cinq rois maures, qui se sont reconnus ses
vassaux. Chimène revient à Burgos devant le bon roi.
Elle s'agenouille devant lui, et lui dit : « Je suis fille
« de don Gomez, comte de Gormaz. Don Rodrigue de

« Bivar l'a tué avec vaillance. Je viens demander que
« vous me fassiez une grâce en ce jour; et cette grâce,
« c'est de me donner Rodrigue pour mari. Je me
« tiendrai pour bien mariée; car je suis sûre que ses
« exploits iront en croissant, et qu'il sera le plus grand
« qu'il y ait dans votre royaume. Le roi trouva bien
« ce que Chimène demandait. Il écrivit au Cid des
« lettres pour qu'il vînt où il était. Rodrigue, qui vit les
« lettres que le roi lui envoyait, monta sur Babieça. »
Cette Chimène-là, j'en conviens, est moins héroïque
que celle de Corneille. Une des romances contient
même à ce sujet ce trait satirique : « Alors parla le roi.
« Écoutez bien comme il parla : Je l'ai toujours entendu
« dire, — et je vois à présent que c'est la vérité, —
« que la femme est un être bien extraordinaire.
« Jusqu'ici elle a demandé justice, et maintenant elle
« veut se marier avec lui... » Ne raillons pas trop
Chimène, cependant, et surtout ne la jugeons pas
d'après nos mœurs actuelles. Chimène, son père mort,
est sans protecteur. Dans ce monde barbare, tout plein
de brigandages et de crimes, une femme sans père ni
mari est exposée aux injures, aux déprédations de ses
voisins : le faible ne peut vivre qu'à l'abri du fort.
Rodrigue l'a faite orpheline, c'est à Rodrigue de la protéger; à Rodrigue, qui est le plus vaillant guerrier de
toute la Castille. Voilà l'idée simple et naïve du temps.
Et la romance exprime plus loin cette idée d'une
façon noble et touchante. Au moment des épousailles,
quand il va donner à Chimène la main et le baiser,
Rodrigue lui dit, en la regardant tout ému : « J'ai tué

« ton père, Chimène, mais non en trahison. Je l'ai tué
« d'homme à homme pour venger une injure trop
« réelle. J'ai tué un homme, et je te donne un homme :
« me voici à tes ordres ; et, en place de ton père mort,
« tu auras un époux honoré. »

Partout, dans le poëme, le Cid a le même caractère
violent et batailleur. Il va à Rome ; il baise dévotement la
main du pape. Mais dans l'église de Saint-Pierre, voyant
le trône du roi de France placé au-dessus de celui du
roi d'Espagne, il le renverse d'un coup de pied. Le duc
de Savoie lui adresse des reproches, faisant l'éloge du
roi de France : « Laissons là les rois, duc, dit Rodrigue,
« et si vous vous sentez offensé, accommodons cela à
« nous deux : vous pouvez m'en demander raison. Le
« pape, quand il a appris cela, a excommunié le Cid.
« Celui de Bivar, le sachant, s'est prosterné devant le
« pape : Absolvez-moi, dit-il, pape, sinon vous vous
« en repentirez. Le pape, père miséricordieux, ré-
« pondit : Je t'absous, don Rui Diaz, pourvu que tu
« sois dans ma cour poli et sage. »

Si *celui de Bivar* est si peu respectueux pour le
saint-père, il ne faut pas s'émerveiller qu'à l'occasion
il traite durement le roi. Alphonse était accusé par la
rumeur publique d'avoir fait assassiner devant Zamora
son frère don Sanche, roi de Castille, pour lui succéder.
Il arrive de Tolède pour être proclamé à Burgos par
l'assemblée des *ricos-hombres*. Mais auparavant il est
sommé par le Cid de se justifier du soupçon qui pèse
sur lui, en prêtant, lui et douze des siens, le serment
judicatoire. La scène est vraiment belle.

« Et le jour que le roi devait jurer, dans l'église de
« Sainte-Gadée, le Cid prit dans ses mains le livre des
« Évangiles et le posa sur l'autel. Et le roi don Alfonse
« étendit les mains sur le livre, et le Cid commença à
« l'interroger en ces termes : Roi don Alfonse, vous
« venez jurer, touchant la mort du roi don Sanche,
« votre frère, que vous ne l'avez pas tué, que vous
« n'avez pas été complice du meurtre. Dites : Je le
« jure, vous et ces autres hidalgos. — Et le Cid ajouta :
« Si vous en avez su ou ordonné quelque chose, puis-
« siez-vous mourir de la mort du roi don Sanche,
« votre frère! Qu'un vilain vous tue, et non un gen-
« tilhomme! qu'il vienne d'une autre terre, et non
« de Castille! qu'il vous tue avec un couteau, et non
« avec un poignard!... — Le roi et les hidalgos qui
« juraient avec lui répondirent : Amen [1]. »

« Le Cid voulut que le roi répétât trois fois le ser-
« ment. La seconde fois, le roi changea de couleur.
« La troisième, il fut très-irrité contre le Cid : « Tu
« as mal fait, ô Cid, lui dit-il d'une voix altérée; car
« bientôt tu devras me baiser la main. — Rodrigue
« lui répondit : Baiser la main d'un roi n'est pas pour
« moi un honneur. — Éloigne-toi de mes terres,
« mauvais chevalier, et que je ne te revoie pas d'ici à
« un an. — Volontiers, dit le bon Cid. Il me plaît que
« ce soit là le premier ordre que tu me donnes. Tu
« m'exiles pour un an, je m'exile pour quatre [2]. »

A côté de ces traits de mœurs rudes et fières, il y a

[1] *Cronica del Cid*, ch. LXXVIII, LXXIX.
[2] *Romancero du Cid*.

dans les romances du Cid des peintures d'une naïveté
et d'une grâce exquise. Je n'en veux citer qu'un
exemple. Chimène, dans son manoir de Burgos, attend
Rodrigue qui est à la guerre. Il l'a quittée depuis de
longs mois : elle est enceinte, elle attend prochaine-
ment sa délivrance, et se désole de ne point revoir
son époux. Elle écrit au roi don Ferdinand : « A vous,
« monseigneur le roi, le bon, le fortuné, le grand;
« votre servante Chimène, fille du comte Loçano, à qui
« vous avez donné un mari comme pour vous rire d'elle,
« vous salue des murs de Burgos, où elle vit dans la
« tristesse. — Dieu mène à heureuse fin vos projets!

« Quelle loi de Dieu vous enseigne que vous pouvez,
« pour un si long temps, quand vous êtes en guerre,
« démarier deux époux? Quelle raison approuve que,
« de jour et de nuit, vous traîniez un jeune gen-
« tilhomme, sans le lâcher pour moi, sinon une fois
« par hasard dans l'année?

« Et encore, cette fois-là, il vient tellement couvert
« de sang qu'il fait peur à voir. Et quand il est couché
« près de moi, il s'endort aussitôt dans mes bras; il
« frémit, il s'agite dans ses rêves, se croyant toujours
« au milieu des combats. Et l'aube paraît à peine, que
« les espions et les adalides le pressent de retourner
« au combat.

« Je vous le demandai en pleurant, m'imaginant dans
« mon abandon trouver un père et un époux, et voilà
« que je n'ai ni l'un ni l'autre. Comme je ne possède
« pas d'autre bien, et que vous me l'avez enlevé, je le
« pleure vivant comme s'il était mort... »

La réponse du roi est charmante. Je regrette de ne pouvoir la citer tout entière : « A vous, Chimène la « noble, la femme d'un mari envié. Le roi qui ne « trouva jamais en vous mauvais vouloir, vous envoie « ses saluts, en foi qu'il vous aime tendrement.

« Vous me dites que je suis un mauvais roi, qui dé- « marie les mariés, et que pour mes intérêts j'ai peu « de soin de vos chagrins. — Si vous eussiez appris, « Madame, que je vous enlevasse votre mari pour mes « amours, vous auriez raison de vous plaindre. Mais, « puisque je vous l'enlève seulement pour qu'il com- « batte nos voisins les Maures, je ne vous fais pas « outrage. Si je ne lui avais pas confié mes armées, « vous ne seriez qu'une simple dame, et lui un simple « gentilhomme.

« Quant à ce que vous me dites de son dormir, je ne « saurais le croire...

« Et si un mari vous manque à vos premières couches, « il n'importe, vous y aurez un roi. Et j'assure un beau « présent à l'enfant dont vous accoucherez. Si c'est un « fils, je vous promets de lui donner une épée, un cheval « et deux mille maravédis. Si c'est une fille, je promets « de placer pour sa dot quarante marcs d'argent, du jour « où elle sera née. »

Ce n'est pas à Burgos, c'est à Saint-Pierre de Cardeña, dans un couvent bâti sur son domaine, que fut, dit-on, enseveli le bon Cid. Son renom est tel, qu'après sa mort, la piété populaire l'invoque presque comme un saint. On conte qu'il fait des miracles, qu'il veille toujours revêtu de son armure, au fond de son tombeau. Il est assis sur son fauteuil, « le vainqueur invincible des Maures et des chrétiens. » Sa grande barbe blanche descend sur sa poitrine, sa vaillante épée Tizona est à son côté. Il ne semble pas mort, mais vivant. Un jour, un juif se trouvant seul dans l'église : « Voilà « donc, se dit-il, ce Cid si vanté. Ils disent que durant « sa vie personne ne lui a touché la barbe. Je veux, « moi, la toucher et la prendre dans ma main. » Le « juif approcha la main; mais, avant qu'il eût touché « la barbe, le bon Cid avait saisi son épée Tizona « et l'avait tirée long d'un palme hors du fourreau. » Le juif eut si peur qu'il en tomba à la renverse. Revenu à lui, il se convertit et finit ses jours en bon chrétien.

Je ne suis point allé à Saint-Pierre de Cardeña, qui est à trois lieues de Burgos. A quoi bon? Le bon Cid n'y veille plus au fond de son tombeau. Le sépulcre est vide, le couvent désert. Les os du héros ont été apportés à Burgos, et déposés sous ce maigre pilier dont j'ai parlé et qui porte une inscription. Les dieux s'en vont!...

Nous avons visité seulement, à quelques kilomètres de la ville, la chartreuse de Miraflores. Fondée par le roi don Juan II de Castille, elle fut achevée par sa fille Isabelle la Grande, qui fit venir deux architectes allemands, Jean et Simon de Cologne. Elle y fit faire les mausolées de Jean II, de sa femme Isabelle de Portugal et de leur fils don Alphonse. Ces tombeaux, tout en marbre blanc, placés au milieu du chœur, sont ornés de sculptures vraiment admirables. Les statues du roi et de la reine, couchées sur le monument,

ont une expression calme et douce. Sur les quatre
faces et aux angles sont groupées des statuettes d'é-
vangélistes, d'anges, de docteurs, de moines, reliées
par des arabesques et des feuillages. On ne peut
rien voir de plus délicat et de plus fin. C'est l'art de
la renaissance dans sa fantaisie la plus charmante. La
seule critique, c'est qu'il y a peut-être surcharge et excès
d'ornements. Les détails nuisent un peu à l'ensemble.
J'aimerais mieux plus de grandeur et de sobriété.

Nous avons parcouru le cloître. Il est abandonné :
les murs, humides, sont tachés, par places, de moi-
sissures et de mousses vertes. L'herbe pousse entre
les dalles. Le patio ressemble à un champ en friche;
les ronces et les orties en ont pris possession. Tout
cela est triste et désolé. On se demande pourquoi on
n'a pas laissé mourir en paix dans leurs cellules les
quelques pauvres chartreux qui habitaient ce couvent,
et qui du moins entretenaient l'huile dans la lampe
de la chapelle. Un seul a trouvé grâce devant la pro-
scription, et obtenu de rester : c'est un pauvre vieillard,
l'ancien frère portier sans doute, qui nous promène
aujourd'hui dans ces cours désertes. Débris vivant du
passé, il erre comme une ombre dans ces ruines.

Cette journée de Burgos est la dernière journée que
nous ayons passée en Espagne. Le lendemain nous
remontions en wagon pour n'en plus descendre qu'en
France.

A peu de distance de ce côté-ci de Burgos, le pays
change : les plaines de la Castille finissent; on voit

surgir à l'horizon les premières montagnes de la Biscaye. A Pancorvo, un de leurs rameaux se dresse en travers de la route. On dirait que la locomotive va donner de la tête contre cette muraille. Mais on tourne brusquement, et une brèche s'ouvre dans la montagne : il semble qu'elle a été comme fendue en deux par un cataclysme. A droite et à gauche s'élèvent deux hautes aiguilles, placées là comme les piliers d'une porte gigantesque. Par cette coupure passe un torrent ; par-dessus le torrent, passe la route royale ; par-dessus la route royale, passe le chemin de fer.

Au delà de cette grotte sauvage et pittoresque, se déploie devant vous un riant paysage, formé de jolies vallées remplies d'une végétation vigoureuse. A chaque pas se montrent au penchant des collines, au bord des rivières, de petites villes, de nombreux villages aux maisons brunes, aux toitures sombres, avec des clochers en forme de tours. La terre est habilement cultivée ; les arbres reparaissent ; les chênes couvrent les parties hautes ; les arbres fruitiers couvrent les premières pentes et remplissent les vallées. Vous êtes dans les provinces basques.

Au centre d'une vaste plaine, de l'aspect le plus riche et le plus agréable, avec un bel horizon de montagnes, s'élève sur une petite éminence la jolie petite ville de Vitoria. A partir de ce point, nous commençons à gravir le versant méridional des Pyrénées jusqu'à Alsasua. De là le train semble se précipiter vers l'Océan. On roule d'une hauteur de deux mille pieds avec une rapidité vertigineuse, tantôt sous terre, tantôt au bord des abîmes.

A huit heures du soir, le train s'arrête. On crie : Hendaye! Hendaye! Nous sommes en France.

Ce ne fut pas sans quelque joie que je sentis sous mes pieds le sol natal; et comme nos bons aïeux quand ils revenaient d'un lointain pèlerinage, je fus tenté de m'écrier : Salut, douce terre de France! Tout me paraissait aimable et souriant : les employés du chemin de fer étaient polis; les gendarmes avaient un air paternel; jusqu'aux douaniers me semblaient affables. L'Espagne pourtant est bien belle! mais, il faut le dire, les Espagnols me l'ont un peu gâtée; et, grâce à eux, je reviens plus persuadé que jamais de cet adage, qu'à voyager on apprend toujours quelque chose, ne fût-ce qu'à mieux aimer son pays.

TABLE DES CHAPITRES

CHAPITRE XIII.

Retour à Madrid. — Le musée 385

CHAPITRE XIV.

L'Escurial. — Philippe II. — Don Carlos. — Une exécution
capitale sous Philippe II 417

CHAPITRE XV.

TOURS — IMPRIMERIE MAME